U0386552

The Art of Vue.js 3 Programming

Building Enterprise-Level Front-end Frameworks

Vue.js 3 编程艺术

构建企业级前端框架

曹文杰 ⊙ 编著

清华大学出版社

北京

内 容 简 介

本书以 Vue.js 3.3＋为基础，注重实际操作，旨在帮助读者快速掌握 Vue.js 3 的编程知识，并围绕 Vue.js 3 的生态搭建一个强大的企业级应用框架。全书分 3 篇共 13 章，主要内容涵盖开发环境的搭建、Vue.js 基础与核心、前端路由 Vue Router、全局状态管理 Pinia、SCSS 的使用、UI 框架 Element Plus 的应用、数据请求 Axios 的集成、类型校验 TypeScript 的应用、脚手架 Vite 的使用、代码管理仓库 Git 的基本操作等。

本书注重理论与实践相结合，让读者在学习的过程中获得实际的编程经验和技能。无论你是 Web 前端开发初学者还是进阶者，本书都会为你提供清晰、系统的学习路径，让你在 Vue.js 3 的世界里游刃有余，构建出高质量的企业级应用框架。

图书在版编目（CIP）数据

Vue.js 3 编程艺术：构建企业级前端框架 / 曹文杰编著. -- 北京：清华大学出版社，2024.9. -- ISBN 978-7-302-67213-5

Ⅰ. TP393.092.2

中国国家版本馆 CIP 数据核字第 2024HP9238 号

责任编辑：古　雪　盛东亮
封面设计：傅瑞学
责任校对：时翠兰
责任印制：宋　林

出版发行：清华大学出版社
　　　　网　　　址：https://www.tup.com.cn，https://www.wqxuetang.com
　　　　地　　　址：北京清华大学学研大厦 A 座　　　**邮　　编**：100084
　　　　社 总 机：010-83470000　　　　　　　　　**邮　　购**：010-62786544
　　　　投稿与读者服务：010-62776969，c-service@tup.tsinghua.edu.cn
　　　　质量反馈：010-62772015，zhiliang@tup.tsinghua.edu.cn
　　　　课件下载：https://www.tup.com.cn，010-83470236
印 装 者：三河市龙大印装有限公司
经　　销：全国新华书店
开　　本：186mm×240mm　　　　**印　张**：28.25　　　　**字　　数**：636 千字
版　　次：2024 年 9 月第 1 版　　　　　　　　　　**印　　次**：2024 年 9 月第 1 次印刷
印　　数：1～1500
定　　价：99.00 元

产品编号：103153-01

前 言

PREFACE

Vue.js 是一款备受欢迎的 JavaScript 框架,用于构建用户界面,目前是流行的三大前端框架之一。简单易学、上手快、拥有出色的用户体验等特点,使得 Vue.js 在全球范围内广受喜爱,尤其在中国更加受欢迎。

本书分 3 篇共 13 章,主要内容包括:

第 1 章:Vue.js 概述,介绍 Vue.js 的基本概念、主要特点、发展历程以及 Vue.js 3 的新变化,帮助读者快速了解 Vue.js。

第 2 章:Vue.js 开发环境搭建,介绍如何安装 Node.js、VS Code 和 Vite 等,以及运行第一个 Vue.js 程序,让读者轻松准备好开发环境。

第 3 章:Vue.js 基础,涵盖 MVVM 模式、数据绑定、插值、方法选项、响应式原理、生命周期、类与样式绑定、指令、计算属性、监听器和组件基础等重要内容。

第 4 章:Vue.js 进阶,包括组件通信、插槽、自定义指令、插件、组合式 API、setup 语法糖等,帮助读者深入掌握 Vue.js 的高级特性。

第 5 章:Vue.js 内置组件,介绍< Transition >、< TransitionGroup >、< Teleport >、< KeepAlive >、< Suspense >等内置组件的使用。

第 6 章:Vue Router(路由管理器),介绍路由的概念、路由模式、嵌套路由、配置 404 页面、导航守卫、动态路由等重要知识,实现页面导航的灵活控制。

第 7 章:Pinia(全局状态管理),介绍 Pinia 的特点、使用 Pinia 进行全局状态管理等。

第 8 章:SCSS,介绍 SCSS 其基本概念和常用特性,帮助读者编写可维护且灵活的样式。

第 9 章:Element Plus(UI框架),介绍 Element Plus 的功能和特性。

第 10 章:TypeScript,内容包括 TypeScript 概述、数据类型、函数、接口、类、泛型等,以及在 Vue.js 中 TypeScript 的使用。

第 11 章:Git,内容包含常用的 Git 操作,如配置 Git 账户、建立 Git 仓库、提交、合并、撤销等。

第 12 章:搭建企业级 Web 端应用框架,指导读者配置 tsconfig、路径别名、ESLint、Prettier 等,实现规范化的代码管理。

第 13 章:Web 端管理系统的项目实训,实现权限管理,将之前所学的知识应用到实际项目中。

本书由曹文杰独立编著。

本书的编写与出版得到清华大学出版社编辑的指导与支持，在本书的编写过程中参阅了 GitHub 和其他网络资源，在此一并表示衷心的感谢。

由于互联网技术发展迅速，前端技术不断改进与优化，加上作者水平有限，书中难免存在不妥之处，敬请广大读者批评指正。希望本书能成为读者学习 Vue.js 3 的不二选择，为广大前端开发者提供宝贵的学习和实践经验。

接下来，让我们一起进入 Vue.js 3 的魅力世界，开启愉悦的编程之旅！

作　者

2024 年 4 月

目 录
CONTENTS

第一篇 基础篇——固其根本

第 1 章 Vue.js 概述 ……………………………………………………………… 3

1.1 Vue.js 简介 …………………………………………………………………… 3

1.2 Vue.js 主要特点 ……………………………………………………………… 4

1.3 Vue.js 发展历程 ……………………………………………………………… 4

1.4 Vue.js 3 新特性 ……………………………………………………………… 5

第 2 章 Vue.js 开发环境搭建 …………………………………………………… 7

2.1 Node.js ……………………………………………………………………… 7

   2.1.1 Node.js 概述 ……………………………………………………………… 7

   2.1.2 Node.js 安装 ……………………………………………………………… 7

2.2 Npm ………………………………………………………………………… 15

   2.2.1 设置镜像 …………………………………………………………………… 15

   2.2.2 Npm 常用命令 …………………………………………………………… 15

2.3 Yarn ………………………………………………………………………… 16

   2.3.1 安装 Yarn ………………………………………………………………… 16

   2.3.2 Yarn 常用命令 …………………………………………………………… 16

2.4 Pnpm ………………………………………………………………………… 17

   2.4.1 安装 Pnpm ……………………………………………………………… 17

   2.4.2 Pnpm 常用命令 ………………………………………………………… 17

   2.4.3 Npm、Yarn 和 Pnpm 的选择 …………………………………………… 18

2.5 Visual Studio Code …………………………………………………………… 18

   2.5.1 安装 VS Code …………………………………………………………… 18

   2.5.2 安装 VS Code 扩展 ……………………………………………………… 21

2.6 Vite …………………………………………………………………………… 23

   2.6.1 Vite 特点 ………………………………………………………………… 23

　　　　2.6.2　Vite 热更新 ··· 24

　　　　2.6.3　搭建第一个 Vue 项目 ······································ 24

　　2.7　分析第一个 Vue.js 程序 ·· 25

　　　　2.7.1　目录结构分析 ··· 25

　　　　2.7.2　文件分析 ··· 26

　　本章小结 ··· 34

第 3 章　Vue.js 基础 ·· 35

　　3.1　MVVM 模式 ··· 35

　　3.2　数据绑定与插值 ··· 35

　　　　3.2.1　文本绑定 ··· 36

　　　　3.2.2　HTML 代码绑定 ·· 37

　　　　3.2.3　属性绑定 ··· 38

　　　　3.2.4　JavaScript 表达式绑定 ····································· 39

　　3.3　方法选项 ··· 39

　　3.4　选项式 API 生命周期 ··· 41

　　3.5　基本指令 ··· 45

　　　　3.5.1　v-text ··· 45

　　　　3.5.2　v-html ··· 46

　　　　3.5.3　v-bind ··· 46

　　　　3.5.4　v-on ··· 47

　　　　3.5.5　v-show ··· 49

　　　　3.5.6　v-if ··· 50

　　　　3.5.7　v-else ··· 51

　　　　3.5.8　v-else-if ··· 52

　　　　3.5.9　v-for ·· 53

　　　　3.5.10　v-model ··· 54

　　3.6　计算属性选项 ··· 56

　　3.7　监听器选项 ··· 57

　　　　3.7.1　默认懒执行 ··· 57

　　　　3.7.2　立即执行 ··· 58

　　　　3.7.3　深度监听 ··· 60

　　　　3.7.4　监听对象中某个属性 ·· 62

　　3.8　事件处理 ··· 63

　　　　3.8.1　鼠标事件 ··· 63

3.8.2　键盘事件 ·· 67

3.8.3　焦点事件 ·· 69

3.8.4　表单事件 ·· 71

3.8.5　滚动事件 ·· 73

3.8.6　文本相关事件 ·· 75

3.8.7　事件传参 ·· 76

3.8.8　事件修饰符 ··· 77

3.8.9　按键修饰符 ··· 81

3.9　类与样式绑定 ··· 83

3.9.1　类绑定 ··· 83

3.9.2　绑定内联样式 ·· 87

3.10　模板引用 ·· 89

3.11　组件基础 ·· 91

3.11.1　定义与使用一个组件 ·· 91

3.11.2　动态组件 ··· 93

本章小结 ··· 94

第二篇　进阶篇——浚其泉涌

第 4 章　Vue.js 进阶 ·· 97

4.1　组件通信 ··· 97

4.1.1　父组件向子组件传值 ·· 97

4.1.2　子组件向父组件传值 ·· 111

4.1.3　父组件调用子组件的方法 ··· 113

4.1.4　兄弟组件通信 ·· 116

4.1.5　跨级组件通信 ·· 123

4.2　插槽 ·· 132

4.2.1　默认插槽 ·· 132

4.2.2　具名插槽 ·· 133

4.2.3　作用域插槽 ··· 134

4.2.4　动态插槽名 ··· 135

4.3　自定义指令 ··· 136

4.3.1　指令钩子 ·· 137

4.3.2　钩子参数 ·· 137

4.3.3　对象字面量 ··· 139

4.4　异步组件 ··· 140

4.5　组合式 API ·· 141

　　4.5.1　setup ·· 142

　　4.5.2　ref ·· 149

　　4.5.3　reactive ··· 154

　　4.5.4　computed ·· 155

　　4.5.5　watchEffect ·· 156

　　4.5.6　watch ··· 161

　　4.5.7　toRef ··· 166

　　4.5.8　toRefs ·· 167

　　4.5.9　isRef ··· 170

　　4.5.10　isReactive ·· 171

　　4.5.11　shallowRef ·· 171

　　4.5.12　shallowReactive ··· 171

　　4.5.13　readonly ··· 172

　　4.5.14　customRef ·· 173

　　4.5.15　markRaw ··· 174

　　4.5.16　组合式 API 生命周期 ······································· 175

　　4.5.17　组合式 API 依赖注入 ······································· 180

　　4.5.18　＜script setup＞ ··· 181

4.6　高级指令 ··· 186

　　4.6.1　v-pre ··· 186

　　4.6.2　v-once ·· 186

　　4.6.3　v-memo ··· 187

本章小结 ··· 189

第 5 章　Vue.js 内置组件 ··· 190

5.1　＜Transition＞ ··· 190

　　5.1.1　过渡的类名 ··· 192

　　5.1.2　自定义过渡的类名 ·· 192

　　5.1.3　CSS 过渡 ·· 193

　　5.1.4　CSS 动画 ·· 194

5.2　＜TransitionGroup＞ ·· 196

5.3　＜Teleport＞ ·· 197

　　5.3.1　模态框 ·· 197

5.3.2　禁用 Teleport ································· 199

5.3.3　多个 Teleport 共享目标 ····················· 200

5.4　＜KeepAlive＞ ····································· 201

5.4.1　基本使用 ································· 202

5.4.2　包含/排除 ································· 205

5.4.3　最大缓存实例数 ····························· 207

5.4.4　缓存实例的生命周期 ························· 207

5.5　＜Suspense＞ ······································· 208

5.5.1　异步 setup()钩子 ··························· 209

5.5.2　顶层 await 表达式 ··························· 210

5.5.3　异步组件 ································· 211

本章小结 ··· 212

第 6 章　Vue Router ····································· 213

6.1　路由的概念 ··· 213

6.2　路由模式 ··· 214

6.3　安装 ··· 214

6.4　基本使用 ··· 214

6.4.1　新建页面文件 ······························· 214

6.4.2　定义路由 ································· 215

6.4.3　创建路由实例 ······························· 215

6.4.4　路由注册 ································· 216

6.4.5　定义路由出口 ······························· 217

6.5　声明式、编程式导航 ································· 218

6.5.1　声明式导航 ································· 218

6.5.2　编程式导航 ································· 218

6.6　动态路由匹配 ······································· 219

6.6.1　基本使用 ································· 219

6.6.2　响应路由参数的变化 ························· 222

6.7　配置 404 页面 ······································· 223

6.8　重定向 ··· 223

6.9　嵌套路由 ··· 224

6.10　路由传参 ··· 227

6.10.1　query 传参 ······························· 227

6.10.2　动态路由匹配传参 ························· 229

6.11 导航守卫 230

　　6.11.1 全局前置守卫 230

　　6.11.2 路由独享守卫 232

　　6.11.3 组件内守卫 234

6.12 路由元信息 236

6.13 动态路由 238

本章小结 241

第 7 章　Pinia 242

7.1 Pinia 的特点 242

7.2 Pinia 的使用 242

　　7.2.1 安装 242

　　7.2.2 创建 Pinia 实例 242

　　7.2.3 在 main.js 中引用 243

　　7.2.4 创建 store 243

　　7.2.5 使用 store 244

　　7.2.6 异步 actions 246

　　7.2.7 store 的相互引用 248

　　7.2.8 路由钩子中使用 store 250

7.3 数据持久化 pinia-plugin-persistedstate 251

　　7.3.1 安装插件 251

　　7.3.2 引用插件 251

　　7.3.3 在 store 模块中启用持久化 251

　　7.3.4 修改 key 值 252

　　7.3.5 修改存储位置 252

　　7.3.6 自定义要持久化的字段 254

本章小结 255

第 8 章　SCSS 256

8.1 安装 256

8.2 嵌套规则 257

8.3 变量 258

　　8.3.1 变量 $ 259

　　8.3.2 变量默认值!default 259

8.4 混合指令 260

8.4.1　不带参数的混合指令 ……………………………………………… 260

8.4.2　带参数的混合指令 …………………………………………………… 261

8.4.3　带参数有默认值的混合指令 ……………………………………… 262

8.4.4　带有逻辑关系的混合指令@if 和@else ………………………… 263

8.5　扩展/继承指令@extend ……………………………………………………… 263

8.6　占位符% ………………………………………………………………………… 264

8.7　父选择器 & ……………………………………………………………………… 266

8.8　数据类型 ………………………………………………………………………… 267

8.9　运算 ……………………………………………………………………………… 268

8.10　插值♯{} ………………………………………………………………………… 268

8.11　指令 …………………………………………………………………………… 269

8.11.1　@if、@else if 和@else …………………………………………… 269

8.11.2　@for ………………………………………………………………… 270

8.11.3　@while ……………………………………………………………… 271

8.11.4　@each ………………………………………………………………… 272

8.11.5　@import ……………………………………………………………… 273

8.11.6　@debug ……………………………………………………………… 274

8.11.7　@content …………………………………………………………… 274

8.11.8　@function 和@return …………………………………………… 275

8.12　SCSS 函数 …………………………………………………………………… 276

8.12.1　map-get($map, $key) …………………………………………… 276

8.12.2　map-merge($map1, $map2) …………………………………… 277

8.13　使用 SCSS 完成主题色切换 ……………………………………………… 278

本章小结 ………………………………………………………………………………… 281

第 9 章　Element Plus …………………………………………………………………… 283

9.1　Element Plus 的特点 ………………………………………………………… 283

9.2　Element Plus 的安装 ………………………………………………………… 284

9.3　完整引入 ………………………………………………………………………… 284

9.4　按需引入 ………………………………………………………………………… 284

9.5　常用组件 ………………………………………………………………………… 285

9.5.1　Button 按钮 ………………………………………………………… 285

9.5.2　Input 输入框 ……………………………………………………… 285

9.5.3　Form 表单 …………………………………………………………… 286

9.5.4　Select 选择器 ……………………………………………………… 286

9.5.5 Table 表格 ·· 287

第 10 章 TypeScript ··· 289

10.1 TypeScript 概述·· 289

10.2 TypeScript 的安装和编译·· 289

10.3 TypeScript 数据类型·· 291

10.3.1 number ··· 291

10.3.2 string ·· 291

10.3.3 boolean ··· 291

10.3.4 null ·· 292

10.3.5 undefined ··· 292

10.3.6 symbol ··· 292

10.3.7 BigInt ··· 292

10.3.8 any ··· 293

10.3.9 unknown ·· 294

10.3.10 Array ··· 294

10.3.11 Tuple ··· 294

10.3.12 object、Object 和{}类型 ·· 294

10.3.13 enum ··· 295

10.3.14 void ·· 297

10.3.15 never ··· 297

10.3.16 联合类型(|)··· 297

10.3.17 类型别名(type)··· 298

10.3.18 交叉类型(&)·· 298

10.3.19 字面量类型·· 299

10.3.20 类型断言(as)··· 300

10.3.21 类型推断··· 300

10.4 函数·· 301

10.4.1 函数的定义·· 301

10.4.2 函数表达式·· 301

10.4.3 可选参数··· 302

10.4.4 默认参数··· 302

10.4.5 剩余参数··· 303

10.4.6 参数解构··· 304

10.4.7 函数重载··· 304

10.5　接口(interface) ·· 305
　　10.5.1　描述对象的结构 ·· 305
　　10.5.2　可选属性 ·· 306
　　10.5.3　只读属性 ·· 306
　　10.5.4　可索引的类型 ·· 307
　　10.5.5　接口继承 ·· 308
　　10.5.6　接口合并 ·· 310
　　10.5.7　接口导入/导出 ·· 310
　　10.5.8　函数类型接口 ·· 311
10.6　类 ·· 312
　　10.6.1　类的定义 ·· 312
　　10.6.2　访问修饰符 ·· 313
　　10.6.3　只读属性(readonly) ····································· 315
　　10.6.4　静态属性/静态方法 ····································· 316
　　10.6.5　继承 ··· 317
　　10.6.6　抽象类/抽象方法 ······································· 317
10.7　泛型 ·· 318
　　10.7.1　泛型函数 ·· 319
　　10.7.2　泛型类 ··· 319
　　10.7.3　泛型接口 ·· 320
　　10.7.4　泛型参数的默认类型 ··································· 321
　　10.7.5　多个类型参数 ·· 321
　　10.7.6　泛型约束 ·· 322
　　10.7.7　泛型类型别名 ·· 322
　　10.7.8　泛型条件类型 ·· 323
　　10.7.9　infer ·· 323
10.8　类型守卫 ·· 324
　　10.8.1　in ·· 324
　　10.8.2　typeof ··· 324
　　10.8.3　instanceof ·· 325
　　10.8.4　自定义类型保护 ······································ 326
10.9　类型查询 ·· 326
　　10.9.1　typeof ··· 326
　　10.9.2　keyof ··· 327
10.10　实用技巧 ··· 327

10.10.1　非空断言(!) ··· 327

10.10.2　类型断言(as) ·· 328

10.10.3　可选链操作符(?.) ··· 328

10.11　内置工具类型 ··· 329

10.11.1　Partial＜T＞ ·· 329

10.11.2　Required＜T＞ ··· 329

10.11.3　Readonly＜T＞ ·· 330

10.11.4　Pick＜T,K＞ ·· 330

10.11.5　Omit＜T,K＞ ·· 331

10.11.6　Record＜T,K＞ ·· 331

10.11.7　Exclude＜T,U＞ ·· 332

10.11.8　Extract＜T,U＞ ··· 332

10.11.9　ReturnType＜T＞ ··· 333

10.11.10　Parameters＜T＞ ··· 333

10.11.11　NonNullable＜T＞ ·· 334

10.12　Vue.js 3 中 TypeScript 的使用 ··· 334

10.12.1　搭建项目 ·· 335

10.12.2　＜script setup lang＝"ts"＞ ·· 335

10.12.3　ref ··· 336

10.12.4　reactive ··· 338

10.12.5　computed ··· 340

10.12.6　defineProps ··· 340

10.12.7　defineEmits ··· 341

10.12.8　defineSlots ·· 342

10.12.9　provide/inject ·· 343

10.12.10　事件类型 ··· 346

本章小结 ·· 350

第 11 章　Git ·· 351

11.1　Git 安装 ·· 351

11.2　Git GUI ·· 352

11.3　Git Bash ··· 352

11.4　Git History ·· 352

11.5　GitLens—Git supercharged ·· 353

11.6　配置 Git 账户 ·· 353

11.7　建立 Git 仓库 ……………………………………………………… 354

11.8　设置区分大小写 ……………………………………………………… 355

11.9　提交到本地仓库 ……………………………………………………… 355

　　11.9.1　查看状态 ………………………………………………… 356

　　11.9.2　添加单个文件 …………………………………………… 356

　　11.9.3　添加多个文件 …………………………………………… 357

　　11.9.4　创建提交 ………………………………………………… 357

　　11.9.5　查看提交历史 …………………………………………… 357

11.10　远程仓库 GitHub ………………………………………………… 358

　　11.10.1　注册账户 ……………………………………………… 358

　　11.10.2　创建 SSH Key ………………………………………… 359

　　11.10.3　设置 SSH Key ………………………………………… 359

　　11.10.4　新建远程仓库 ………………………………………… 359

　　11.10.5　关联远程仓库 ………………………………………… 360

　　11.10.6　生成令牌 ……………………………………………… 361

　　11.10.7　推送至远程仓库 ……………………………………… 363

11.11　分支 ………………………………………………………………… 363

　　11.11.1　分支的命名 …………………………………………… 364

　　11.11.2　创建并切换分支 ……………………………………… 364

　　11.11.3　切换分支 ……………………………………………… 364

　　11.11.4　查看本地所有分支 …………………………………… 365

　　11.11.5　查看远程所有分支 …………………………………… 365

　　11.11.6　查看本地分支与远程的关联关系 …………………… 365

　　11.11.7　拉取远程分支并创建本地分支 ……………………… 365

　　11.11.8　删除分支 ……………………………………………… 365

11.12　操作 commit ……………………………………………………… 366

　　11.12.1　提交 commit …………………………………………… 366

　　11.12.2　修改 commit 提交信息 ……………………………… 366

　　11.12.3　合并多个 commit ……………………………………… 367

11.13　撤销修改 …………………………………………………………… 369

　　11.13.1　git reset --hard ……………………………………… 369

　　11.13.2　git reset --soft ……………………………………… 369

　　11.13.3　git revert ……………………………………………… 369

　　11.13.4　git checkout -- <file> ……………………………… 371

　　11.13.5　git reset HEAD <file> ……………………………… 371

11.14 从远程仓库拉到本地仓库 ·· 371

　　11.14.1 git clone ·· 372

　　11.14.2 git pull ··· 372

　　11.14.3 git fetch ··· 372

11.15 合并分支 ··· 372

　　11.15.1 git merge ··· 373

　　11.15.2 git cherry-pick ·· 375

11.16 打标签 ·· 376

11.17 强制更新 ··· 377

本章小结 ··· 377

第三篇　实战篇——躬践其实

第 12 章　Web 端管理系统：搭建企业级应用框架 ··· 381

12.1 初始化项目 ··· 381

　　12.1.1 Node 版本要求 ··· 381

　　12.1.2 VS Code 插件安装 ·· 382

　　12.1.3 创建项目 ··· 382

　　12.1.4 安装项目依赖 ··· 382

12.2 配置 TypeScript 检查 ··· 383

　　12.2.1 修改 tsconfig.json ·· 383

　　12.2.2 修改 tsconfig.node.json ·· 384

　　12.2.3 新建 typings.d.ts ··· 385

　　12.2.4 修改 package.json ·· 385

12.3 配置路径别名 ·· 385

　　12.3.1 安装@types/node ··· 385

　　12.3.2 配置 vite.config.ts ·· 386

　　12.3.3 TypeScript 路径映射 ··· 386

12.4 配置 ESLint 和 Prettier ··· 386

　　12.4.1 安装相关插件 ··· 387

　　12.4.2 新建.eslintrc ··· 387

　　12.4.3 新建.eslintignore ··· 389

　　12.4.4 新建.prettierrc ·· 389

　　12.4.5 新建.prettierignore ··· 390

　　12.4.6 重启 VS Code 使配置生效 ··· 390

12.4.7　配置 package.json ……………………………………… 390

12.5　配置 husky、lint-staged、@commitlint/cli ………………………… 391

12.5.1　创建 Git 仓库 ………………………………………… 391

12.5.2　安装相关插件 ………………………………………… 391

12.5.3　配置 husky ………………………………………… 392

12.5.4　修改 package.json ……………………………………… 392

12.5.5　新建 commitlint.config.cjs ……………………………… 393

12.5.6　提交 …………………………………………………… 394

12.6　VS Code 自动格式化 …………………………………………… 394

12.7　配置路由 ………………………………………………………… 394

12.7.1　安装路由 ……………………………………………… 394

12.7.2　路由的基本使用 ……………………………………… 394

12.8　配置 Pinia ……………………………………………………… 397

12.8.1　安装 Pinia …………………………………………… 397

12.8.2　创建 Pinia 实例 ……………………………………… 397

12.8.3　在 main.js 中注册 …………………………………… 397

12.8.4　创建 store …………………………………………… 397

12.8.5　使用 store …………………………………………… 398

12.9　配置 SCSS ……………………………………………………… 399

12.9.1　安装 SCSS …………………………………………… 399

12.9.2　配置全局 SCSS 样式文件 …………………………… 399

12.10　配置 Element Plus …………………………………………… 400

12.11　配置环境变量 …………………………………………………… 401

12.11.1　新建环境变量文件 ………………………………… 401

12.11.2　定义环境变量 ……………………………………… 402

12.11.3　定义变量 ts 类型 …………………………………… 402

12.11.4　使用变量 …………………………………………… 402

12.11.5　在 vite.config.ts 中使用环境变量 ………………… 402

12.12　配置 axios ……………………………………………………… 404

12.12.1　安装 axios ………………………………………… 404

12.12.2　新建 axios 实例 …………………………………… 404

12.12.3　接口类型 …………………………………………… 405

12.12.4　定义请求接口 ……………………………………… 406

12.12.5　使用接口 …………………………………………… 406

12.13　打包配置 ………………………………………………………… 407

12.13.1 分包 …………………………………………………………………… 407

12.13.2 生成 gz 文件 ………………………………………………………… 408

12.13.3 js 和 css 文件夹分离 …………………………………………………… 409

12.14 Vite 与 Webpack 使用区别 …………………………………………………… 410

12.14.1 静态资源处理 …………………………………………………………… 410

12.14.2 组件自动化注册 ………………………………………………………… 411

第 13 章 Web 端管理系统：权限管理 …………………………………………………… 412

13.1 后端设计（使用 Koa 框架）……………………………………………………… 412

13.1.1 搭建后端服务 …………………………………………………………… 413

13.1.2 使用路由中间件 ………………………………………………………… 415

13.1.3 处理跨域 ………………………………………………………………… 417

13.2 前端设计 ……………………………………………………………………………… 419

13.2.1 定义使用到的常量 ……………………………………………………… 419

13.2.2 配置 axios ……………………………………………………………… 420

13.2.3 调整目录结构 …………………………………………………………… 421

13.2.4 调整路由 ………………………………………………………………… 421

13.2.5 路由权限设置 …………………………………………………………… 423

13.2.6 接口权限设置 …………………………………………………………… 423

13.2.7 菜单栏权限设置 ………………………………………………………… 428

13.2.8 动态路由设置 …………………………………………………………… 429

13.2.9 按钮权限设置 …………………………………………………………… 430

本章小结 ……………………………………………………………………………………… 432

参考文献 ……………………………………………………………………………………… 433

第一篇 基础篇——固其根本

通过本篇的学习，读者将入门 Vue.js，并为学习 Vue.js 进阶知识做好准备。掌握这些基础知识是构建复杂 Vue.js 应用程序的基础，也是深入理解 Vue.js 的关键所在。

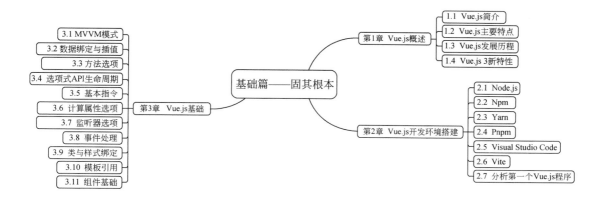

第 1 章

Vue.js 概述

本章学习目标

（1）了解 Vue.js。了解 Vue.js 的概念、主要特点以及它在构建用户界面方面的优势。

（2）了解 Vue.js 3 相对于 Vue.js 2 的变化。Vue.js 3 相对于 Vue.js 2 进行了一些重要改变和更新。例如,组合式应用程序接口、Teleport 组件、Fragments 片段、Emits 组件选项等新特性和语法糖。

通过实现这些学习目标,你将对 Vue.js 有一个更深入的理解,并能够在后续章节中更好地应用和掌握 Vue.js 的相关知识。

1.1 Vue.js 简介

Vue.js 是一款流行的 JavaScript 框架,专为构建用户界面而设计。它采用基于组件的、声明式的编程模型,允许开发者将应用程序拆分为可重用的组件,从而以模块化的方式构建复杂的用户界面。

Vue.js 基于标准的 HTML、CSS 和 JavaScript,与现有的 Web 技术无缝集成。它提供了丰富的工具和功能,使开发者能够更高效地构建交互式的前端应用程序。

Vue.js 的优势包括:

（1）上手快:Vue.js 具有平缓的学习曲线和详细的文档,使初学者能够快速入门并构建简单的应用。

（2）组件化开发:Vue.js 将应用程序拆分为多个组件,提高了代码的复用性和可维护性。

（3）声明式渲染:Vue.js 使用简洁明了的模板语法来描述用户界面,让开发者专注于数据状态变化,而无须直接操作文档对象模型(Document Object Model,DOM)。

（4）响应式数据绑定:Vue.js 实现了双向数据绑定,当数据变化时,界面会自动更新,保持数据和界面的同步。

（5）活跃的社区:Vue.js 拥有庞大的社区,提供了丰富的资源和插件,为开发者提供了支持和帮助。

随着Vue.js 3的推出，许多新特性和改进接踵而来，例如组合式应用程序接口（Application Program Interface，API）、setup语法糖和更好的TypeScript支持等。这些优点使Vue.js在市场上越来越受欢迎，许多公司倾向于使用Vue.js 3开发前端应用程序，这为开发者提供了广阔的就业机会。

1.2 Vue.js主要特点

1. 轻量级框架

Vue.js是一个轻量级的前端框架，专注于视图层的渲染和数据绑定。由于它设计精简，框架体积小巧且加载速度快，开发者可以更快速地构建应用程序并提供更好的用户体验。Vue.js的简单、灵活的API也让学习和上手变得容易。

2. 高性能

Vue.js采用虚拟DOM和独特的Diff算法，优化了页面的渲染性能。通过对比前后两个虚拟DOM树的差异，Vue.js只更新需要改变的部分，减少了不必要的DOM操作，从而提高了应用程序的性能和响应速度。这种优化使得Vue.js在处理复杂的数据更新时表现出色。

3. 双向数据绑定

Vue.js支持双向数据绑定，这意味着数据的变化可以自动更新到视图，同时视图的变化也可以自动更新到数据。这种声明式的数据绑定方式让开发者能够更自然地处理数据与视图之间的同步，减少了手动DOM操作的复杂性，提高了代码的可读性和维护性。

4. 丰富的指令

Vue.js提供了丰富的指令，如v-if、v-else、v-show、v-on、v-bind和v-model等，用于简化前端的各种操作。这些指令使得开发者可以更便捷地处理用户交互、动态渲染和事件处理等功能，提高了开发效率。

5. 组件化

Vue.js采用组件化的开发模式，将页面拆分为多个独立的组件。每个组件都包含自己的样式、模板和逻辑，可以被复用并且可以嵌套组合，形成更复杂的应用程序。组件化开发提高了代码的可维护性和重用性，同时也降低了开发的复杂性，使得团队协作更加高效。

1.3 Vue.js发展历程

2015年10月，尤雨溪发布了Vue.js 1.0版本，该版本包含了Vue.js的核心功能，如模板语法、双向绑定和组件等。Vue.js 1.0的发布标志着Vue.js开始进入开发者的视野。

2016年9月，Vue.js 2.0版本正式发布。Vue.js 2.0在性能方面进行了优化，引入了虚拟DOM方案，提高了渲染性能。同时，Vue.js 2.0还支持服务端渲染，使得开发者能够更灵活地构建应用程序。Vue.js 2.0的发布进一步提升了Vue.js的影响力，成为国内快速开发项目的主流 JavaScript 框架。

2018 年,Vue.js 成为 GitHub 前端热门项目的第一名,这一成就证明了 Vue.js 在开发者社区中获得广泛认可和使用。

2020 年 9 月,Vue.js 3.0 版本正式发布。Vue.js 3.0 在架构和性能方面进行了重大改进,并受到 React Hooks 的启发,引入了组合式 API。组合式 API 使得开发者能够更好地组织和复用逻辑,提高了开发效率。Vue.js 3.0 的发布进一步巩固了 Vue.js 作为主流框架的地位,并带来了更多的功能和优化。

从发布至今,Vue.js 一直保持着频繁的更新和迭代,持续改进和优化。Vue.js 处于蓬勃发展的阶段,不断吸引更多开发者的关注和使用。

1.4　Vue.js 3 新特性

1. 组合式 API

Vue.js 3 引入一系列组合式 API,使开发者可以更函数化地编写组件,提高组件的复用性和可维护性。例如,提供了响应式 API(如 ref()和 reactive()),用于创建响应式状态。同时,还提供了生命周期钩子(如 onMounted()和 onUnmounted()),用于在组件的不同生命周期阶段添加逻辑。组合式 API 旨在解决 Vue.js 2 在复杂组件中逻辑代码难以组织和复用的问题。

2. setup 语法糖

< script setup >是在单文件组件(SFC)中使用组合式 API 的编译时语法糖。相比普通的< script >语法,它具有更少的样板内容和更简洁的代码。它还允许我们使用 TypeScript 声明 props 和自定义事件,并提供更好的运行时性能和集成开发环境(Integrated Development Environment,IDE)类型推导性能。通过 setup 语法糖,我们可以更加便捷地编写组件逻辑,提高开发效率。

3. Teleport 组件

Teleport 是 Vue.js 3 中新增的内置组件,它允许我们将组件内部的一部分模板"挂载"到组件树结构之外的位置,而不仅仅局限于组件树的特定位置。这对于创建弹出窗口、模态框等场景非常有用。Teleport 的引入使得在组件的模板中可以更加自由地控制 DOM 结构,增强了组件的灵活性。

4. Fragments 片段

Fragments 允许组件具有多个根节点。在 Vue.js 3 中,我们可以在组件中使用多个根节点,而不需要将它们包裹在一个额外的父元素中。这使得我们在编写组件时更加自然地表达 DOM 结构,无须引入额外的不必要元素。

5. Emits 组件选项

Emits 组件选项用于声明由组件触发的自定义事件。通过在组件选项中声明 Emits,我们可以明确指定组件将触发的事件名称,这提高了组件的可维护性和可读性。

6. CSS 变量

Vue.js 3 允许在单文件组件的< style >标签中使用 v-bind 绑定 CSS 变量。这样，我们就可以动态地设置和更新 CSS 变量的值，以响应组件的状态变化。

7. Suspense 组件

Suspense 是一个用于协调异步依赖处理的组件。它允许我们在组件树中等待下层的多个嵌套异步依赖项解析完成，并在等待期间渲染一个加载状态。Suspense 的引入使得处理异步数据的过程更加简单和直观。

8. 全局 API 的修改

Vue.js 3 对一些全局 API 进行了修改和调整，使其更加一致和直观。例如，Vue.component 变成了 app.component，Vue.directive 变成了 app.directive 等。

9. 新的响应式系统

Vue.js 3 采用了 Proxy 代替 Object.defineProperty 来实现响应式系统，提供更高的性能。

10. 改进的 TypeScript 支持

Vue.js 3 对 TypeScript 的支持更加完善，提供了更准确的类型推导和类型检查。

通过了解并掌握这些新特性，开发者可以更好地利用 Vue.js 3 构建现代化、高性能的前端应用程序，提升开发效率和用户体验。接下来的内容将介绍 Vue.js 开发环境搭建。

第 2 章

Vue.js 开发环境搭建

2.1 Node.js

Node.js 是一个基于 Chrome V8 引擎的 JavaScript 运行时环境。它使 JavaScript 能够在服务器端运行,用于构建高性能、可扩展的网络应用程序。

2.1.1 Node.js 概述

Node.js 是一种在服务器端执行 JavaScript 代码的运行时环境。与传统的浏览器中执行 JavaScript 不同,Node.js 提供了许多内置模块,使得开发者可以方便地进行文件操作、网络通信和创建 Web 服务器等任务。此外,Node.js 还具有丰富的第三方模块,可以通过 Npm(Node 包管理器)进行安装和使用。

Node.js 的主要特点如下:

(1)非阻塞 I/O 模型和事件驱动:Node.js 采用基于事件驱动的非阻塞 I/O 模型,能够处理大量并发请求而不会阻塞线程。这使得 Node.js 非常适合构建实时应用程序,如聊天应用、实时数据推送等。

(2)单线程:Node.js 采用单线程模型,但通过事件循环机制实现并发处理。这意味着它可以处理大量的并发连接而不会创建大量的线程,减少了服务器资源的开销,并提高了应用程序的吞吐量。

(3)轻量和高效:Node.js 具有轻量级的设计,运行时的开销较小,启动速度快。它还具有高效的资源利用率,适用于构建高性能的网络应用程序。

(4)跨平台:Node.js 可以在多个操作系统上运行,包括 Windows、macOS 和 Linux,使开发者可以在不同的平台上开发和部署应用程序。

Node.js 在 Web 开发、服务器端应用程序、命令行工具等领域都有广泛的应用。通过 Node.js,前端开发人员可以将 JavaScript 的应用范围扩展到服务器端和命令行工具。

2.1.2 Node.js 安装

1. 安装环境

本机环境:Windows 10(64 位)。

2．下载安装包

访问 Node 下载网站 https://nodejs. org/en/download/prebuilt-installer，单击 Download Node. js v20.14.0 选项，如图 2-1 所示。

图 2-1　访问 Node 下载网站

3．开始安装

步骤 1：找到下载的 Node 安装包，双击 node-v20.14.0-x64. msi，如图 2-2 所示。

图 2-2　双击 node-v20.14.0-x64. msi

步骤 2：单击 Next 按钮，如图 2-3 所示。

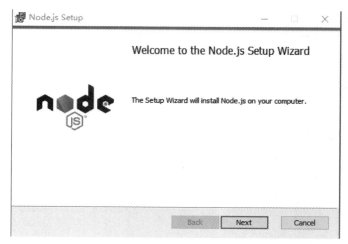

图 2-3　单击 Next 按钮

步骤 3：勾选复选框，单击 Next 按钮，如图 2-4 所示。

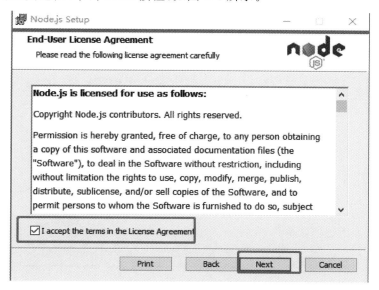

图 2-4　勾选复选框，单击 Next 按钮

步骤 4：修改安装目录。

（1）先在 D 盘创建 Develop 文件夹，并在 Develop 文件夹中创建 nodejs 文件夹，如图 2-5 所示。

（2）修改 Node.js 默认安装路径，如图 2-6 所示。

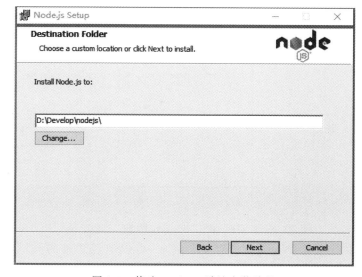

图 2-5　创建 Develop 文件夹
　　　 与 nodejs 文件夹

图 2-6　修改 Node.js 默认安装路径

步骤 5：修改好目录后，单击 Next 按钮，如图 2-7 所示。

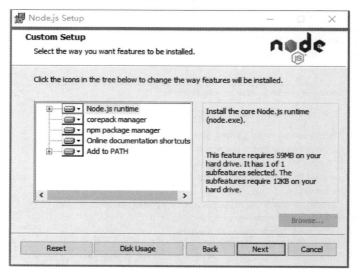

图 2-7　单击 Next 按钮

步骤 6：不要勾选复选框，继续单击 Next 按钮（见图 2-8），然后单击 Install 按钮安装。

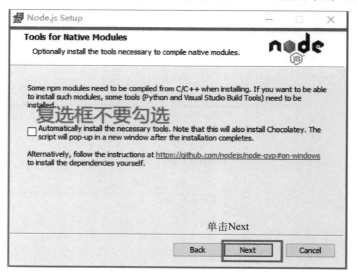

图 2-8　单击 Next 按钮

步骤 7：安装完后单击 Finish 按钮完成安装。

至此，Node.js 已经安装完成，可以通过简单的测试确认是否成功安装。在键盘上按 Win＋R 键，打开运行窗口，如图 2-9 所示。

在运行窗口输入 cmd，然后按 Enter 键（回车键），打开 cmd 窗口，如图 2-10 所示。

在 cmd 窗口输入 node-v 与 npm-v 命令，查看 Node 是否安装成功，如图 2-11 所示。

图 2-9　打开运行窗口

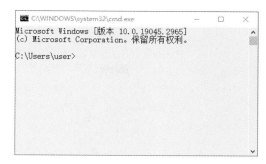

图 2-10　打开 cmd 窗口

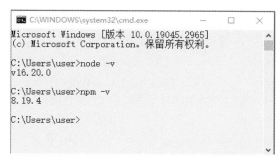

图 2-11　查看 Node 是否安装成功

说明：从 Node.js 0.6.3 版本开始，Npm 被作为 Node.js 的默认软件包管理器一同安装。

4．环境配置

Npm 默认会将全局安装的模块安装到操作系统特定的全局路径中。对于 Windows 系统，默认在 C 盘中。然而，这种默认的全局安装路径可能会导致 C 盘空间占用过多，特别是在 C 盘空间有限的情况下。

为了解决这个问题，我们可以配置 Npm 的全局模块安装路径和缓存路径，将它们指定到其他磁盘，这样可以有效地减轻 C 盘的负担。

下面是配置 Npm 的全局模块和缓存路径的步骤。

步骤 1：在安装的文件夹 D:\Develop\nodejs 下新建 node_global 文件夹和 node_cache 文件夹，如图 2-12 所示。

图 2-12　新建 node_global 文件夹和 node_cache 文件夹

步骤 2：打开 cmd 命令窗口，分别输入以下命令（输入完一条按回车键）。

```
npm config set prefix "D:\Develop\nodejs\node_global"
npm config set cache "D:\Develop\nodejs\node_cache"
```

设置全局安装路径和缓存路径，如图 2-13 所示。

```
Microsoft Windows [版本 10.0.19045.2965]
(c) Microsoft Corporation。保留所有权利。

C:\Users\user>npm config set prefix "D:\Develop\nodejs\node_global"

C:\Users\user>npm config set cache "D:\Develop\nodejs\node_cache"

C:\Users\user>
```

图 2-13　设置全局安装路径和缓存路径

npm config set prefix "D:\Develop\nodejs\node_global"命令将全局安装的 Npm 包的路径设置为 D:\Develop\nodejs\node_global。这意味着，当使用 npm install -g ＜ package ＞命令全局安装某个 Npm 包时，该包将被安装到指定的路径下。

npm config set cache "D:\Develop\nodejs\node_cache" 命令将 Npm 包的缓存路径设置为 D:\Develop\nodejs\node_cache。当使用 npm install 命令安装 Npm 包时，下载的包文件将被缓存到指定的路径下，以便在以后的安装过程中能够更快地获取和使用缓存的包文件。

步骤 3：关闭 cmd 窗口，选择"我的电脑"，右击，弹出快捷菜单，选择"属性"，打开对话框，选择"高级系统设置"，在打开的对话框中选择"高级"选项卡，单击"环境变量"，如图 2-14 所示。

图 2-14　单击"环境变量"

步骤4：进入环境变量对话框，在"系统变量"下新建变量名 NODE_PATH，输入变量值 D:\Develop\nodejs\node_global\node_modules，如图 2-15 所示。

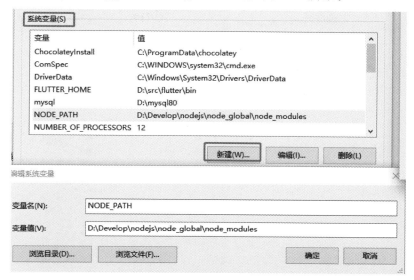

图 2-15　新建系统变量 NODE_PATH

步骤5：将"user 的用户变量"下的变量 Path 的值 C:\Users\user\AppData\Roaming\npm 修改为 D:\Develop\nodejs\node_global，如图 2-16～图 2-18 所示。

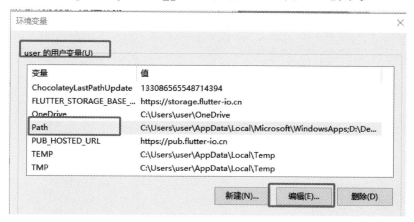

图 2-16　编辑 user 的用户变量 Path

步骤6：配置完后，可安装一个模块测试一下。重启 cmd 窗口，输入以下命令，全局安装 express 模块（-g 是全局安装的意思）。

```
npm install express - g
```

安装成功的结果如图 2-19 所示。如果安装失败，可参考 2.2.1 节设置镜像来加快安装速度。

图 2-17　编辑环境变量

图 2-18　设置 Npm 默认全局安装路径

图 2-19 全局安装 express 模块

查看计算机路径 D:\Develop\nodejs\node_global\node_modules，可以看到 express 模块安装成功，如图 2-20 所示。

图 2-20 express 模块安装成功

2.2 Npm

Npm 是 Node.js 生态系统中的重要组成部分，它是一个强大的包管理器，用于管理 JavaScript 包和模块。作为全球最大的开源软件注册表，Npm 托管了大量开源包，涵盖了前端工具、库，以及后端框架和应用等资源。无论是个人项目还是企业级应用，开发者都可以通过 Npm 获取各种模块和工具，加速开发过程。

可以在 Npm 社区查找所需要的包。

2.2.1 设置镜像

使用 Npm 安装包时，可能会存在网络不佳导致安装失败的情况，可以通过设置镜像源加快安装和更新依赖的速度。

在 cmd 窗口输入以下命令设置镜像源：

```
npm config set registry https://registry.npmmirror.com
```

运行以下命令验证是否成功设置了镜像源：

```
npm config get registry
```

如果输出为 https://registry.npmmirror.com，则表示设置成功。

2.2.2 Npm 常用命令

（1）安装项目所有依赖的包。

```
npm install
```

（2）安装指定的包。

```
npm install <package-name>
```

（3）安装指定的包作为开发依赖项。

```
npm install <package-name> -D
```

（4）将包安装到全局环境中，可以在命令行中直接调用。

```
npm install -g <package-name>
```

（5）卸载指定的包。

```
npm uninstall <package-name>
```

（6）更新已安装的包到最新版本。

```
npm update <package-name>
```

（7）初始化项目：在当前目录下初始化一个新的Npm项目，并创建package.json文件。

```
npm init
```

（8）查看帮助：查看Npm命令的帮助信息。

```
npm help
```

2.3　Yarn

Yarn是一个现代化的包管理工具，旨在改进Npm的一些缺点，并提供更快、更可靠的包管理体验。作为Node.js生态系统的重要组成部分，Yarn已经成为JavaScript开发社区中备受欢迎的工具之一。

2.3.1　安装Yarn

在cmd窗口输入以下命令安装Yarn：

```
npm install -g yarn
```

在全局环境中安装Yarn工具，可以实现在任何地方使用Yarn命令行工具管理JavaScript包和模块。

2.3.2　Yarn常用命令

（1）安装项目所有依赖的包。

```
yarn install
```

（2）安装指定的包。

```
yarn add <package-name>
```

（3）安装指定的包作为开发依赖项。

```
yarn add < package - name > - D
```

（4）将包安装到全局环境中，可以在命令行中直接调用。

```
yarn global add < package - name >
```

（5）卸载指定的包。

```
yarn remove < package - name >
```

（6）更新已安装的包到最新版本。

```
yarn upgrade < package - name >
```

（7）初始化项目：在当前目录下初始化一个新的 Yarn 项目，并创建 package.json 文件。

```
yarn init
```

2.4　Pnpm

Pnpm 是一种现代化的包管理工具，旨在优化 Node.js 项目的依赖管理和构建过程。与传统的包管理器相比，Pnpm 提供了一种创新的安装策略，以减少磁盘空间的占用和提高安装速度。

传统的包管理器在每个项目中都会单独安装依赖项，导致大量的重复模块占据磁盘空间，而且安装时间较长。相反，Pnpm 采用一种共享依赖项的机制，将公共模块链接到一个共享位置，从而避免重复下载和浪费的空间。这种共享机制是通过硬链接和符号链接技术实现的，保证了每个项目所需的依赖项都可以正确安装和访问。

Pnpm 不仅节省了存储空间，还具有优异的安装速度。其并发安装特性允许多个依赖项同时安装，大大加快了项目的初始化和构建过程。

2.4.1　安装 Pnpm

在 cmd 窗口输入以下命令来安装 Pnpm：

```
npm install - g pnpm
```

在全局环境中安装 Pnpm 工具，可以让开发者在任何地方都能使用 Pnpm 命令行工具管理 JavaScript 包和模块。

2.4.2　Pnpm 常用命令

（1）安装项目所有依赖的包。

```
pnpm install
```

（2）安装指定的包。

```
pnpm add < package - name >
```

（3）安装指定的包作为开发依赖项。

```
pnpm add < package - name > - D
```

（4）将包安装到全局环境中，可以在命令行中直接调用。

```
pnpm add < package - name > -- global
```

（5）卸载指定的包。

```
pnpm remove < package - name >
```

（6）更新已安装的包到最新版本。

```
pnpm update < package - name >
```

（7）初始化项目：在当前目录下初始化一个新的 Pnpm 项目，并创建 package.json 文件。

```
pnpm init
```

2.4.3 Npm、Yarn 和 Pnpm 的选择

Npm、Yarn 和 Pnpm 都是流行的 JavaScript 包管理工具。其中，Yarn 和 Pnpm 在包的安装速度方面通常比 Npm 更快。特别是 Pnpm 在安装时采用了符号链接的方式，可以节省磁盘空间。因此，从安装速度和节省磁盘空间的角度来看，Pnpm 是一个很好的选择。

然而，需要注意的是，尽管 Pnpm 在性能方面有优势，但它相对较新，社区和生态系统不如 Npm 和 Yarn 发达。Npm 拥有庞大的社区和丰富的生态系统，是最早和最广泛使用的包管理工具之一。Yarn 在发布后也获得了广泛的关注和采用，有一个活跃的社区。

因此，综合考虑，目前较优的选择是使用 Yarn 进行包的管理。Yarn 在性能方面有一定的优势，同时也具备较完善的社区和生态系统支持，能满足大多数项目的需求。

每个工具都有其优势和劣势，需要根据具体项目的需求和团队的偏好来选择合适的包管理工具。

2.5 Visual Studio Code

Visual Studio Code（简称为 VS Code）是一个免费且开源的跨平台源代码编辑器，由 Microsoft 公司开发和维护。它支持多种编程语言和框架，并提供了丰富的功能和扩展生态系统，使开发人员可以更高效地编写代码。

2.5.1 安装 VS Code

步骤 1：使用 Chrome 浏览器访问 VS Code 官网，单击 Download for Windows，如图 2-21 所示。

图 2-21　单击 Download for Windows

　　步骤 2：如果浏览器下载速度很慢，单击浏览器"更多操作"，弹出菜单后，单击"下载内容"，如图 2-22 所示。

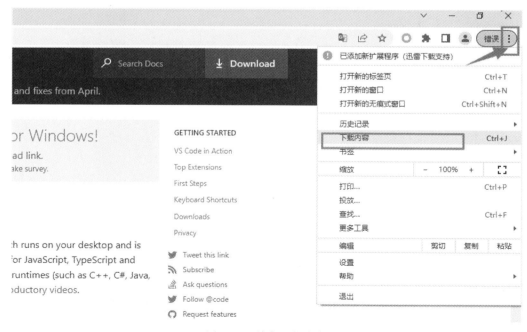

图 2-22　单击下载内容

步骤3：在下载内容页面，右击链接地址，弹出菜单后选择"复制链接地址"，然后打开迅雷下载软件，并在迅雷中选择"新建任务"或"新建下载"，然后粘贴复制的链接地址进行下载，如图 2-23 和图 2-24 所示。

图 2-23　复制链接地址

图 2-24　使用迅雷下载

步骤4：双击 VSCodeUserSetup-x64-1.78.2.exe 运行安装程序，如图 2-25 所示。

图 2-25 双击 VSCodeUserSetup-x64-1.78.2.exe

步骤5：根据安装程序的指示，选择你希望安装的选项和目标文件夹。在选择附加任务时，将选项全部勾选上，如图 2-26 所示。

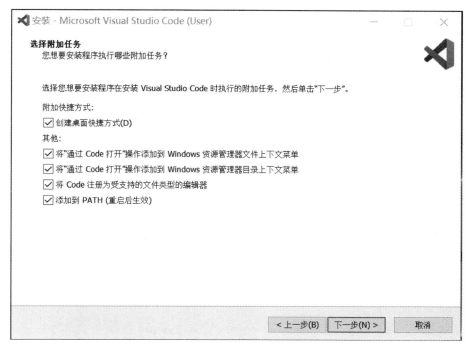

图 2-26 选择附加任务全部勾选

单击"下一步"按钮，并根据提示最后完成安装。

2.5.2 安装 VS Code 扩展

1. 安装开发 Vue.js 的配套扩展

按照以下步骤在 VS Code 中安装与 Vue 相关的扩展，如图 2-27 所示。

（1）打开 VS Code 编辑器。

（2）单击侧边栏中的扩展图标（方块状图标）或使用快捷键 Ctrl+Shift+X。

（3）在搜索框中输入"Vue"。

（4）出现搜索结果后，单击 Vue-Official 这个扩展并单击 Install 按钮进行安装。

图 2-27　安装与 Vue 相关的扩展

2. 安装其他扩展

VS Code 提供了丰富的扩展插件，可以安装以下扩展插件提高开发效率。

1）Chinese(Simplified)（简体中文）

Chinese(Simplified)（简体中文）扩展是用于将 VS Code 编辑器的用户界面和显示语言设置为简体中文的插件。

安装完成后，单击右下角 Change Language and Restart 按钮重启 VS Code，即可使 Chinese（Simplified）（简体中文）扩展程序生效，如图 2-28 所示。

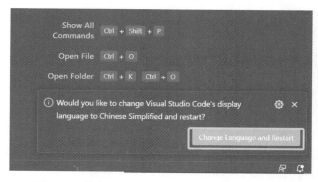

图 2-28　单击 Change Language and Restart 按钮

2）自动类扩展

（1）Auto Close Tag（自动闭合标签）：自动补全闭合标签。例如，输入<div>，插件会自动添加相应的结束标签</div>。

（2）Auto Rename Tag（自动重命名标签）：可以在重命名一个 HTML 或 XML 标签时，自动修改相应的结束标签。

（3）Path Intellisense（路径智能感知）：自动补全文件名。当 import 项目的其他文件时，能够对文件路径进行提示，快速补全要引入的文件。

（4）Npm Intellisense（npm 智能感知）：为 import 语句中的 npm 模块提供路径提示功能。

3）提高代码可读性类扩展

（1）Highlight Matching Tag（高亮匹配标签）：可以帮助开发者在编写 HTML、XML 等语言时更好地识别和匹配标签。当将光标置于一个开始标签或结束标签上时，它会自动高亮匹配的开始标签或结束标签，以便更清楚地显示它们之间的关联性。这对于大型的嵌套标记结构非常有用，可以减少因标签嵌套错误而导致的问题。

（2）Indent-Rainbow（缩进彩虹）：可以通过为每个缩进级别添加不同的颜色，使代码的缩进结构更加可视化。它可以帮助开发者更清晰地看到代码中的嵌套层次和逻辑结构。通过使用不同颜色的缩进，开发者可以更容易地识别代码块、条件语句、循环结构等的范围和关联性。

4）Open in Browser

Open in Browser 扩展是一款可以让开发者在 VS Code 中轻松打开当前文件或指定文件夹中的文件在浏览器中预览的工具。

5）Import Cost

Import Cost 扩展可用于显示导入的 JavaScript 模块的大小信息，通常以文件大小或以可读格式（如 KB、MB）显示，以帮助开发者评估模块的性能和影响。

2.6　Vite

Vite 是一个快速、简单且功能丰富的前端构建工具，用于开发现代化的 Web 应用程序。Vite 利用了浏览器原生的 ES 模块功能来实现快速的冷启动，从而加速了项目的开发过程。Vite 也是 Vue.js 的作者尤雨溪推荐的一款前端开发工具。

2.6.1　Vite 特点

Vite 的主要特点与优势如下：

（1）快速冷启动：Vite 在开发模式下具有极快的冷启动时间，几乎可以即时加载应用程序。这得益于现代浏览器对 ES 模块的支持，Vite 将模块之间的依赖关系交给了浏览器处理，从而减少了启动时间。

（2）零配置开发：使用 Vite，你无须进行复杂的配置即可开始项目开发。它采用约定优于配置的原则，提供了一套默认的配置，可以让你快速启动项目并专注于开发。

（3）即时热更新：Vite 支持在开发过程中进行即时的热更新，无须刷新整个页面。它可以仅更新修改的模块，从而提供快速的反馈和开发体验。

（4）插件化体系：Vite 的插件化体系允许你根据项目需求进行灵活的定制。你可以使用插件来扩展 Vite 的功能，添加自定义功能或集成其他工具。

（5）多种语言支持：Vite 不仅支持 JavaScript，还可以与 TypeScript、React、Vue.js 等主流前端技术一起使用，提供了良好的开发体验和工具生态系统。

2.6.2　Vite 热更新

Vite 提供了热更新（又称热模块替换，hot module replacement）的功能，它可以在开发过程中实时反映你对代码的更改，而无须刷新页面。这意味着你可以立即看到对代码的更改效果，这使得开发过程更加高效和流畅。

除了热更新模块代码，Vite 还支持热更新 CSS 样式，这使得对样式的更改也能立即生效。

2.6.3　搭建第一个 Vue 项目

以 Windows 10 为例，按照以下步骤进行操作。

步骤 1：按下 Win＋X 键，弹出快捷菜单，单击 Windows PowerShell（管理员）。

步骤 2：在 Windows PowerShell 中运行以下命令，进入 D 盘。

```
cd D:/
```

步骤 3：在 Windows PowerShell 中运行以下命令来检查 Node.js 是否已安装并查看其版本。

```
node -v
```

步骤 4：在 Windows PowerShell 中运行以下命令，创建 Vue.js 程序。

```
npm create vite@latest my-vue-app -- --template vue
```

输入命令并按回车键执行后，会弹出提示"Ok to proceed?（y）"，输入 y 并按回车键继续执行。

步骤 5：安装完成后，打开 D 盘，可以看到 my-vue-app 文件夹，右击 my-vue-app 文件夹，弹出快捷菜单，单击"通过 Code 打开"。

步骤 6：按下 Ctrl＋Shift＋` 快捷键，弹出终端。或者单击工具栏上方扩展符"..."，选择终端，弹出快捷菜单，单击"新建终端"，如图 2-29 所示。

步骤 7：在终端中运行以下命令，安装项目依赖包，如图 2-30 所示。

```
npm install
```

图 2-29　单击新建终端

步骤 8：安装完成后，运行以下命令启动 Vite 开发服务器。

```
npm run dev
```

步骤 9：启动成功后，在终端中可以看到 Vite 开发服务器默认地址，如图 2-31 所示。

图 2-30　安装项目依赖包　　　　　　　　图 2-31　开发服务器默认地址

在浏览器中访问地址 http://127.0.0.1:5173/ 查看页面效果。

2.7　分析第一个 Vue.js 程序

目前为止，你已成功使用 Vite 创建并运行了一个 Vue.js 项目，接下来对创建的项目进行分析。

2.7.1　目录结构分析

my-vue-app 项目目录结构与对应作用如下所示：

```
my-vue-app/              //项目根目录
  |- .vscode/            //VS Code 配置
  |- node_modules/       //依赖的第三方模块
  |- public/             //公共资源目录
  |- src/                //源代码目录
  |   |- assets/         //静态资源目录，如图片、字体等
```

```
│    │ - components/           //组件目录,用于存放 Vue 组件
│    │ - App.vue               //根组件文件,Vue 应用程序的入口组件
│    │ - main.js               //入口文件,Vue 应用程序的主要 JavaScript 文件
│    │ - style.css             //样式文件
│ - .gitignore                 //Git 忽略配置文件
│ - index.html                 //HTML 模板
│ - package-lock.json          //记录当前项目的精确依赖关系和版本锁定的文件
│ - package.json               //项目配置文件
│ - README.md                  //项目说明文件
│ - vite.config.js             //Vite 配置文件
```

2.7.2　文件分析

1. main.js

src 目录下的 main.js 文件是 Vue 应用程序的入口文件。main.js 文件负责创建 Vue 应用实例并将根组件挂载到 DOM 上,从而启动 Vue 应用。

```
import { createApp } from 'vue'        ①
import './style.css'                    ②
import App from './App.vue'            ③

createApp(App).mount('#app')          ④
```

第①行使用 ES6 的模块导入语法,从 vue 模块中导入 createApp 函数,createApp 函数用于创建 Vue 应用实例。

第②行通过相对路径导入 style.css 样式文件。我们可以将其中定义的 CSS 样式应用到整个应用程序。

第③行通过相对路径导入 App.vue 文件,这是应用程序的根组件文件。根组件是 Vue 应用的最顶层组件,它包含了整个应用的结构和逻辑。

第④行使用 createApp 函数创建一个 Vue 应用程序实例,并将根组件 App 作为参数传递给它。最后使用 mount 方法将应用程序实例挂载到页面上的 id 为 app 的元素上(在项目文件 index.html 中< div id="app"></div>处)。

2. style.css

src 目录下的 style.css 文件是个样式文件。

```
:root {
  font-family: Inter, system-ui, Avenir, Helvetica, Arial, sans-serif;
  line-height: 1.5;
  font-weight: 400;

  color-scheme: light dark;
  color: rgba(255, 255, 255, 0.87);
  background-color: #242424;

  font-synthesis: none;
  text-rendering: optimizeLegibility;
```

```css
   -webkit-font-smoothing: antialiased;
   -moz-osx-font-smoothing: grayscale;
   -webkit-text-size-adjust: 100%;
}

a {
  font-weight: 500;
  color: #646cff;
  text-decoration: inherit;
}
a:hover {
  color: #535bf2;
}

body {
  margin: 0;
  display: flex;
  place-items: center;
  min-width: 320px;
  min-height: 100vh;
}

h1 {
  font-size: 3.2em;
  line-height: 1.1;
}

button {
  border-radius: 8px;
  border: 1px solid transparent;
  padding: 0.6em 1.2em;
  font-size: 1em;
  font-weight: 500;
  font-family: inherit;
  background-color: #1a1a1a;
  cursor: pointer;
  transition: border-color 0.25s;
}
button:hover {
  border-color: #646cff;
}
button:focus,
button:focus-visible {
  outline: 4px auto -webkit-focus-ring-color;
}

.card {
  padding: 2em;
}
```

```
#app {
  max - width: 1280px;
  margin: 0 auto;
  padding: 2rem;
  text - align: center;
}

@media (prefers - color - scheme: light) {
  :root {
   color: #213547;
   background - color: #ffffff;
  }
  a:hover {
   color: #747bff;
  }
  button {
   background - color: #f9f9f9;
  }
}
```

代码说明：

:root：根选择器，用于设置全局的样式规则。

a：链接元素的样式规则，包括字体加粗、颜色和文本装饰。

a:hover：当鼠标悬停在链接上时，颜色变为#535bf2。

body：网页主体部分的样式规则，包括边距、flex 布局、最小宽度和最小高度。

h1：标题元素 h1 的样式规则，包括字体大小和行高。

button：按钮元素的样式规则，包括边框圆角、边框样式、内边距、字体大小、字体加粗、背景颜色、光标样式和过渡效果。

button:hover：当鼠标悬停在按钮上时，边框颜色变为#646cff。

button:focus,button:focus-visible：当按钮获取焦点或可见焦点时，应用 4 像素宽度、自动样式和-webkit-focus-ring-color 的轮廓效果。

.card：.card 类的样式规则，包括内边距。

#app：对于 id 为 app 的元素，设置最大宽度为 1280 像素，水平居中对齐（通过将左右外边距设置为 auto），内边距为 2 个 rem 单位，文本居中对齐。

@media (prefers-color-scheme:light)：一个媒体查询规则，用于根据用户的首选颜色方案（light 或 dark）应用不同的样式。

3. App.vue

src 目录下的 App.vue 文件是 Vue 应用程序的入口组件。以 .vue 结尾的文件被称为单文件组件（single-file component），一个单文件组件一般由脚本、模板和样式三部分组成。

1）脚本（script）部分

```
<script setup>
import HelloWorld from './components/HelloWorld.vue'
</script>
```

setup 语法糖是 Vue.js 3 特有的功能,在后续内容中会详细介绍。这里只需了解,我们通过 import 导入了 HelloWorld 组件,其中. /components/HelloWorld. vue 是组件所在的相对路径。

注意:组件文件名通常采用帕斯卡命名法(也称为大驼峰命名法)。在大驼峰命名法中,每个单词的首字母都大写,单词之间没有下画线或空格,例如 HelloWorld. vue。在使用 import 导入时,也要注意遵循这个规则,确保文件名与 import 导入的名称一致。例如,如果文件名是大写开头的 HelloWorld. vue,则 import 导入的名称也应该是大写开头的 HelloWorld. vue,避免导入错误的文件。要注意避免出现导入名称与文件名不一致的情况,以确保代码的正确性。

2)模板(template)部分

```
< template >
  < div >
    < a href = "https://vitejs.dev" target = "_blank">
      < img src = "/vite.svg" class = "logo" alt = "Vite logo"/>
    </a>
    < a href = "https://vuejs.org/" target = "_blank">
      < img src = "./assets/vue.svg" class = "logo vue" alt = "Vue logo"/>
    </a>
  </div>
  < HelloWorld msg = "Vite + Vue"/>
</template>
```

< template >标签定义了组件的模板结构。在 App. vue 中,我们有两个< a >元素,分别链接到 Vite 官网和 Vue 官网。每个< a >元素内部有一个< img >元素,分别显示 Vite 和 Vue 的 logo 图片。其中 Vite logo 的 src 属性使用了绝对路径/vite. svg,引用的是 public 文件夹下的 vite. svg 文件。Vue logo 的 src 属性使用了相对路径. /assets/vue. svg,引用的是 src 目录下 assets 文件夹下 vue. svg 文件。最后,我们渲染了一个名为 HelloWorld 的子组件,并传递了一个 msg 属性值为"Vite + Vue"。

说明:public 目录在 Vue.js 项目中用于存放静态文件,它们会被直接复制到打包后的输出目录(默认为 dist 目录)。Vite 不会对这些文件进行额外的处理或转换,适用于不需要特殊处理的文件,例如图片、字体等。如果希望对某些文件进行特定的处理,例如压缩、转换或合并等操作,则可以将这些文件放置在 src 目录中。在代码中,通过相对路径引用这些文件,Vite 会对它们进行处理,并将其打包到输出目录。

3)样式(style)部分

```
< style scoped >
.logo {
    height: 6em;
    padding: 1.5em;
    will - change: filter;
    transition: filter 300ms;
```

```
}
.logo:hover {
    filter: drop - shadow(0 0 2em #646cffaa);
}
.logo.vue:hover {
    filter: drop - shadow(0 0 2em #42b883aa);
}
</style>
```

<style scoped>标签定义了组件的样式。使用了 scoped 属性，样式仅在当前组件内生效，不会影响其他组件。如果希望影响子组件的样式，直接通过<style>定义样式标签。

.logo 类选择器设置了图片的高度、内边距、will-change 属性以及 transition 过渡效果。

.logo:hover 类选择器定义了鼠标悬停在 logo 图片上时的样式，设置了阴影滤镜效果。

.logo.vue:hover 类选择器定义了鼠标悬停在 Vue logo 图片上时的样式，也设置了不同的阴影滤镜效果。

4. HelloWorld.vue

src 目录下 components 文件夹下的 HelloWorld.vue 文件是一个单文件组件。

```
<script setup>
import { ref } from 'vue'

defineProps({
  msg: String,
})

const count = ref(0)
</script>

<template>
  <h1>{{ msg }}</h1>

  <div class = "card">
    <button type = "button" @click = "count++"> count is {{ count }}</button>
    <p>
      Edit
      <code> components/HelloWorld.vue </code> to test HMR
    </p>
  </div>

  <p>
    Check out
    <a href = "https://vuejs.org/guide/quick - start.html#local" target = "_blank"
      > create - vue </a
    >, the official Vue + Vite starter
  </p>
  <p>
    Install
```

```
    < a href = "https://github.com/vuejs/language-tools" target = "_blank"> Volar </a>
    in your IDE for a better DX
    </p>
    < p class = "read-the-docs"> Click on the Vite and Vue logos to learn more </p>
</template>

< style scoped >
.read-the-docs {
    color: #888;
}
</style>
```

在< script setup >标签中,使用了组合式 API 来编写代码。通过导入 vue 中的 ref 函数,创建了一个响应式引用 count。响应式引用意味着当其值发生更改时,与之相关联的模板中的值也会自动更新。在这个示例中,当单击 count is 0 按钮时,count 的值会自增,导致模板中显示的 count 值也会相应地增加,实现了一个简单的计数器功能。

另外,使用 defineProps 来定义了一个 msg 属性。该属性的值是在 App.vue 文件中通过< HelloWorld msg="Vite+Vue"/>传递给 HelloWorld 组件的 msg 属性值,即"Vite+Vue"。

在 template 部分,使用了插值语法{{}}展示 msg 的值,并在按钮上通过@click 绑定了单击事件,单击按钮时,count 会自增。模板其他内容还包含了一些静态文本和链接。

在 style 部分,使用了 scoped 属性来限定样式仅应用于当前组件。其中.read-the-docs 类的样式设置了颜色为#888。

说明:示例中的组件顺序为 script→template→style,也可以采用 Vue.js 2 单文件组件常用顺序 template→script→style。标签的顺序不影响代码的执行结果。

HelloWorld.vue 文件内容,这里有个大概的了解即可,具体的知识点之后的章节会详细介绍。

5. index.html

项目根目录下的 index.html 文件是 Vue 应用程序的 HTML 模板文件。index.html 文件扮演着整个应用的主页面,它包含了应用所需的 HTML 结构、CSS 样式和 JavaScript 脚本。

```
<!DOCTYPE html >
< html lang = "en">
  < head >
    < meta charset = "UTF-8" />
    < link rel = "icon" type = "image/svg+xml" href = "/vite.svg" />
    < meta name = "viewport" content = "width=device-width, initial-scale=1.0" />
    < title > Vite + Vue </title>
  </head>
  < body >
    < div id = "app"></div>
    < script type = "module" src = "/src/main.js"></script>
  </body>
</html>
```

代码说明：

<!DOCTYPE html >：指定文档类型和版本。

< html lang＝"en">：HTML 文档的根元素，语言属性设置为"en"（英语）。

< head >：包含与文档相关的元信息和外部资源。

< meta charset＝"UTF-8" />：指定文档的字符编码为 UTF-8。

< link rel＝"icon" type＝"image/svg＋xml" href＝"/vite. svg" />：使用 SVG 文件指定网站图标（favicon）。

< meta name＝"viewport" content＝"width＝device-width, initial-scale＝1. 0" />：配置响应式设计的视口。

< title > Vite＋Vue </title >：将网页的标题设置为"Vite＋Vue"。

< body >：包含网页的可见内容。

< div id＝"app"></div >：一个空的< div >元素，id 设置为"app"。这是 Vue 应用程序将被挂载的挂载点. mount('♯app')。

< script type＝"module" src＝"/src/main. js"></script >：加载 Vue 应用程序的主 JavaScript 文件 main. js。type＝"module"属性表示该脚本使用 ECMAScript 模块。

6. .gitignore

项目根目录下的. gitignore 文件是 Git 忽略配置文件。.gitignore 文件用于指定哪些文件和文件夹应该被 Git 忽略，不纳入版本控制。这将帮助 Git 在版本控制时排除这些文件和目录，防止它们被提交或跟踪。Git 的使用将在第 11 章中详细介绍。

7. package.json

项目根目录下的 package.json 文件是项目的配置文件。

```json
{
  "name": "my - vue - app",
  "private": true,
  "version": "0.0.0",
  "type": "module",
  "scripts": {
    "dev": "vite",
    "build": "vite build",
    "preview": "vite preview"
  },
  "dependencies": {
    "vue": "^3.2.47"
  },
  "devDependencies": {
    "@vitejs/plugin - vue": "^4.1.0",
    "vite": "^4.3.2"
  }
}
```

代码说明：

name：项目的名称。

private：指定该项目是私有的,这意味着它不会被发布到公共的软件仓库。

version：项目的版本号。

type：指定项目的模块类型为 ES 模块。

scripts：定义了一些可运行的脚本命令,如 dev、build 和 preview。运行 npm run dev 启动项目的开发服务器,运行 npm run build 进行项目的打包构建,运行 npm run preview 预览打包后的项目。

dependencies：项目的生产环境依赖项。

devDependencies：项目的开发环境依赖项。

当运行 npm install 或 yarn 安装项目的依赖项时,dependencies 与 devDependencies 中指定的包将被安装到 node_modules 目录中,之后便可以在项目中使用 import 引入所需要的包。

8. package-lock.json

项目根目录下的 package-lock.json 文件是记录当前项目的精确依赖关系和版本锁定的文件。package-lock.json 是 Npm 在安装包时自动生成的一个文件,它用于锁定项目的依赖项版本。通常情况下,无须手动修改或编辑 package-lock.json 文件,因为它由 Npm 自动管理和更新。

9. README.md

项目根目录下的 README.md 文件是项目说明文件,扩展名为 .md,使用 Markdown 格式编写。用于帮助他人了解和使用你的项目,提供项目的文档和指导。

10. vite.config.js

根目录下的 vite.config.js 文件是 vite 配置文件。用于配置 Vite 项目的构建和开发环境。

```
import { defineConfig } from 'vite'
import vue from '@vitejs/plugin-vue'

//https://vitejs.dev/config/
export default defineConfig({
  plugins: [vue()],
})
```

代码说明：

通过 import 语句引入了 defineConfig 函数和 vue 插件。defineConfig 函数用于创建 Vite 的配置对象,而 vue 插件是 Vite 官方提供的用于处理 Vue.js 文件的插件。

vite 与 @vitejs/plugin-vue 对应着 package.json 文件中 devDependencies 对象的 vite 与 @vitejs/plugin-vue。

调用 defineConfig 函数创建了一个配置选项。在配置选项中使用 plugins 字段,将 vue()

作为插件添加进去。这样配置了@vitejs/plugin-vue插件后，Vite将会用它处理Vue.js文件。

拓展：js中的注释。

（1）单行注释：以//开头，用于注释单行代码。注释从//后面的内容一直延伸到该行的末尾。

```
//这是一个单行注释
```

（2）多行注释：以/*开头，以*/结尾，用于注释多行代码或较长的注释内容。

```
/*
这是一个多行注释，
可以跨越多行。
*/
```

（3）文档注释：以/**开头，以*/结尾，用于为代码添加详细的文档说明。

```
/**
 * 这是一个函数示例，用于计算两个数的和。
 * @param {number} a - 第一个数字
 * @param {number} b - 第二个数字
 * @returns {number} 返回两个数字的和
 */
function add(a, b) {
  return a + b;
}
```

本章小结

本章主要介绍了以下内容：

（1）搭建Node.js环境：了解如何安装和配置Node.js，为后续的Vue.js开发做好了环境准备。

（2）包管理工具的基本使用：介绍使用Npm、Yarn和Pnpm这三种常见的包管理工具，它们可以帮助我们快速安装、升级和管理项目依赖，提高了开发效率。

（3）安装和配置VS Code：介绍如何安装VS Code作为开发工具，并对其进行了一些基本配置。

（4）使用Vite创建Vue程序：我们利用Vite工具成功创建了一个Vue.js程序，并对项目的基本结构和文件进行了分析。

通过本章的学习，我们掌握了开发Vue.js应用所需的基本工具和环境，以及对第一个Vue.js程序进行了最基础的分析。在接下来的章节中，我们将学习Vue.js基础，学习如何使用Vue.js。

第3章

Vue.js 基础

3.1 MVVM 模式

MVVM（Model-View-ViewModel，模型-视图-视图模型）是一种软件架构模式，用于将用户界面与业务逻辑分离，中间由试图模型作为桥梁连接。

1）Model（模型）

Model 代表应用程序的数据和业务逻辑。它可以是从服务器获取的数据、本地存储的数据或其他数据源。Model 通常以类或对象的形式表示。

2）View（视图）

View 是用户界面的可见部分，即用户可以看到和与之交互的部分。View 通常是由 HTML、CSS 和 UI 控件组成，负责将 Model 中的数据呈现给用户，并将用户的输入反馈给 ViewModel。

3）ViewModel（视图模型）

ViewModel 是连接 View 和 Model 之间的桥梁，负责管理视图的数据和行为，并提供与视图交互所需的方法和命令。ViewModel 的主要目的是将业务逻辑和视图分离，使得视图可以专注于展示数据和用户交互，而不需要关注具体的数据获取和处理细节。

MVVM 模式的核心特性是双向数据绑定。当模型中的数据改变时，视图会自动更新以反映最新的数据；反之，当用户在视图中输入或修改数据时，模型也会相应地更新。

Vue.js 采用 MVVM 模式，当用户修改数据时，视图能够自动更新。同样，当用户修改视图时，数据也会相应地更新。这个过程完全由 Vue.js 处理，不需要额外的操作。这种双向绑定的特性使得开发者能够更专注于业务逻辑，而不必过多关注数据与视图之间的同步问题。

3.2 数据绑定与插值

在 Vue.js 中，数据绑定和插值是实现动态数据展示的重要机制。数据绑定允许你将 Vue.js 实例中的数据与 DOM 元素进行关联，以实现数据的自动更新。这意味着当 Vue.js

实例中的数据发生变化时，与之绑定的 DOM 元素也会自动更新，从而保持视图和数据的同步。插值是一种在模板中嵌入动态数据的方式。通过使用双大括号"{{ }}"将 Vue.js 实例的数据绑定到模板中，可以在视图中展示实时的数据内容。

3.2.1 文本绑定

【例 3-1】 使用 Mustache 语法（双大括号语法）进行文本插值。修改 App.vue，代码如下所示。

```
<script>
export default {
  data() {
    return {
      msg: "hello vue",
    };
  },
};
</script>

<template>
  <div>
    {{ msg }}
  </div>
</template>
```

使用 VS Code 快捷键 Ctrl+S 保存页面代码之后，可以看到之前用 Vite 启动的 Vue.js 程序页面，页面显示内容更新为 hello vue，如图 3-1 所示。

hello vue

图 3-1 更新为 hello vue

<script>标签中使用 data 方法返回一个对象，该对象包含一个名为 msg 的数据属性，其初始值为 hello vue。data 方法是 Vue.js 组件中用于定义响应式数据的地方。通过返回的对象中的属性，我们可以在模板中直接访问和展示这些数据。

<template>标签定义了组件的模板结构。{{ msg }}是 Vue.js 中的插值语法，用于将

组件的数据动态插入模板中。在这里,msg 数据属性的值会被渲染到< div >元素中。

这个组件的作用是显示一个包含 hello vue 文本的< div >元素。当组件的 msg 数据属性发生变化时,对应的模板会自动更新以反映新的值。例如,将 msg: "hello vue"修改为 msg: "hello",保存之后,页面显示内容更新为 hello。

3.2.2 HTML 代码绑定

【例 3-2】 双大括号会将数据解析为普通文本,而非 HTML 代码。修改 App. vue,代码如下所示。

```
< script >
export default {
  data() {
    return {
      msg: "< h1 > hello vue </h1 >",
    };
  },
};
</script >


< template >
  < div >
    {{ msg }}
  </div >
</template >
```

保存代码之后,页面显示为< h1 > hello vue </h1 >。这里的 h1 只作为字符串输出。

【例 3-3】 为了输出真正的 HTML 代码,需要使用 v-html 指令。修改 App. vue,代码如下所示。

```
< script >
export default {
  data() {
    return {
      msg: "< h1 > hello vue </h1 >",
    };
  },
};
</script >


< template >
  < div v - html = "msg"></div >
</template >
```

保存代码之后,页面显示为大字体的 hello vue。以 Windows 为例,在浏览器页面按 F12 键打开浏览器控制面板,单击 Elements 选项,查看 DOM 结构,可以看到 h1 标签,如图 3-2 所示。

图 3-2　查看 DOM 结构

3.2.3　属性绑定

属性绑定是在 Vue.js 中用于将数据动态地绑定到 HTML 元素的属性上。通过属性绑定，我们可以实现根据数据的变化，自动更新 HTML 元素的属性值。

【例 3-4】　使用 v-bind 指令实现属性绑定，修改 App.vue，代码如下所示。

```
< script >
export default {
  data() {
    return {
      url: "http://www.tup.tsinghua.edu.cn/index.html",
    };
  },
};
</script>

< template >
  < a v - bind:href = "url" target = "_blank">清华大学出版社</a>
</template>
```

保存代码之后，页面显示为清华大学出版社，单击"清华大学出版社"可跳转至清华大学出版社官网。这里通过 v-bind 指令给 href 属性动态赋值，将在 data 中定义的 url 绑定到 href 属性上。除了 href 属性，如 class、style 属性等，也可以使用 v-bind 指令进行属性绑定，从而动态赋值。

v-bind 指令可以简写为冒号(:)形式。例如，上面 template 中代码可改为：

```
< template >
  < a :href = "url" target = "_blank">清华大学出版社</a>
</template >
```

v-bind:href 等价于：href。

3.2.4　JavaScript 表达式绑定

JavaScript 表达式绑定是在 Vue.js 中用于将 JavaScript 表达式的结果动态地绑定到 HTML 元素上的一种方式。

【例 3-5】　修改 App.vue，代码如下所示。

```
< script >
export default {
  data() {
    return {
      flag: true,
    };
  },
};
</script >

< template >
  < div >
    < span >{{ flag ? "true" : "false" }}</span >
  </div >
</template >
```

在< span >中使用插值表达式{{ flag ? "true" ："false" }}来动态展示 flag 数据属性的值。如果 flag 为 true，则显示"true"，否则显示"false"。

通过上面的例子可知，双大括号语法不仅可以绑定单一键值，还可以绑定 JavaScript 表达式。但要注意的是，不能直接在{{ }}中使用 JavaScript 的条件语句（如 if 语句）。对于条件语句，可以使用 v-if、v-else-if 和 v-else 等指令执行条件渲染。

3.3　方法选项

上述在 export default 中定义的 data 函数称为数据选项，定义的属性能够在 template 中直接访问。接下来介绍方法选项 methods，用来改变 data 函数中定义的属性值。

【例 3-6】　修改 App.vue，代码如下所示。

```
< script >
export default {
  data() {
    return {
      count: 0,
    };
```

```
    },
    methods: {
      increment() {
        this.count++;
      },
    },
};
</script>

<template>
  <div>
    <button v-on:click = "increment"> Increment </button>
    <p>{{ count }}</p>
  </div>
</template>
```

在上述示例中，在 methods 选项中定义了一个名为 increment 的方法。在按钮上使用 v-on：click 绑定单击事件，当单击按钮时，increment 方法会被调用，然后它会将 count 数据属性增加 1。通过这种方式，实现了单击按钮后计数器值的增加。

需要注意的是，在方法选项 methods 中不能使用箭头函数。使用箭头函数会导致 this 不会指向组件实例，进而无法访问组件实例的属性和数据。为了确保正确的上下文绑定，在方法选项 methods 中，应该使用普通的函数语法来定义方法。

通过使用 methods 选项，可以在组件中定义可重用的方法，并在需要的地方调用和使用这些方法，使组件具有交互性。

v-on：可以简写为"@"。例如，上面 template 中代码可改为：

```
<template>
  <div>
    <button @click = "increment"> Increment </button>
    <p>{{ count }}</p>
  </div>
</template>
```

v-on：click 等价于@click。

【例 3-7】 再实现一个数据绑定与插值的综合应用示例。修改 App.vue，代码如下所示。

```
<script>
export default {
  data() {
    return {
      title: "数据绑定与插值综合应用示例",
      message: "初始消息",
      isDisabled: false,
    };
  },
  methods: {
```

```
    updateMessage() {
      this.message = "更新后的消息";
      this.isDisabled = true;
    },
  },
};
</script>

<template>
  <div>
    <h2>{{ title }}</h2>
    <p>{{ message }}</p>
    <button v-bind:disabled="isDisabled" v-on:click="updateMessage">
      更新消息
    </button>
  </div>
</template>
```

在<script>部分,在 data 选项中定义了三个数据属性:title、message 和 isDisabled,在 methods 选项中定义了一个方法 updateMessage,用于更新 message 的值并将 isDisabled 设置为 true。

在<template>部分,使用双大括号插值语法将 title 和 message 数据绑定到<h2>和 <p>元素中。使用 v-bind:disabled 指令将 isDisabled 数据绑定到按钮的 disabled 属性,控制按钮的可单击状态。通过 v-on:click="updateMessage"将 updateMessage 方法绑定到按钮的单击事件。

单击"更新消息"按钮,按钮名称变为"更新后的消息",并且按钮变为不可单击状态。

3.4 选项式 API 生命周期

Vue.js 提供了一系列的生命周期钩子函数,允许开发者在不同的阶段添加代码来执行特定的逻辑。下面是选项式 API 生命周期钩子函数的介绍。

1) beforeCreate

用于在组件实例被创建之前执行一些初始化逻辑。在这个阶段,可以进行一些组件实例的设置,例如添加全局事件监听器、初始化非响应式数据等。

```
beforeCreate() {
  console.log('beforeCreate');
}
```

2) created

在组件实例创建完成后调用。在这个阶段,组件实例已经创建,可以访问和操作组件的数据、方法以及其他选项,常用来请求接口。

```
created() {
  console.log('created');
}
```

3）beforeMount

在组件挂载到 DOM 之前调用。在这个阶段,组件的模板已经编译完成,但尚未渲染到真实的 DOM 结构中。在这个钩子函数中,可以执行一些在挂载之前需要准备的操作,例如修改数据、计算属性等。

```
beforeMount() {
  console.log('beforeMount');
}
```

4）mounted

在组件挂载到 DOM 之后调用。在这个阶段,组件的模板已经渲染到 DOM 中,并且可以进行 DOM 操作。在这个钩子函数中,可以执行一些需要依赖 DOM 的操作,例如初始化第三方库、添加 DOM 事件监听器等。

```
mounted() {
  console.log('mounted');
}
```

5）beforeUpdate

在组件更新之前调用。在这个阶段,组件的数据发生变化,但 DOM 尚未更新。在这个钩子函数中,可以执行一些在更新之前需要准备的操作,例如保存一些临时数据。

```
beforeUpdate() {
  console.log('beforeUpdate');
}
```

6）updated

在组件更新完成后调用。在这个阶段,组件的数据已经更新到最新值,并且 DOM 已经更新。在这个钩子函数中,可以执行一些在更新后需要进行的操作,例如获取更新后的 DOM 节点、重新计算数据等。

```
updated() {
  console.log('updated');
}
```

7）beforeUnmount

在组件卸载之前调用。在这个阶段,组件尚未从 DOM 中移除。在这个钩子函数中,可以执行一些在卸载之前需要清理的操作,例如取消定时器、清除事件监听器等。

```
beforeUnmount() {
  console.log('beforeUnmount');
}
```

8) unmounted

在组件卸载之后调用。在这个阶段,组件已经从 DOM 中移除,并且组件实例将被销毁。在这个钩子函数中,可以执行一些在卸载之后的清理操作,例如释放内存、清除引用等。

```
unmounted() {
  console.log('unmounted');
}
```

通过使用生命周期钩子函数,你可以在组件的不同阶段执行适当的代码,以满足特定的需求。上述选项式 API 生命周期由执行先后顺序进行排列。

【例 3-8】 修改子组件 HelloWorld. vue,代码如下所示。

```
<script>
export default {
  data() {
    return {
      message: "Hello Vue!",
    };
  },
  beforeCreate() {
    console.log("beforeCreate");
  },
  created() {
    console.log("created");
  },
  beforeMount() {
    console.log("beforeMount");
  },
  mounted() {
    console.log("mounted");
  },
  beforeUpdate() {
    console.log("beforeUpdate");
  },
  updated() {
    console.log("updated");
  },
  beforeUnmount() {
    console.log("beforeUnmount");
  },
  unmounted() {
    console.log("unmounted");
  },
  methods: {
    updateMessage() {
      this.message = "Updated Message";
    },
  },
```

```
  };
</script>

<template>
  <div>
    <h2>{{ message }}</h2>
    <button @click = "updateMessage"> Update Message </button>
  </div>
</template>
```

【例 3-9】 修改父组件 App.vue,代码如下所示。

```
<script>
import HelloWorld from "./components/HelloWorld.vue";

export default {
  components: {
    HelloWorld,
  },
  data() {
    return {
      status: true,
    };
  },
  methods: {
    unmountComponent() {
      this.status = false;
    },
  },
};
</script>

<template>
  <div>
    <div v-if = "status"><HelloWorld /></div>
    <div v-else>组件已卸载</div>
    <button @click = "unmountComponent">卸载组件</button>
  </div>
</template>
```

保存之后,以 Windows 为例,在浏览器页面按 F12 键,打开浏览器控制面板,单击 Console 选项,查看打印信息,可以看到生命周期执行顺序,如图 3-3 所示。

当组件加载时,生命周期执行顺序为 beforeCreate→created→beforeMount→mounted。

当单击 Update Message 按钮时,updateMessage 方法会被调用,使得数据更新。在数据更新时,生命周期执行顺序为 beforeUpdate→updated。

当单击"卸载组件"按钮时,子组件会被卸载,生命周期执行顺序为 beforeUnmount→unmounted。

图 3-3　生命周期执行顺序

通过观察控制台输出，可以更好地理解每个钩子函数在组件生命周期中的执行顺序。总的来说，组件的生命周期执行顺序为 beforeCreate→created→beforeMount→mounted→beforeUpdate→updated→beforeUnmount→unmounted。

除了上述生命周期，还有 setup 以及 keep-alive 组件的 activated 与 deactivated。setup 将在 4.5 节中详细介绍，activated 与 deactivated 将在 5.4 节中详细介绍。

3.5　基本指令

指令是 Vue.js 中的一种特殊语法，用于在模板中添加特定的行为和功能。指令以 v-开头，并通过绑定到 DOM 元素上来实现相应的功能。

3.5.1　v-text

v-text 指令用于将数据动态地设置为元素的纯文本内容。当使用 v-text 指令时，元素的内容将被替换为指定数据的值，如字符串、变量、表达式等。该指令会将数据的值作为纯文本进行渲染，不会将内容解释为 HTML。

【例 3-10】　修改 App.vue，代码如下所示。

```
<script>
export default {
  data() {
    return {
      message: "Hello Vue!",
    };
  },
};
</script>
```

```
< template >
  < div v - text = "message"></div>
</template >
```

在上述示例中，message 是 Vue 实例中定义的一个属性。通过使用 v-text 指令，元素的内容将被替换为 message 的值。无论 message 是字符串（string）类型、数字（number）类型还是其他类型，都会以纯文本的形式显示在 div 元素中。

与双大括号语法相比，v-text 指令提供了一种更显式地将数据作为纯文本进行渲染的方式。

3.5.2　v-html

v-html 指令用于将数据动态地设置为 HTML 内容。

【例 3-11】　修改 App. vue，代码如下所示。

```
< script >
export default {
  data() {
    return {
      msg: "< h1 > hello vue </h1 >",
    };
  },
};
</script >

< template >
  < div v - html = "msg"></div>
</template >
```

需要注意的是，使用 v-html 指令时要谨慎，确保所绑定的 HTML 内容是可信的，以避免潜在的安全风险。Vue. js 会将绑定的 HTML 内容直接渲染到页面上，如果内容来源不可信，可能会导致 XSS 攻击。

拓展：XSS 攻击。

XSS(Cross-Site Scripting，跨站脚本)攻击是一种常见的网络安全漏洞，它允许攻击者将恶意脚本注入受信任的网站中，然后在用户的浏览器中执行这些恶意脚本。Cross-Site Scripting 之所以称为 XSS，是为了避免与 CSS（层叠样式表）混淆。这种攻击利用了网页应用程序对用户输入数据的不当处理，导致恶意脚本被插入网页中，并被用户的浏览器执行，从而导致恶意行为的发生。

3.5.3　v-bind

v-bind 指令用于将数据绑定到 HTML 元素的属性上，使其可以动态地根据数据的变化来更新属性的值。

【例 3-12】　修改 App. vue，代码如下所示。

```
< script >
export default {
  data() {
    return {
      url: "http://www.tup.tsinghua.edu.cn/index.html",
    };
  },
};
</script>

< template >
  < a v - bind:href = "url" target = "_blank">清华大学出版社</a>
</template>
```

url 是 data 选项中的一个属性,用于存储链接的 URL 地址。通过使用 v-bind 指令,将 url 与 href 属性进行绑定,使得<a>元素的 href 属性的值始终与 url 的值保持一致。

v-bind 指令可以简写为冒号(:)形式,如下所示。

```
< template >
  < a :href = "url" target = "_blank">清华大学出版社</a>
</template>
```

3.5.4 v-on

v-on 指令用于在模板中监听 DOM 事件,并在事件触发时执行指定的方法。

【例 3-13】 修改 App.vue,代码如下所示。

```
< script >
export default {
  data() {
    return {
      count: 0,
    };
  },
  methods: {
    increment() {
      this.count++;
    },
  },
};
</script>

< template >
  < div >
    < button v - on:click = "increment"> Increment </button>
    < p >{{ count }}</p>
  </div>
</template>
```

在上述示例中，v-on:click 指令将绑定到< button >元素上，并监听单击事件。当按钮被单击时，将执行 increment 方法。

v-on 指令可以简写为@，如下所示。

```
< template >
  < div >
    < button @click = "increment"> Increment </button >
    < p >{{ count }}</p >
  </ div >
</template >
```

除了 click 事件，还可以使用 v-on 指令来监听其他常见的 DOM 事件，如 input、submit 和 keydown 等。

【例 3-14】 再以 input 事件为例，修改 App.vue，代码如下所示。

```
< script >
export default {
  methods: {
    handleInput(event) {
      //处理输入事件的逻辑
      console.log(event.target.value);
    },
  },
};
</script >

< template >
  < div >
    < input @input = "handleInput" />
  </ div >
</template >
```

在 v-on 指令中，还可以给绑定的方法传递参数。例如，可以将事件对象 $event 作为参数传递给方法，以便在方法中访问事件的相关信息。

【例 3-15】 修改 App.vue，代码如下所示。

```
< script >
export default {
  methods: {
    handleClick(e) {
      console.log(e);
    },
  },
};
</script >

< template >
  < div >
    < button @click = "handleClick( $event)"> Increment </button >
```

```
    </div>
  </template>
```

保存代码之后，刷新浏览器页面。以 Windows 为例，在浏览器页面按 F12 键，打开浏览器面板，单击 Console 选项，单击 Increment 按钮，查看打印信息，如图 3-4 所示。

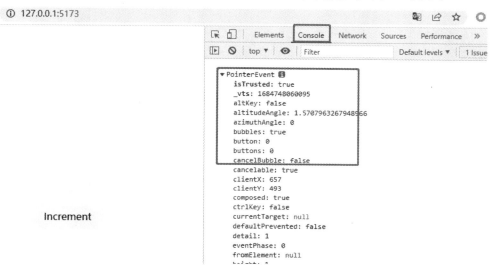

图 3-4　单击 Increment 按钮，查看打印信息

3.5.5　v-show

v-show 指令用于根据条件动态地控制元素的显示与隐藏。使用 v-show 指令时，元素的显示与隐藏状态是通过 CSS 的 display 属性进行控制的。当指令绑定的表达式的值为真（true）时，元素将显示出来；当表达式的值为假（false）时，元素将被隐藏起来。

【例 3-16】　修改 App.vue，代码如下所示。

```
<script>
export default {
  data() {
    return {
      isVisible: true,
    };
  },
  methods: {
    toggleVisibility() {
      this.isVisible = !this.isVisible;
    },
  },
};
</script>
```

```
<template>
  <div>
    <button @click = "toggleVisibility">切换显示</button>
    <div v - show = "isVisible">这是可见的内容</div>
  </div>
</template>
```

在上述示例中,有一个按钮和一个<div>元素,通过单击按钮可以切换<div>元素的显示与隐藏状态。初始状态下,isVisible 的值为 true,因此<div>元素会被显示出来。当单击按钮时,会触发 toggleVisibility 方法,该方法会将 isVisible 的值取反,div 元素将通过设置 display：none 被隐藏起来。

使用 v-show 指令的好处是,元素隐藏时仍然存在于 DOM 中,仅通过修改 display 样式便可实现隐藏效果。这样可以避免频繁地创建和销毁元素,适用于需要频繁切换显示状态的场景。

3.5.6　v-if

1. v-if 概述

v-if 指令用于根据条件动态地添加或移除元素,实现条件渲染。使用 v-if 指令时,元素的渲染与移除是根据绑定的表达式的值来决定的。如果表达式的值为真(true),则元素会被创建并插入 DOM 中；如果表达式的值为假(false),则元素会从 DOM 中移除。

【例 3-17】　修改 App. vue,代码如下所示。

```
<script>
export default {
  data() {
    return {
      isVisible: true
    };
  },
  methods: {
    toggleVisibility() {
      this.isVisible = !this.isVisible;
    }
  }
};
</script>

<template>
  <div>
    <button @click = "toggleVisibility">切换显示</button>
    <div v - if = "isVisible">这是可见的内容</div>
  </div>
</template>
```

初始状态下,isVisible 的值为 true,因此<div>元素会被创建并插入 DOM 中。当单击按钮时,触发 toggleVisibility 方法,该方法会将 isVisible 的值取反,<div>元素会从 DOM 中移除。

当使用 v-if 指令时:若条件为假,则元素会被完全从 DOM 中移除,不再占据空间,事件监听器也会被销毁;若条件为真,则元素会被重新创建并插入 DOM 中。

需要注意的是,由于 v-if 指令涉及 DOM 的创建和销毁,频繁地切换元素的显示与隐藏会有一定的性能开销。因此,v-if 适用于条件变化不频繁的场景。

2. v-show 与 v-if 区别

v-show 和 v-if 是 Vue 中用于条件渲染的两种指令,它们在使用方式和行为上存在以下区别:

(1)显示与隐藏方式:v-show 通过修改元素的 CSS 属性来控制其显示与隐藏,而 v-if 是根据条件动态地添加或移除元素。

(2)初始化渲染开销:v-show 会始终渲染元素,仅通过样式控制显示与隐藏。因此,在初始渲染时会产生一定的开销。相比之下,v-if 在初始渲染时,如果条件为假,则不会渲染对应元素;只有在条件为真时才会进行渲染。

(3)切换开销:v-show 切换元素的显示与隐藏仅涉及修改元素的 display 样式,不涉及元素的创建或销毁,因此切换开销较低。而 v-if 在条件发生变化时,会根据条件的真假来动态地添加或移除元素,由于涉及元素的创建和销毁,因此切换开销较高。

综上所述,v-show 适用于需要频繁切换显示与隐藏的场景,因为它不涉及元素的创建和销毁。而 v-if 更适合条件变化较少,且切换显示与隐藏时需要重新销毁和重建组件的场景。

3.5.7 v-else

v-else 指令用于在 v-if 指令的条件不满足时,渲染一个备用的元素或组件。v-else 指令必须紧跟在带有 v-if 指令的元素后面,并且没有任何额外的条件。它会在前面的 v-if 指令的条件不满足时,自动渲染。

【例 3-18】 使用 v-if 和 v-else 实现一个简单的登录和注销功能。修改 App.vue,代码如下所示。

```
<script>
export default {
  data() {

      isLoggedIn: false,
      username: "",
    };
  },
  methods: {
    login() {
      //模拟登录
      this.isLoggedIn = true;
```

```
        this.username = "qinghua";
      },
      logout() {
        //模拟退出登录
        this.isLoggedIn = false;
        this.username = "";
      },
    },
};
</script>

<template>
  <div>
    <h2 v-if="isLoggedIn">欢迎回来,{{ username }}!</h2>
    <p v-else>请先登录。</p>

    <button @click="login">登录</button>
    <button @click="logout">退出登录</button>
  </div>
</template>
```

在 data 选项中,有两个属性：isLoggedIn 和 username。isLoggedIn 用于跟踪用户是否已登录,初始值为 false(表示未登录)；username 用于存储登录用户的用户名,初始值为空字符串。

在 methods 选项中,有两个方法：login 和 logout。当 login 方法被调用时,将 isLoggedIn 设置为 true,表示用户已登录,并将 username 设置为 qinghua。当 logout 方法被调用时,将 isLoggedIn 设置为 false,表示用户已注销,并清空 username。

在模板中,根据 isLoggedIn 的值进行条件渲染。如果 isLoggedIn 的值为 true,则显示欢迎消息,包含用户的用户名；如果 isLoggedIn 的值为 false,则显示请登录的提示消息。模板还包括两个按钮,分别绑定了 login 和 logout 方法,单击按钮会触发相应的方法。

3.5.8　v-else-if

v-else-if 指令用于在多个条件之间进行选择,并在满足条件时渲染相应的内容。

【例 3-19】　修改 App.vue,代码如下所示。

```
<script>
export default {
  data() {
    return {
      status: "success",
    };
  },
};
</script>
```

```
< template >
  < div >
    < p v - if = "status === 'pending'">请求正在进行中…</p>
    < p v - else - if = "status === 'success'">请求成功!</p>
    < p v - else - if = "status === 'error'">请求失败,请重试。</p>
    < p v - else>未知状态。</p>
  </div >
</template >
```

使用 v-if 指令来判断 status 的值是否为 pending。如果 status 的值是 pending,则渲染显示"请求正在进行中…"的段落;如果 status 的值不是 pending,则使用 v-else-if 指令判断 status 的值是否为 success。如果 status 的值是 success,则渲染显示"请求成功!"的段落。接着,使用 v-else-if 指令判断 status 的值是否为 error,如果是,则渲染显示"请求失败,请重试。"的段落。最后,如果 status 的值均不是 pending、success、error 中的任何一个,那么使用 v-else 指令渲染显示"未知状态。"的段落。

在上述示例中,由于 status 的值为 success,所以将渲染一条"请求成功"的消息。可以根据需要修改 status 的值,以观察不同条件下的渲染结果。

3.5.9　v-for

v-for 指令用于循环渲染数据。它可以在模板中遍历数组或对象,并为每个元素或属性生成对应的 DOM 元素或组件实例。

1. 循环数组

【例 3-20】　修改 App. vue,代码如下所示。

```
< script >
export default {
  data() {
    return {
      items: [{ name: "Apple" }, { name: "Banana" }, { name: "Orange" }],
    };
  },
};
</script >

< template >
  < div >
    < ul >
      < li v - for = "(item, index) in items" :key = "index">
        {{ item.name }}
      </li >
    </ul >
  </div >
</template >
```

在模板部分，使用 v-for 指令遍历 items 数组，并为数组中的每个元素创建一个<li>标签。在 v-for 中，使用括号来同时访问数组元素和对应的索引。其中，item 表示数组中的元素对象，index 表示数组中元素的索引。将索引通过：key 绑定，为每个<li>标签提供一个唯一的 key。

在每个<li>标签中，使用插值语法{{ item. name }}显示每个对象的 name 属性的值，这样会在页面上渲染出一个无序列表(<ul>)，其包含三个列表项(<li>)，每个列表项显示了数组中的一个对象的 name 属性。在本示例中，页面将被渲染为 Apple、Banana 和 Orange。

2. 循环对象

【例 3-21】 修改 App. vue，代码如下所示。

```
< script >
export default {
  data() {
    return {
      object: {
        name: "qinghua",
        age: 25,
        email: "qinghua@example.com",
      },
    };
  },
};
</script >

< template >
  < div >
    < ul >
      < li v - for = "(value, key) in object" :key = "key">{{ key }}: {{ value }}</li>
    </ul >
  </div >
</template >
```

在模板部分，使用 v-for 指令遍历 object 对象，并为对象中的每个键值对创建一个<li>标签。在 v-for 中，使用括号来同时访问键值对的值和对应的键名。其中，value 表示键值对的值，key 表示键值对的键名。

3.5.10　v-model

v-model 指令用于在表单输入和数据之间提供双向数据绑定。它功能强大，简化了用户输入和组件状态之间的同步。

v-model 指令可用于各种表单元素，如< input >、< textarea >和< select >。下面分别展示 v-model 在输入框、复选框和下拉选择框中的使用。

1）输入框

【例 3-22】　修改 App.vue,代码如下所示。

```
<script>
export default {
  data() {
    return {
      message: "",
    };
  },
};
</script>

<template>
  <div>
    <input v-model="message" type="text" />
    <p>输入框的值为: {{ message }}</p>
  </div>
</template>
```

2）复选框

【例 3-23】　查看完输入框效果后,重新修改 App.vue,代码如下所示。

```
<script>
export default {
  data() {
    return {
      isChecked: false,
    };
  },
};
</script>

<template>
  <div>
    <input v-model="isChecked" type="checkbox" />
    <label>复选框</label>
    <p>复选框是否选中: {{ isChecked }}</p>
  </div>
</template>
```

3）下拉选择框

【例 3-24】　查看完复选框效果后,重新修改 App.vue,代码如下所示。

```
<script>
export default {
  data() {
    return {
      selectedOption: "",
    };
```

```
      },
    };
  </script>

  <template>
    <div>
      <select v-model = "selectedOption">
        <option value = "option1">选项 1</option>
        <option value = "option2">选项 2</option>
        <option value = "option3">选项 3</option>
      </select>
      <p>选中的选项：{{ selectedOption }}</p>
    </div>
  </template>
```

在每个示例中，v-model 指令都将表单元素的值绑定到相应的数据属性上（在 data 选项中定义的属性）。对表单元素的任何更改都会自动更新关联的数据属性，反之亦然。

除了这些常用的基本指令，还有 v-slot、v-pre、v-once 和 v-memo 等高级指令。高级指令将在 Vue.js 进阶篇中介绍。

3.6　计算属性选项

计算属性选项（computed）允许你基于现有的数据属性进行计算，并返回一个新的属性。这些计算属性会根据其所依赖的响应式数据进行缓存，只有当依赖的数据发生变化时才会重新计算。

【例 3-25】　修改 App.vue，代码如下所示。

```
<script>
export default {
  data() {
    return {
      price: 100,
      discount: 0.2,
    };
  },
  computed: {
    discountedPrice() {
      return this.price - this.price * this.discount;
    },
  },
};
</script>

<template>
  <div>
    <p>原始价格：{{ price }}</p>
```

```
      <p>折扣后的价格:{{ discountedPrice }}</p>
    </div>
  </template>
```

在这个示例中,price 表示商品的原价格,discount 表示折扣比例。在 computed 选项中定义一个计算属性 discountedPrice 表示计算折扣后的价格。只有当依赖的 price 或discount 发生变化,计算属性 discountedPrice 才会自动重新计算,否则直接返回缓存中的值。

使用计算属性可以提高代码的可读性和维护性,尤其是当你需要根据多个数据属性进行复杂的计算时。计算属性还能够利用缓存机制提高性能,避免不必要的重复计算。

3.7 监听器选项

监听器选项(watch)用于监视数据的变化并执行相应的操作。通过 watch 选项,我们可以监听指定的数据属性,当这些属性发生变化时,会触发相应的回调函数,从而执行自定义的逻辑,例如发送请求、更新其他数据和触发方法等。

3.7.1 默认懒执行

【例 3-26】 修改 App.vue,代码如下所示。

```
<script>
export default {
  data() {
    return {
      count: 0,
    };
  },
  watch: {
    count(newValue, oldValue) {
      console.log(`计数从 ${oldValue} 变为 ${newValue}`);
    },
  },
  methods: {
    increment() {
      this.count++;
    },
  },
};
</script>

<template>
  <div>
    <p>当前计数:{{ count }}</p>
    <button @click="increment">增加</button>
  </div>
</template>
```

在这个示例中，使用 watch 选项来监视 count 属性的变化。当 count 发生变化时，watch 选项中指定的回调函数会被调用。在回调函数中，可以访问两个参数：newValue 和 oldValue，它们分别表示属性的新值和旧值。

在模板中，使用@click 指令绑定了一个单击事件来增加计数值。每次单击按钮时，count 的值会增加，并触发 watch 选项中的回调函数，从而在浏览器控制台中输出打印的值。

值得注意的是，在浏览器控制台中，刚开始是没有打印信息的，只有单击"增加"按钮时，控制台才打印信息，说明 watch 选项默认是懒执行的，即第一次不执行，如图 3-5 和图 3-6 所示。

图 3-5　第一次 watch 不执行

图 3-6　单击增加按钮后，watch 执行

3.7.2　立即执行

当需要在组件初始化时立即对某个数据进行处理或执行一些初始化逻辑时，可以使用 immediate：true。这样可以确保在组件挂载后立即执行相应的操作，而不需要等待数据的变化。

【例 3-27】 修改 App.vue,代码如下所示。

```
<script>
export default {
  data() {
    return {
      count: 0,
    };
  },
  watch: {
    count: {                 //count 从函数变为对象
      immediate: true,       //新增 immediate
      handler(newValue, oldValue) {
        console.log(`计数从 ${oldValue} 变为 ${newValue}`);
      },
    },
  },
  methods: {
    increment() {
      this.count++;
    },
  },
};
</script>

<template>
  <div>
    <p>当前计数: {{ count }}</p>
    <button @click="increment">增加</button>
  </div>
</template>
```

在浏览器控制台中,可以看到打印信息"计数从 undefined 变为 0",说明 watch 监听器立即执行了,如图 3-7 所示。

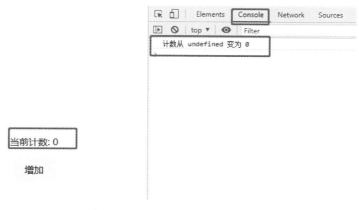

图 3-7　watch 监听器立即执行

3.7.3 深度监听

watch 监听默认是浅层的，无法监听嵌套属性值的变动。

【例 3-28】 修改 App.vue，代码如下所示。

```
<script>
export default {
  data() {
    return {
      person:{
        name:'小李',
        age:20
      }
    };
  },
  watch: {
    count: {
      person(newValue, oldValue) {
        console.log(`计数从 ${oldValue} 变为 ${newValue}`);
      },
    },
  },
  methods: {
    increment() {
      this.person.age++;
    },
  },
};
</script>

<template>
  <div>
    <p>姓名: {{ person.name }} -- 年龄: {{ person.age }}</p>
    <button @click="increment">年龄增加 1</button>
  </div>
</template>
```

保存之后，单击页面"年龄增加 1"按钮，会发现无论单击多少次，控制台都没有打印信息。可以使用 deep:true 来进行深度监听。

【例 3-29】 修改 App.vue，代码如下所示。

```
<script>
export default {
  data() {
    return {
      person:{
        name:'小李',
        age:20
      }
```

```
      };
    },
    watch: {
      person: {
        deep:true,//新增 deep
        handler(newValue, oldValue) {
          console.log(`计数从 ${oldValue} 变为 ${newValue}`);
        },
      },
    },
    methods: {
      increment() {
        this.person.age++;
      },
    },
};
</script>

<template>
  <div>
    <p>姓名: {{ person.name }} -- 年龄: {{ person.age }}</p>
    <button @click = "increment">年龄增加 1 </button>
  </div>
</template>
```

保存之后,单击页面"年龄增加 1"按钮,会发现浏览器控制台打印出信息"计数从 [object Object]变为[object Object]"。

值得注意的是,这里提到的是 watch 无法监听嵌套属性值的变动,如果直接给整个对象赋值,watch 是可以监听到的。

【例 3-30】 修改 App. vue,代码如下所示。

```
<script>
export default {
  data() {
    return {
      person: {
        name: '小李',
        age: 20
      }
    };
  },
  watch: {
    person: {
      handler(newValue, oldValue) {
        console.log(`从 ${oldValue} 变为 ${newValue}`);
      },
    },
  },
```

```
  methods: {
    handleChange() {
      this.person = {
        name: '小王',
        age: 26
      };
    },
  },
};
</script>


<template>
  <div>
    <p>姓名：{{ person.name }} -- 年龄：{{ person.age }}</p>
    <button @click = "handleChange">更换人物</button>
  </div>
</template>
```

保存之后，单击"更换人物"按钮，person 对象会被替换为一个新的对象，即使没有使用 deep:true，这也会触发 watch 监听器的处理函数，并将新值和旧值作为参数输出到浏览器控制台。

3.7.4　监听对象中某个属性

【例 3-31】　监听对象中某个属性的变化，修改 App.vue，代码如下所示。

```
<script>
export default {
  data() {
    return {
      obj: {
        property: 'Hello'
      }
    };
  },
  watch: {
    'obj.property': function (newValue, oldValue) {
      console.log(`属性值从 ${oldValue}变为 ${newValue}`);
    }
  },
  methods: {
    updateProperty() {
      this.obj.property = 'World';
    }
  }
};
</script>


<template>
```

```
    <div>
      <p>对象属性值：{{ obj.property }}</p>
      <button @click = "updateProperty">更新属性值</button>
    </div>
</template>
```

在 watch 选项中，使用字符串形式的路径来指定要监听的对象属性，即 'obj.property'。当 obj.property 的值发生变化时，监听器会触发并执行相关的处理函数。

当单击按钮更新属性值时，watch 监听器会捕获到 obj.property 的变化，并将新值和旧值输出到浏览器控制台，打印出属性值从 Hello 变为 World。

3.8　事件处理

事件处理是一种常见的交互方式，用于响应用户的操作或组件之间的通信。我们可以使用 v-on 指令（简写为@）监听 DOM 事件，并在事件触发时执行对应的函数，例如最常用的鼠标单击事件@click。

3.8.1　鼠标事件

1. click

click 事件是指当用户在一个元素上单击鼠标时触发的事件。具体而言，当用户按下鼠标左键并释放时，click 事件将被触发。

【例 3-32】　修改 App.vue，代码如下所示。

```
<script>
export default {
  methods: {
    handleClick() {
      console.log('Button clicked!');
    }
  }
}
</script>

<template>
  <div>
    <button @click = "handleClick"> Click me </button>
  </div>
</template>
```

在模板中使用 v-on：click（简写为@click）指令来绑定 handleClick 方法作为单击事件的处理函数。保存代码后，浏览器显示内容进行更新。当按钮被单击时，handleClick 方法会被调用，浏览器控制台会输出"Button clicked!"。

2. dblclick

dblclick 事件是指当鼠标双击一个元素时触发的事件。具体而言，当用户在一个元素上连续单击鼠标两次时，dblclick 事件将被触发。

【例 3-33】 修改 App.vue，代码如下所示。

```
< script >
export default {
  methods: {
    handleDoubleClick() {
      console.log("按钮被双击了!");
    },
  },
};
</script>

< template >
  < div >
    < button @dblclick = "handleDoubleClick">双击我</button >
  </ div >
</ template >
```

在模板中使用@dblclick 指令来绑定 handleDoubleClick 方法作为双击事件的处理函数。当按钮被双击时，handleDoubleClick 方法会被调用，控制台会输出“按钮被双击了!”。

3. mouseover

mouseover 事件是指当鼠标指针移动到一个元素上时触发的事件。具体而言，当鼠标指针从元素外部移动到元素内部时，mouseover 事件将被触发。

【例 3-34】 修改 App.vue，代码如下所示。

```
< script >
export default {
  methods: {
    handleMouseOver() {
      console.log('鼠标移入了按钮!');
    }
  }
}
</script>

< template >
  < div >
    < button @mouseover = "handleMouseOver">鼠标移入我</button >
  </ div >
</ template >
```

在模板中使用@mouseover 指令来绑定 handleMouseOver 方法作为鼠标移入事件的处理函数。当鼠标移入按钮时，handleMouseOver 方法会被调用，控制台会输出“鼠标移入了按钮!”。

4. mouseleave

mouseleave 事件是指当鼠标指针从元素上移出时触发的事件。具体而言,当鼠标指针移出一个元素或其子元素的范围时,mouseleave 事件将被触发。

【例 3-35】 修改 App.vue,代码如下所示。

```
<script>
export default {
  methods: {
    handleMouseLeave() {
      console.log('鼠标离开了按钮!');
    }
  }
}
</script>

<template>
  <div>
    <button @mouseleave = "handleMouseLeave">鼠标离开我</button>
  </div>
</template>
```

在模板中使用@mouseleave 指令来绑定 handleMouseLeave 方法作为鼠标离开事件的处理函数。当鼠标离开按钮时,handleMouseLeave 方法会被调用,控制台会输出"鼠标离开了按钮!"。

5. 拖曳事件

拖曳事件包括 dragstart、dragenter、dragover、dragleave、dragend 和 drop。

(1) dragstart:当拖动操作开始时触发该事件。在该事件中,可以设置拖动数据和样式。

(2) dragenter:当被拖动的元素进入目标元素的范围内时触发该事件。可以在该事件中设置目标元素的样式,表示拖动元素进入了有效的放置区域。

(3) dragover:当被拖动的元素在目标元素上移动时持续触发该事件。在该事件中,可以阻止默认的拖动行为,并根据需要设置样式或执行其他操作。

(4) dragleave:当被拖动的元素离开目标元素的范围时触发该事件。可以在该事件中还原目标元素的样式,表示拖动元素已离开有效的放置区域。

(5) dragend:当拖动操作结束时触发该事件。在该事件中,可以清除拖动过程中设置的样式或其他操作。

(6) drop:当被拖动的元素在目标元素上释放时触发该事件。在该事件中,可以获取拖动数据并执行相应的操作,如将数据添加到目标元素中。

【例 3-36】 修改 App.vue,代码如下所示。

```
<script>
export default {
  methods: {
```

```
      handleDragStart(event) {
        event.dataTransfer.setData("text/plain", event.target.id);
      },
      handleDragEnter(event) {
        event.target.classList.add("drag-over");
      },
      handleDragOver(event) {
        event.preventDefault();
      },
      handleDragLeave(event) {
        event.target.classList.remove("drag-over");
      },
      handleDragEnd(event) {
        event.target.classList.remove("drag-over");
      },
      handleDrop(event) {
        event.preventDefault();
        const data = event.dataTransfer.getData("text/plain");
        console.log("拖曳的元素 ID:", data);
      },
    },
};
</script>

<template>
  <div>
    <div
      class="drag-box"
      draggable="true"
      id="drag-box"
      @dragstart="handleDragStart"
      @dragenter="handleDragEnter"
      @dragover="handleDragOver"
      @dragleave="handleDragLeave"
      @dragend="handleDragEnd"
    >
      拖曳我
    </div>
    <div
      class="drop-box"
      @dragover="handleDragOver"
      @dragenter="handleDragEnter"
      @dragleave="handleDragLeave"
      @drop="handleDrop"
    >
      放置区域
    </div>
  </div>
</template>
```

```
<style>
.drag - box {
  width: 100px;
  height: 100px;
  background - color: #f00;
  color: #fff;
  text - align: center;
  line - height: 100px;
  cursor: move;
}

.drop - box {
  width: 200px;
  height: 200px;
  background - color: #0f0;
  color: #fff;
  text - align: center;
  line - height: 200px;
}

.drag - over {
  border: 2px dashed #000;
}
</style>
```

这个示例展示了一个简单的拖曳功能。在模板中,有两个<div>元素,一个用作拖曳源(drag-box),另一个用作放置区域(drop-box)。通过设置 draggable="true",将拖曳源设置为可拖曳的。

在拖曳源的元素上绑定了 dragstart、dragenter、dragover、dragleave 和 dragend 事件,并在放置区域上绑定了 dragover、dragenter、dragleave 和 drop 事件。

handleDragStart 方法在拖曳开始时被调用,将拖曳元素的 ID 设置为传输的数据。handleDragEnter、handleDragOver 和 handleDragLeave 方法分别在拖曳元素进入、在其上方移动和离开时被调用,通过添加或移除 drag-over 类来修改样式。handleDragEnd 方法在拖曳结束时被调用,移除 drag-over 类。handleDrop 方法在放置区域内放置拖曳元素时被调用,阻止默认的放置行为,并从事件中获取传输的数据。

在样式部分,定义了拖曳源和放置区域的样式,以及当拖曳元素在放置区域上方时显示虚线边框的样式。

3.8.2 键盘事件

1. keydown

keydown 是指键盘上的按键被按下的事件。当用户按下一个键时,keydown 事件会被触发。

【例 3-37】 修改 App.vue，代码如下所示。

```
< script >
export default {
  data() {
    return {
      text: "",
      keyPressed: ""
    };
  },
  methods: {
    handleKeyDown(event) {
      this.keyPressed = event.key;
    }
  }
};
</script >

< template >
  < div >
    < input type = "text" v - model = "text" @keydown = "handleKeyDown" />
    < p >按下的键: {{ keyPressed }}</p >
  </div >
</template >
```

在这个示例中，有一个文本输入框，当用户在文本输入框中按下键盘上的任意键时，触发 keydown 事件调用 handleKeyDown 方法，将按下的键的值赋给 keyPressed 变量。

2. keyup

keyup 是指键盘上的按键被释放的事件。当用户按下一个键并释放时，keyup 事件会被触发。

【例 3-38】 修改 App.vue，代码如下所示。

```
< script >
export default {
  data() {
    return {
      text: "",
      keyPressed: "",
    };
  },
  methods: {
    handleKeyUp(event) {
      this.keyPressed = event.key;
    },
  },
};
</script >

< template >
```

```
  <div>
    <input
      type = "text"
      v - model = "text"
      @keyup = "handleKeyUp"
      placeholder = "Type something..."
    />
    <p>Pressed Key: {{ keyPressed }}</p>
  </div>
</template>
```

在这个示例中,有一个文本输入框,当用户释放键盘上的任意键时,keyup 事件会触发 handleKeyUp 方法。该方法将被调用,并将释放的键的值赋给 keyPressed 变量。

3. keypress

keypress 是一个键盘事件,在用户按下键盘上的键时触发。它主要用于处理按下字符键(包括字母、数字和符号)的情况,但不包括功能键、控制键或特殊键。

【例 3-39】　修改 App.vue,代码如下所示。

```
<script>
export default {
  methods: {
    handleKeyPress(event) {
      console.log("Key pressed:", event.key);
    },
  },
};
</script>

<template>
  <input type = "text" @keypress = "handleKeyPress" />
</template>
```

在这个示例中,有一个文本输入框,通过使用@keypress 指令绑定 handleKeyPress 方法到 keypress 事件上。当用户在文本输入框中按下键盘上的键时,handleKeyPress 方法会被调用。在该方法中,通过 event 参数获取按下的键的信息,并使用 console.log 打印出被按下的键的值。

3.8.3　焦点事件

1. focus

focus 事件用于监听元素获得焦点的情况。当元素被单击或通过程序获得焦点时,focus 事件将被触发。

【例 3-40】　修改 App.vue,代码如下所示。

```
<script>
export default {
```

```
    data() {
      return {
        isFocused: false,
      };
    },
    methods: {
      handleFocus() {
        this.isFocused = true;
      },
    },
};
</script>

<template>
  <div>
    <input type = "text" @focus = "handleFocus" />
    <p>{{ isFocused ? "Input is focused" : "Input is not focused" }}</p>
  </div>
</template>
```

在上面的示例中，在<input>元素上使用@focus指令将handleFocus方法绑定到focus事件上。当输入框获得焦点时，handleFocus方法将被调用，将isFocused属性设置为true。

在模板中，根据isFocused属性的值来显示不同的文本。如果输入框获得焦点，显示Input is focused，否则显示Input is not focused。

通过这个示例，可以动态地跟踪输入框是否获得了焦点，并在界面上进行相应的展示或处理。

2. blur

blur事件在元素失去焦点时触发，它是与focus事件相对应的事件。当用户将焦点从一个元素移开时，会触发该元素的blur事件。

【例3-41】 修改App.vue，代码如下所示。

```
<script>
export default {
  data() {
    return {
      isFocused: false,
    };
  },
  methods: {
    handleFocus() {
      this.isFocused = true;
    },
    handleBlur() {
      this.isFocused = false;
    },
  },
};
```

```
</script>

<template>
  <div>
    <input type = "text" @focus = "handleFocus" @blur = "handleBlur" />
    <p>{{ isFocused ? "Input is focused" : "Input is not focused" }}</p>
  </div>
</template>
```

在上面的示例中,使用 data 选项定义了一个名为 isFocused 的响应式数据,默认值为 false。还定义了两个方法 handleFocus 和 handleBlur,分别用于处理输入框获得焦点和失去焦点的事件。

在模板中,使用@focus 和@blur 指令将这两个方法绑定到输入框的 focus 和 blur 事件上。当输入框获得焦点时,handleFocus 方法将被调用,将 isFocused 的值设置为 true;当输入框失去焦点时,handleBlur 方法将被调用,将 isFocused 的值设置为 false。

通过{{ isFocused ? "Input is focused" : "Input is not focused" }},我们可以根据 isFocused 的值来动态显示不同的文本。如果输入框获得焦点,则显示 Input is focused;否则显示 Input is not focused。

在示例中,我们可以根据输入框的焦点状态来改变界面的展示内容,实现与焦点相关的交互效果。

3.8.4　表单事件

1. change

change 事件用于处理表单元素的值发生改变时触发的事件。它适用于文本输入框、复选框、单选框和下拉列表等表单元素。

当用户对表单元素进行修改并且失去焦点时,会触发 change 事件。例如,当用户在文本输入框中输入文本并按下回车键或者单击其他地方时,change 事件会被触发。

【例 3-42】　修改 App. vue,代码如下所示。

```
<script>
export default {
  data() {
    return {
      message: ""
    };
  },
  methods: {
    handleChange(event) {
      console.log("新的值: ", event.target.value);
    }
  }
};
</script>
```

```
<template>
  <div>
    <input type = "text" v - model = "message" @change = "handleChange" />
    <p>当前的值：{{ message }}</p>
  </div>
</template>
```

在上面的示例中，绑定了一个文本输入框的 change 事件，并将输入框的值绑定到 message 属性上。当用户修改输入框的值并且失去焦点时，handleChange 方法会被调用，并在控制台中打印出新的值。

通过使用 change 事件，我们可以监听表单元素值的变化，并在变化时执行相应的逻辑。这对于实时响应用户的输入或进行表单验证非常有用。

2. input

input 事件用于处理实时监测输入框的值变化的事件。与 change 事件不同，input 事件实时地反映输入框值的变化，而不是在失去焦点时才触发。这实现了实时响应用户的输入并进行相应的处理，如实时搜索、动态计算等。

【例 3-43】 修改 App.vue，代码如下所示。

```
<script>
export default {
  data() {
    return {
      message: ""
    };
  },
  methods: {
    handleInput(event) {
      console.log("当前输入的值：", event.target.value);
    }
  }
};
</script>
<template>
  <div>
    <input type = "text" v - model = "message" @ input = "handleInput" />
    <p>当前的值：{{ message }}</p>
  </div>
</template>
```

在上面的示例中，绑定了一个文本输入框的 input 事件，并将输入框的值绑定到 message 属性上。每当用户输入或修改输入框的内容时，handleInput 方法会被调用，并在控制台中打印出当前输入的值。

3. submit

submit 事件用于处理表单提交的事件。当用户在表单中单击提交按钮或按下回车键时，submit 事件会触发。

【例 3-44】 修改 App.vue，代码如下所示。

```
<script>
export default {
  data() {
    return {
      name: "",
      submitted: false,
    };
  },
  methods: {
    handleSubmit(event) {
      event.preventDefault(); //阻止表单的默认提交行为

      //执行提交逻辑
      this.submitted = true;
    },
  },
};
</script>

<template>
  <form @submit="handleSubmit">
    <label for="name">姓名：</label>
    <input type="text" id="name" v-model="name" />
    <button type="submit">提交</button>
  </form>
  <p v-if="submitted">已提交：{{ name }}</p>
</template>
```

上述示例中有一个简单的表单，包含一个输入框和一个提交按钮。当用户在输入框中输入姓名并单击提交按钮或按下回车键时，submit 事件会被触发，并调用 handleSubmit 方法处理提交逻辑。

在 handleSubmit 方法中，首先调用 event.preventDefault()阻止表单的默认提交行为，然后将 submitted 属性设置为 true，表示表单已提交。在模板中，使用 v-if 指令根据 submitted 属性的值显示提交成功的消息。

通过该示例，可以学到如何使用 submit 事件来处理表单的提交，并在提交时执行自定义的逻辑。

3.8.5 滚动事件

滚动事件是指在网页或元素内容区域滚动时触发的事件。在前端开发中，滚动事件非常常见，常用于监听用户滚动页面或滚动某个元素的操作。

【例 3-45】 修改 App.vue,代码如下所示。

```
<script>
export default {
  methods: {
    handleScroll(event) {
      const container = event.target;
      const scrollHeight = container.scrollHeight;
      const scrollTop = container.scrollTop;
      const clientHeight = container.clientHeight;

      if (scrollHeight - scrollTop === clientHeight) {
        //当滚动到底部时执行相应逻辑
        console.log("已滚动到底部");
      }
    },
  },
};
</script>

<template>
  <div class="scroll-container" @scroll="handleScroll">
    <div class="scroll-content">
      <!-- 这里是滚动内容 -->
    </div>
  </div>
</template>

<style>
.scroll-container {
  width: 400px;
  height: 300px;
  overflow: auto;
}

.scroll-content {
  height: 800px;
  background-color: #f0f0f0;
}
</style>
```

上述示例创建了一个滚动容器 scroll-container,并给容器绑定了滚动事件@scroll。当滚动容器的内容发生滚动时,handleScroll 方法将被调用。

在 handleScroll 方法中,通过事件对象 event 获取了滚动容器的滚动高度(scrollHeight)、滚动的位置(scrollTop)以及可见区域的高度(clientHeight)。通过这些信息,可以判断滚动是否到达了底部(scrollHeight-scrollTop === clientHeight),并执行相应的逻辑。在示例中,当滚动到底部时,控制台会打印出"已滚动到底部"的消息。

3.8.6 文本相关事件

copy、cut 和 paste 是常见的与文本内容相关的操作。

（1）copy：复制操作可以通过监听 copy 事件实现。当用户进行复制操作时，copy 事件会被触发。

（2）cut：剪切操作可以通过监听 cut 事件实现。当用户进行剪切操作时，cut 事件会被触发。

（3）paste：粘贴操作可以通过监听 paste 事件实现。当用户进行粘贴操作时，paste 事件会被触发。

【例 3-46】 修改 App.vue，代码如下所示。

```
<script>
export default {
  data() {
    return {
      text: "",
    };
  },
  methods: {
    handleCopy(event) {
      console.log("复制操作");
    },
    handleCut(event) {
      console.log("剪切操作");
    },
    handlePaste(event) {
      console.log("粘贴操作");
    },
    copyText() {
      navigator.clipboard
        .writeText(this.text)
        .then(() => {
          console.log("文本已复制到剪贴板");
        })
        .catch((error) => {
          console.error("复制文本失败:", error);
        });
    },
    cutText() {
      navigator.clipboard
        .writeText(this.text)
        .then(() => {
          console.log("文本已剪切到剪贴板");
          this.text = "";
        })
        .catch((error) => {
```

```
            console.error("剪切文本失败:", error);
          });
      },
      pasteText() {
        navigator.clipboard
          .readText()
          .then((text) => {
            console.log("从剪贴板粘贴的文本:", text);
            this.text = text;
          })
          .catch((error) => {
            console.error("粘贴文本失败:", error);
          });
      },
    },
  };
</script>

<template>
  <div>
    <input
      type = "text"
      v - model = "text"
      @copy = "handleCopy"
      @cut = "handleCut"
      @paste = "handlePaste"
    />
    <button @click = "copyText">复制</button>
    <button @click = "cutText">剪切</button>
    <button @click = "pasteText">粘贴</button>
  </div>
</template>
```

上述示例使用了 navigator.clipboard 对象访问剪贴板。navigator.clipboard.writeText 方法用于将文本写入剪贴板，而 navigator.clipboard.readText 方法用于从剪贴板中读取文本。

注意：使用 navigator.clipboard API 需要在安全的上下文环境中，如在 HTTPS 网站或本地开发环境中。另外，不同浏览器对 navigator.clipboard 的支持程度可能会有所不同，如 Chrome 浏览器在使用粘贴功能时，会弹出提示框询问是否允许执行该操作。

3.8.7 事件传参

【例 3-47】 给方法传参是个常见的业务场景。修改 App.vue，代码如下所示。

```
<script>
export default {
  methods: {
    handleClick(message) {
```

```
      console.log(message); //输出 'hello'
    },
  },
};
</script>

<template>
  <div>
    <button @click = "handleClick('hello')">按钮</button>
  </div>
</template>
```

上述示例定义了一个名为 handleClick 的事件处理方法,它接收一个参数 message。当按钮被单击时,通过内联方法 @click 将参数"hello"传递给 handleClick 方法。handleClick 方法会接收该参数,并在浏览器控制台中将值打印出来。

3.8.8 事件修饰符

在处理事件时调用 event.preventDefault()或 event.stopPropagation()是很常见的。在介绍拖曳事件时便用到了 event.preventDefault()。

event.preventDefault()是一个用于阻止事件的默认行为的方法。当事件发生时,浏览器会执行一些默认的操作,如单击链接会跳转到链接的地址,提交表单会刷新页面等。通过调用 event.preventDefault()可以阻止这些默认行为的发生。

event.stopPropagation()是一个用于停止事件传播的方法。当事件被触发时,它会沿着 DOM 树从目标元素向上冒泡或从根元素向下捕获。这种传播方式允许事件在 DOM 树中的多个元素之间进行交互和响应。通过调用 event.stopPropagation()可以阻止事件的进一步传播,从而停止事件从目标元素向上冒泡或从根元素向下捕获。

虽然可以直接在方法内调用 event.preventDefault()或 event.stopPropagation(),但 Vue.js 提供了事件修饰符(修饰符是用"."表示的指令后缀,如.stop、.prevent、.self、.capture、.once 和.passive 等),可以让我们更专注于数据逻辑而不用去处理 DOM 事件的细节。

1..prevent

.prevent 修饰符实现了 event.preventDefault()的功能。下面先展示 event.preventDefault()阻止事件的默认行为示例。

【例 3-48】 修改 App.vue,代码如下所示。

```
<script>
export default {
  methods: {
    handleClick(event) {
      event.preventDefault(); //阻止链接的默认行为
      console.log("链接被单击了");
    },
```

```
    },
  };
</script>

<template>
  <a href = "https://www.example.com" @click = "handleClick">单击跳转</a>
</template>
```

在上述示例中,当链接被单击时,通过调用 handleClick 方法中的 event.preventDefault(),阻止了链接的默认行为,即不会跳转到指定的 URL。而在控制台中会打印出"链接被单击了"的消息。通过使用 event.preventDefault(),我们可以自定义处理链接的单击行为,而不会触发默认的页面跳转。

【例 3-49】 使用修饰符达到一样的效果,修改 App.vue,代码如下所示。

```
<script>
export default {
  methods: {
    handleClick(event) {
      console.log("链接被单击了");
    },
  },
};
</script>

<template>
  <a href = "https://www.example.com" @click.prevent = "handleClick">单击跳转</a>
</template>
```

2. .stop

在 DOM 中,事件传播过程涉及 3 个阶段,即捕获阶段(capturing phase)、目标阶段(target phase)和冒泡阶段(bubbling phase)。

(1)捕获阶段:事件从根节点(即 window 对象)向下传播,直到达到触发事件的目标元素的父级元素。

(2)目标阶段:当事件到达目标元素时,它会在目标元素上触发相应的事件处理函数。这个阶段只包含目标元素自身的事件处理。

(3)冒泡阶段:事件从目标元素开始向上传播,直到到达根节点。这个阶段像水里的气泡一样从下向上传播。

【例 3-50】 先展示事件冒泡行为。修改 App.vue,代码如下所示。

```
<script>
export default {
  methods: {
    handleOuterClick(event) {
      console.log("Outer div clicked");
    },
    handleInnerClick(event) {
```

```
        console.log("Inner div clicked");
      },
      handleButtonClick(event) {
        console.log("Button clicked");
      },
    },
};
</script>

<template>
  <div @click = "handleOuterClick">
    <div @click = "handleInnerClick">
      <button @click = "handleButtonClick">按钮</button>
    </div>
  </div>
</template>
```

单击按钮,浏览器控制台打印"Button clicked""Inner div clicked""Outer div clicked",说明单击按钮时,在捕获阶段执行 handleButtonClick 函数,然后在冒泡阶段依次执行 handleInnerClick 和 handleOuterClick 函数。

修饰符.stop 可以阻止事件冒泡。修改 App.vue 的模板区域,给按钮的单击事件 handleButtonClick 添加.stop 修饰符,代码如下所示。

```
<template>
  <div @click = "handleOuterClick">
    <div @click = "handleInnerClick">
      <button @click.stop = "handleButtonClick">按钮</button>
    </div>
  </div>
</template>
```

保存代码后,单击浏览器页面的按钮,浏览器控制台只打印"Button clicked"。handleInnerClick 和 handleOuterClick 两个冒泡事件未被执行。

3. .capture

.capture 修饰符用于指定事件监听函数在事件捕获阶段进行处理,而不是默认的事件冒泡阶段。

【例 3-51】 修改 App.vue,代码如下所示。

```
<script>
export default {
  methods: {
    handleDivClick(event) {
      console.log("Div clicked");
    },
    handleButtonClick(event) {
      console.log("Button clicked");
    },
```

```
      },
    };
  </script>

  <template>
    <div @click.capture = "handleDivClick">
      <button @click.capture = "handleButtonClick">按钮</button>
    </div>
  </template>
```

在此示例中，我们在<div>元素和<button>元素上的单击事件绑定中使用.capture修饰符。当单击按钮时，相应的单击事件处理函数handleDivClick和handleButtonClick会依次被调用。可以看到浏览器控制台打印出"Div clicked"和"Button clicked"。

通过使用.capture修饰符，事件会在捕获阶段触发，而不是默认的冒泡阶段。

4. .self

.self修饰符用于限制事件只在触发事件的元素自身上触发，而不会在其他元素上触发。

【例3-52】 修改App.vue，代码如下所示。

```
<script>
export default {
  methods: {
    handleOuterClick(event) {
      console.log("Outer div clicked");
    },
    handleInnerClick(event) {
      console.log("Inner div clicked");
    },
    handleButtonClick(event) {
      console.log("Button clicked");
    },
  },
};
</script>

<template>
  <div @click = "handleOuterClick">
    <div @click.self = "handleInnerClick" class = "box">
      <button @click = "handleButtonClick">按钮</button>
    </div>
  </div>
</template>

<style>
.box{
  width: 200px;
  height: 200px;
```

```
      background - color: bisque;
   }
</style>
```

handleInnerClick 是绑定在内部< div >元素上的单击事件处理函数,并使用. self 修饰符。这意味着只有当单击内部< div >元素本身时,才会触发该事件处理函数。

单击按钮,浏览器控制台打印"Button clicked""Outer div clicked",说明在冒泡阶段只执行了 handleOuterClick 函数,而使用. self 修饰符的 handleInnerClick 函数没有被触发。

5.. once

. once 修饰符用于指定事件只能被触发一次。当使用. once 修饰符绑定事件处理函数时,该事件处理函数只会在第一次触发事件时执行,随后的同类型事件将不再触发该处理函数。

【例 3-53】 修改 App. vue,代码如下所示。

```
< script >
export default {
  methods: {
    handleClick() {
      console.log("按钮被单击了!");
    },
  },
};
</script>

< template >
  < div >
    < button @click.once = "handleClick">按钮</button >
  </div >
</template >
```

在上面的示例中,我们在按钮上使用. once 修饰符来绑定 handleClick 方法作为单击事件的处理函数。当按钮被单击时,handleClick 方法只会被执行一次,即只在首次单击时输出"按钮被单击了!"。随后的单击事件将不再触发该处理函数,即浏览器控制台只会打印一次"按钮被单击了!"。

6.. passive

. passive 修饰符是用于优化滚动事件的性能的一种技巧。告诉浏览器该事件处理函数不会阻止默认行为,浏览器可以在滚动事件被触发时立即进行滚动处理,提高滚动的响应性能。

修饰符可以链式书写,例如< a @click. stop. prevent = "doThat"></a>表示阻止事件冒泡并且阻止浏览器默认行为。

3.8.9 按键修饰符

按键修饰符是在 Vue. js 中用于处理键盘按键事件的一种方式。它们允许你指定只有在特定按键被按下时才触发事件处理函数。

1. 按键别名

Vue.js为一些常用的按键提供了别名。

（1）.enter：当回车键被按下时触发事件。

（2）.tab：当Tab键被按下时触发事件。

（3）.delete：捕获Delete和Backspace两个按键。

（4）.esc：当Esc键被按下时触发事件。

（5）.space：当空格键被按下时触发事件。

（6）.up：当上箭头键被按下时触发事件。

（7）.down：当下箭头键被按下时触发事件。

（8）.left：当左箭头键被按下时触发事件。

（9）.right：当右箭头键被按下时触发事件。

【例3-54】 以.enter为例，修改App.vue，代码如下所示。

```
<script>
export default {
  methods: {
    handleEnterKey(event) {
      console.log("Enter key pressed");
      //执行其他逻辑
    },
  },
};
</script>

<template>
  <input type = "text" @keydown.enter = "handleEnterKey" />
</template>
```

在这个示例中，当用户在<input>输入框中按下回车键时，handleEnterKey函数会被调用，并在控制台输出"Enter key pressed"。

【例3-55】 以.up为例，修改App.vue，代码如下所示。

```
<script>
export default {
  methods: {
    handleUpKey(event) {
      console.log("up");
      //执行其他逻辑
    },
  },
};
</script>

<template>
```

```
      < input type = "text" @keydown. up = "handleUpKey" />
</template>
```

在这个示例中，当用户按下键盘上的向上箭头键时，handleUpKey 函数会被调用，并在控制台输出"up"。

2．系统按键修饰符

你可以使用以下系统按键修饰符来触发鼠标或键盘事件监听器：.ctrl、.alt、.shift、.meta。在 Mac 键盘上，meta 是 Command 键（⌘）。在 Windows 键盘上，meta 键是 Windows 键（⊞）。

【例 3-56】 以.ctrl 为例，用户按下 Ctrl＋A 键，事件会被触发。修改 App.vue，代码如下所示。

```
< script >
export default {
  methods: {
    handleCtrlKeyDown(event) {
      if (event.key === "a") {
        console.log("Ctrl + a pressed");
        //执行其他逻辑
      }
    },
  },
};
</script>

< template >
  < div >
    < input type = "text" @keydown.ctrl = "handleCtrlKeyDown" />
  </div >
</template>
```

3.9 类与样式绑定

在处理元素的 CSS class 列表和内联样式时，数据绑定是一个常见的需求场景。在 Vue.js 中，我们可以使用 v-bind 指令将 class 和 style 属性与动态字符串进行绑定，就像处理其他属性一样。

3.9.1 类绑定

1．绑定对象

【例 3-57】 修改 App.vue，代码如下所示。

```
< script >
export default {
  data() {
    return {
```

```
        isRed: true,
      };
    },
  };
</script>

<template>
  <div :class = "{ red: isRed }">CSS class 绑定示例</div>
</template>

<style scoped>
.red {
  background - color: red;
}
</style>
```

在模板中，使用:class(v-bind：class 的简写)指令将 isRed 属性与 CSS class 绑定。对象语法{ red:isRed }表示当 isRed 为 true 时，red 类将被应用到< div >元素上。这样，当 isRed 为 true 时，有

```
<div :class = "{ red: isRed }">CSS class 绑定示例</div>
```

可以看成

```
<div class = "red">CSS class 绑定示例</div>
```

【例 3-58】 :class 指令也可以和一般的 class 类名共存，修改 App.vue，代码如下所示。

```
<script>
export default {
  data() {
    return {
      isRed: true,
    };
  },
};
</script>

<template>
  <div class = "white" :class = "{ red: isRed }">CSS class 绑定示例</div>
</template>

<style scoped>
.red {
  background - color: red;
}
.white{
  color: white;
}
</style>
```

当 isRed 为 true 时,有

```
< div class = "white" :class = "{ red: isRed }"> CSS class 绑定示例</div>
```

渲染的结果会是

```
< div class = "white red"> CSS class 绑定示例</div>
```

2. 绑定数组

如果想动态绑定一个包含多个 CSS class 的数组,可以使用数组语法进行 CSS class 绑定。

【例 3-59】　修改 App. vue,代码如下所示。

```
< script >
export default {
  data() {
    return {
      classArray: ['white', 'red']
    };
  }
};
</script >

< template >
  < div :class = "classArray"> CSS class 绑定示例</div>
</template >

< style scoped >
.white {
  color: white;
}

.red {
  background - color: red;
}
</style >
```

在模板中,我们使用:class 指令将 classArray 数组作为绑定值。这样,< div >元素会动态地应用 classArray 数组中的所有 CSS class。

```
< div :class = "classArray"> CSS class 绑定示例</div>
```

渲染结果会是

```
< div class = "'white red"> CSS class 绑定示例</div>
```

如果想在数组中有条件地渲染某个 class,可以使用三元表达式。

【例 3-60】　修改 App. vue,代码如下所示。提示: 数组外用双引号包裹,white、red 等字符串用单引号包裹。

```
< script >
export default {
```

```
    data() {
      return {
        isActive: true,
      };
    },
};
</script>

<template>
  <div :class = "['white', isActive ? 'red' : 'blue']">CSS class 绑定示例</div>
</template>

<style scoped>
.white {
  color: white;
}

.red {
  background - color: red;
}

.blue {
  background - color: blue;
}
</style>
```

在模板中，使用:class 指令将包含 white 和动态选择的 red 或 blue 的 CSS class 数组进行绑定。根据 isActive 的值，如果为 true，则选择 red 类，否则选择 blue 类。

通过这种方式，元素的 CSS class 会根据 isActive 属性的值动态切换，实现了根据条件选择不同的样式。

如果只是想根据 isActive 的值来判断是否为 red 时，也可以使用数组中嵌套对象来简化。

【例 3-61】 修改 App.vue，代码如下所示。

```
<script>
export default {
  data() {
    return {
      isActive: true,
    };
  },
};
</script>

<template>
  <div :class = "['white', { 'red': isActive }]">CSS class 绑定示例</div>
</template>
```

```
< style scoped >
.white {
  color: white;
}

.red {
  background - color: red;
}

.blue {
  background - color: blue;
}
</style >
```

在模板中,使用:class 指令将包含 white 和一个对象的 CSS class 数组进行绑定。对象中的键是 CSS class 的名称,而值是一个布尔表达式,表示在对应的条件下是否应用该 CSS class。在这里,我们根据 isActive 的值决定是否应用 red 类。

3.9.2 绑定内联样式

在上述例子中,使用属性动态绑定类名,也可以使用属性动态绑定内联样式。

1. 绑定对象

如果想动态地绑定一个包含多个 CSS 样式属性和值的对象到元素的内联样式,可以使用对象语法进行内联样式的绑定。

【例 3-62】 修改 App.vue,代码如下所示。

```
< script >
export default {
  data() {
    return {
      styleObject: {
        color: 'red',
        fontSize: '20px',
        backgroundColor: 'blue'
      }
    };
  }
};
</script >


< template >
  < div :style = "styleObject">内联样式绑定示例</div >
</template >
```

在模板中,使用:style(v-bind :style 的简写)指令将 styleObject 对象作为绑定值。这样,元素的内联样式将根据 styleObject 对象中定义的属性和值进行渲染。在这个例子中,文字颜色将被设置为红色,字体大小为 20 像素,背景颜色为蓝色。

通过绑定一个包含多个 CSS 样式属性和值的对象，可以根据需要动态修改元素的内联样式，实现更灵活的样式控制。在浏览器控制台的 Elements 选项中可查看效果，如图 3-8所示。

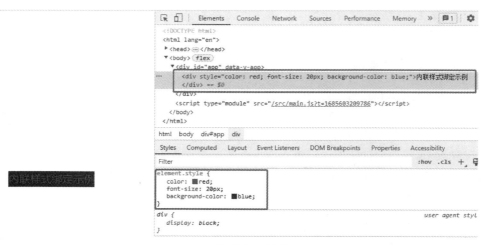

图 3-8　绑定内联样式

2．绑定数组

还可以给:style 绑定一个包含多个样式对象的数组。这些对象会被合并后渲染到同一元素上。

【**例 3-63**】　修改 App. vue，代码如下所示。

```
< script >
export default {
  data() {
    return {
      styleObject1: {
        color: 'red',
        fontSize: '20px'
      },
      styleObject2: {
        backgroundColor: 'blue'
      }
    };
  }
};
</script>

< template >
  < div :style = "[styleObject1, styleObject2]">内联样式绑定示例</div>
</template >
```

在脚本中，定义了两个对象，即 styleObject1 和 styleObject2，它们分别包含了一组 CSS样式属性和值。

在模板中,使用数组[styleObject1,styleObject2]作为:style 指令的绑定值。这样,元素的内联样式将根据数组中的所有对象进行渲染。

在这个例子中,文字颜色将被设置为红色,字体大小为 20 像素,背景颜色将被设置为蓝色。通过绑定一个包含多个 CSS 样式的数组,我们可以同时应用多个样式对象,实现更复杂的内联样式控制。

3.10　模板引用

虽然 Vue.js 的声明性渲染模型为你抽象了大部分对 DOM 的直接操作,但在某些情况下,我们仍然需要直接访问底层 DOM 元素。要实现这一点,可以使用特殊的 ref 属性。通过在元素上添加 ref 属性并为其赋予一个名称,可以在组件中访问到这个 DOM 元素的引用。

【例 3-64】　使用 ref 属性来获取对输入框元素的直接引用。修改 App.vue,代码如下所示。

```
<script>
export default {
  created() {
    console.log("created", this.$refs.myInput); //created undefined
  },
  mounted() {
    console.log("mounted", this.$refs.myInput); //mounted <input type="text">
  },
  methods: {
    handleClick() {
      const inputValue = this.$refs.myInput.value;
      console.log("输入框的值: ", inputValue);
    },
  },
};
</script>

<template>
  <div>
    <input ref="myInput" type="text" />
    <button @click="handleClick">获取输入框值</button>
  </div>
</template>
```

在<script>部分,使用 methods 定义了一个方法 handleClick()。该方法通过 this.$refs.myInput 获取到输入框元素的引用,然后获取输入框的值并输出到控制台。

在<template>部分,使用<input>元素定义了一个输入框,并通过 ref 属性给它指定了一个名称为 myInput 的引用。使用<button>元素定义了一个按钮,通过@click 监听按钮的单击事件,并绑定到 handleClick 方法上。当按钮被单击时,调用 handleClick 方法,获取输入框的值并输出到控制台。

需要注意的是,ref 的引用只在组件实例被挂载后才可用。可以看到,在 created 生命周期钩子函数中,打印 this.$refs.myInput 的值为 undefined;在 mounted 生命周期钩子函数中,打印 this.$refs.myInput 的值为 input 元素,如图 3-9 所示。

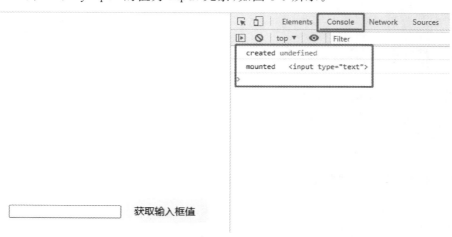

图 3-9 created 与 mounted 生命周期中 $refs 打印值

因此,我们常在 created 生命周期钩子函数中获取接口数据,在 mounted 生命周期钩子函数中获取 DOM 的值。如果想在 created 生命周期钩子函数中获取到 DOM 的值,则可以借助 this.$nextTick。$nextTick 的作用是在下次 DOM 更新循环结束之后,执行指定的回调函数。

将上述示例 created 中的代码修改为

```
created() {
  this.$nextTick(() => {
    console.log("created", this.$refs.myInput); //created < input type = "text">
  });
},
```

保存之后,查看浏览器控制面板,如图 3-10 所示。

可以看到 created 生命周期在 this.$nextTick 回调函数中能打印出 DOM 的值,但执行时机在 mounted 的后面。ref 除了获取 DOM 元素,也可以获取组件的实例,用来调用子组件的方法,这会在 4.1 节组件通信中详细介绍。

拓展:this.$nextTick 中的回调函数是一个箭头函数()=>{},箭头函数的特点如下。

(1)简洁的语法:箭头函数可以使用更简洁的语法来定义函数,省略了 function 关键字。

(2)隐式返回:当箭头函数的函数体只有一行时,大括号{}可以省略它会隐式返回这一行的结果,不需要使用 return 关键字。

(3)没有自己的 this 值:箭头函数没有自己的 this 值,它继承了外层作用域的 this 值。

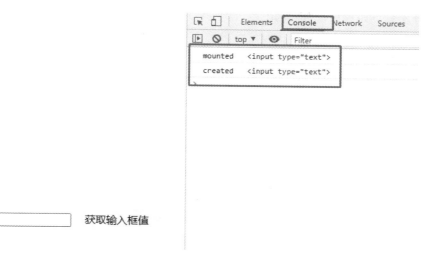

图 3-10　nextTick 的使用

（4）没有 arguments 对象：箭头函数没有自己的 arguments 对象，但可以使用剩余参数获取函数的参数列表。

3.11　组件基础

组件允许我们将 UI 划分为独立的、可重用的部分，并且可以对每个部分进行单独的业务编写。之前我们已经接触过组件，src/components/HelloWorld.vue 文件就是一个单文件组件。单文件组件使用.vue 作为文件扩展名，包含三个主要部分：模板（template）、脚本（script）和样式（style）。每个部分都有自己的作用，可以独立地编写和修改。

3.11.1　定义与使用一个组件

【例 3-65】修改 App.vue，代码如下所示。

```
< script >
import HelloWorld from "./components/HelloWorld.vue";
export default {
  components: {
    HelloWorld,
  },
};
</script>

< template >
  < HelloWorld />
</template>
```

在脚本部分，通过 import 语句导入了名为 HelloWorld 的组件，并在 components 选项中注册了它。在模板部分，使用了< HelloWorld />渲染 HelloWorld 组件。

提示：确保你的文件路径和组件名称与实际的情况相匹配，并确保已经正确导入和注册了组件。

修改 HelloWorld.vue 文件，代码如下所示。

```
<script>
export default {
  data() {
    return {
      message: "Hello, Vue!",
    };
  },
  methods: {
    increment() {
      this.message += "!";
    },
  },
};
</script>

<template>
  <div>
    <h1>{{ message }}</h1>
    <button @click = "increment">增加</button>
  </div>
</template>

<style scoped>
h1 {
  color: red;
}
button {
  background - color: blue;
  color: white;
}
</style>
```

在脚本部分，使用 data 方法定义了一个 message 数据属性，并初始化为" Hello，Vue!"。在 methods 对象中定义了一个 increment 方法，当按钮被单击时，会将 message 的值追加一个感叹号。

在模板部分，使用了插值语法{{ message }}将 message 的值显示在< h1 >标签中，并将 increment 方法绑定到按钮的单击事件。

在样式部分，使用 scoped 属性确保样式只适用于当前组件。h1 标签的颜色被设置为红色，按钮的背景色为蓝色，文字颜色为白色。

这个组件的作用是在页面上显示一个标题和一个按钮，并且每次单击按钮时，在标题的末尾添加一个感叹号。保存 HelloWorld.vue 文件，可在页面中查看效果。

3.11.2 动态组件

动态组件是 Vue.js 中一种用于动态切换和渲染组件的机制。它允许根据应用程序的状态或条件,动态地选择要渲染的组件,并在需要时进行切换。

【例 3-66】 通过设置<component>组件的 v-bind：is 属性,动态地指定要渲染的组件。在 components 文件夹下新建 ComponentA.vue,代码如下所示。

```
<template>
    组件 A
</template>
```

保存完 ComponentA.vue 之后,在 components 文件夹下新建 ComponentB.vue,代码如下所示。

```
<template>
    组件 B
</template>
```

保存完 ComponentB.vue 之后,修改 App.vue,代码如下所示。

```
<script>
import ComponentA from "./components/ComponentA.vue";
import ComponentB from "./components/ComponentB.vue";

export default {
  data() {
    return {
      currentComponent: "ComponentA",
    };
  },
  methods: {
    toggleComponent() {
      this.currentComponent =
        this.currentComponent === "ComponentA" ? "ComponentB" : "ComponentA";
    },
  },
  components: {
    ComponentA,
    ComponentB,
  },
};
</script>

<template>
  <div>
    <button @click = "toggleComponent">切换组件</button>
    <component :is = "currentComponent"></component>
  </div>
</template>
```

在模板中使用< component >组件，并将:is绑定到 currentComponent 数据属性，可以根据数据的变化动态地渲染不同的组件。单击"切换组件"按钮，使用 toggleComponent 方法修改 currentComponent 的值，从而在 ComponentA 和 ComponentB 之间进行切换。

本章小结

本章探讨了以下主题：

（1）MVVM 模式的概述与优点：了解了 MVVM 模式的基本概念。

（2）数据选项 data 与插值：学习了如何在 Vue.js 中使用 data 选项来定义组件的数据，并将数据通过插值绑定到模板中进行渲染。

（3）方法选项 methods：介绍了在 Vue.js 组件中定义方法的方法，并在模板中调用这些方法来触发相应的逻辑操作。

（4）选项式 API 生命周期：了解了 Vue.js 组件的生命周期钩子函数，它们提供了在组件不同阶段执行特定操作的机会。

（5）基本指令：学习了 Vue.js 中一些常用的指令，例如 v-if、v-for、v-bind 和 v-on，它们分别用于控制元素的显示与隐藏、循环渲染、属性绑定和事件处理。

（6）计算属性选项 computed：介绍了计算属性的概念和用法，它可以根据依赖的数据动态计算出一个新的值，并在模板中使用。

（7）监听器选项 watch：了解了如何使用 watch 选项来监测数据的变化，并在变化时执行相应的操作。

（8）模板引用：学习了如何在模板中使用模板引用来获取 DOM 元素或组件的引用，并在需要时进行操作。

（9）组件基础：探讨了 Vue.js 中组件的基本概念和使用方法。

虽然 Vue.js 3 中推出了组合式 API，但 Vue.js 2 的选项式 API 仍然在现有的 Vue.js 项目中非常常见。因此了解选项式 API 的知识对于理解和维护旧项目非常重要。在进阶篇中，我们将学习组合式 API，这是开发新项目时的首选方式。

第二篇 进阶篇——浚其泉涌

通过本篇学习，将获得以下知识和技能：

（1）全面掌握 Vue.js 的使用，能独立进行完整的项目开发。

（2）学习组件的复用和组合式 API 等进阶知识，提升代码的可重用性和可维护性。

（3）掌握 Vue.js 相关生态系统的使用，包括前端路由 Vue Router 和全局状态管理 Pinia 等，以便更好地构建大型应用程序。

（4）学习使用 SCSS 和 Element Plus 实现前端界面的 UI 样式，提升用户体验和界面美观度。

（5）掌握使用 TypeScript 增加类型校验，提高代码的可读性和可维护性，减少错误和调试时间。

（6）学会使用 Git 进行团队合作，包括版本控制、代码分支管理等，以便多人协作开发项目。

通过掌握这些知识和技能，将能在 Vue.js 的基础上构建出功能强大、可扩展、具有良好用户体验的应用程序，并且能与团队协作开发，提高工作效率和代码质量。

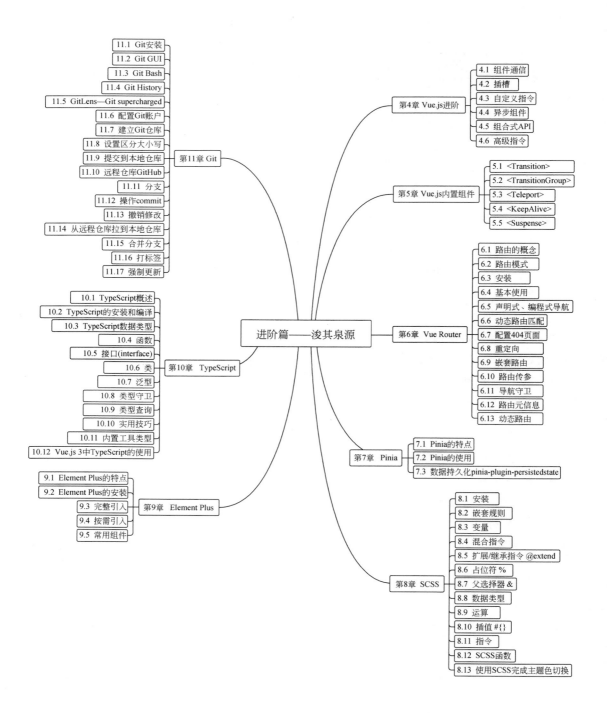

进阶篇——浚其泉源

第4章 Vue.js进阶
- 4.1 组件通信
- 4.2 插槽
- 4.3 自定义指令
- 4.4 异步组件
- 4.5 组合式API
- 4.6 高级指令

第5章 Vue.js内置组件
- 5.1 \<Transition\>
- 5.2 \<TransitionGroup\>
- 5.3 \<Teleport\>
- 5.4 \<KeepAlive\>
- 5.5 \<Suspense\>

第6章 Vue Router
- 6.1 路由的概念
- 6.2 路由模式
- 6.3 安装
- 6.4 基本使用
- 6.5 声明式、编程式导航
- 6.6 动态路由匹配
- 6.7 配置404页面
- 6.8 重定向
- 6.9 嵌套路由
- 6.10 路由传参
- 6.11 导航守卫
- 6.12 路由元信息
- 6.13 动态路由

第7章 Pinia
- 7.1 Pinia的特点
- 7.2 Pinia的使用
- 7.3 数据持久化pinia-plugin-persistedstate

第8章 SCSS
- 8.1 安装
- 8.2 嵌套规则
- 8.3 变量
- 8.4 混合指令
- 8.5 扩展/继承指令 @extend
- 8.6 占位符 %
- 8.7 父选择器 &
- 8.8 数据类型
- 8.9 运算
- 8.10 插值 #{}
- 8.11 指令
- 8.12 SCSS函数
- 8.13 使用SCSS完成主题色切换

第9章 Element Plus
- 9.1 Element Plus的特点
- 9.2 Element Plus的安装
- 9.3 完整引入
- 9.4 按需引入
- 9.5 常用组件

第10章 TypeScript
- 10.1 TypeScript概述
- 10.2 TypeScript的安装和编译
- 10.3 TypeScript数据类型
- 10.4 函数
- 10.5 接口(interface)
- 10.6 类
- 10.7 泛型
- 10.8 类型守卫
- 10.9 类型查询
- 10.10 实用技巧
- 10.11 内置工具类型
- 10.12 Vue.js 3中TypeScript的使用

第11章 Git
- 11.1 Git安装
- 11.2 Git GUI
- 11.3 Git Bash
- 11.4 Git History
- 11.5 GitLens—Git supercharged
- 11.6 配置Git账户
- 11.7 建立Git仓库
- 11.8 设置区分大小写
- 11.9 提交到本地仓库
- 11.10 远程仓库GitHub
- 11.11 分支
- 11.12 操作commit
- 11.13 撤销修改
- 11.14 从远程仓库拉到本地仓库
- 11.15 合并分支
- 11.16 打标签
- 11.17 强制更新

第 4 章

Vue.js 进阶

本章学习目标

（1）掌握组件通信技巧：组件通信是开发程序中最基本且重要的部分，通过组件通信实现组件之间的交互。

（2）熟练使用插槽：插槽能够更好地复用组件，并提高开发效率。

（3）了解自定义指令：自定义指令在操作 DOM 时非常有作用，可以实现一些特定的行为和交互效果。

（4）掌握异步组件的使用：将应用程序拆分为更小的块，并在需要时从服务器动态加载相关组件，提高应用的性能和加载速度。

（5）熟练运用组合式 API：这是 Vue.js 3 中引入的一种新的 API 风格，可以实现逻辑的复用和组合，提高代码的可读性和维护性。

（6）掌握高级指令的应用：例如学会使用 v-once 和 v-memo 指令来提高性能。

4.1 组件通信

组件通信是指在 Vue.js 应用中，不同组件之间进行数据传递和交互的过程。Vue.js 提供了多种方式来实现组件通信，包括父子组件通信、兄弟组件通信和跨级组件通信。

4.1.1 父组件向子组件传值

1. props 选项

子组件使用 props 选项明确指定可以接收哪些属性，并定义这些属性的类型、验证规则以及默认值。

1）静态绑定

【例 4-1】 修改父组件 App.vue，代码如下所示。

```
<script>
import HelloWorld from "./components/HelloWorld.vue";
export default {
  components: {
```

```
    HelloWorld,
  },
};
</script>

<template>
  <HelloWorld msg = "Vite + Vue" />
</template>
```

继续修改子组件 HelloWorld.vue，代码如下所示。

```
<script>
export default {
  props: ["msg"],
};
</script>

<template>
  <h1>{{ msg }}</h1>
</template>
```

保存之后，可以在浏览器页面看到 Vite + Vue，说明父子组件通信成功。

在上述示例中，父组件通过 import 引入了 HelloWorld 组件，在模板中使用了 HelloWorld 组件，并将属性 msg 绑定在子组件上。子组件中通过 props 选项声明了 msg 属性，父组件传递的 msg 值会被子组件接收并在模板中进行显示。

2）动态绑定

大部分情况下，父组件传给子组件的值是个动态值，父组件通过 v-bind 指令对属性进行绑定。

【例 4-2】 修改父组件 App.vue，代码如下所示。

```
<script>
import HelloWorld from "./components/HelloWorld.vue";
export default {
  components: {
    HelloWorld,
  },
  data() {
    return {
      msg: "Vite + Vue",
    };
  },
};
</script>

<template>
  <HelloWorld v-bind:msg = "msg" />
</template>
```

在上面的代码中,父组件 App.vue 在 data 选项中定义了 msg 属性,初始值为"Vite + Vue",在模板中通过 v-bind 指令动态绑定 msg 属性。

如果将 data 中定义的 msg 初始值改为"Vite",保存代码后,可以看到浏览器页面显示内容更新为"Vite",说明子组件模板中<h1>{{ msg }}</h1>的 msg 值为"Vite",父组件传给子组件的值进行了更新。

v-bind 指令可以简写为":",template 模板上的代码可改为

```
<template>
  <HelloWorld :msg = "msg" />
</template>
```

2. props 命名格式

1) 小驼峰命名法

如果一个 props 的名字很长,可以使用小驼峰命名法。即除第一个单词外的每个单词的首字母大写。

在父组件 App.vue 模板 template 区域,可将:msg 改为:msgVite,代码如下所示。

```
<template>
  <HelloWorld :msgVite = "msg" />
</template>
```

子组件 HelloWorld.vue 也需使用 msgVite 属性来接收父组件传递过来的值。

```
<script>
export default {
  props: ["msgVite"],
};
</script>

<template>
  <h1>{{ msgVite }}</h1>
</template>
```

2) 短横线命名法

props 的命名除了使用驼峰命名法,还可以使用短横线命名法(kebab-case)。在父组件 App.vue 模板 template 区域,将:msgVite 改为:msg-vite。

```
<template>
  <HelloWorld :msg - vite = "msg" />
</template>
```

子组件 HelloWorld.vue 使用 msg-vite 属性来接收,但在模板中依旧需要使用小驼峰命名法来显示。

```
<script>
export default {
  props: ["msg - vite"],
```

```
  };
</script>

<template>
  <h1>{{ msgVite }}</h1>
</template>
```

　　提示：大驼峰命名法：每个单词的首字母都大写。小驼峰命名法：第一个单词的首字母小写，其余单词的首字母大写。短横线命名法：所有字母都小写，用横线"-"连接每个单词。

　　在 Vue.js 中通常推荐使用大驼峰命名法来定义组件名（如 HelloWorld），因为组件名是作为标签使用的，大驼峰命名法更符合 HTML 标签的书写规范。

　　对于传递的 props 属性，虽然官方更倾向于使用短横线命名法，但在模板 template 区域中，我们需要将短横线命名法的属性转换为小驼峰命名法才能正常使用。因此，推荐使用大驼峰命名法定义组件名，使用小驼峰命名法定义组件的 props 属性。

3. 传递不同的值类型

　　上述例子中，我们只传入了字符串，但实际上任何类型的值都可以被传递。

1）传递 number 类型

【例 4-3】　修改父组件 App.vue，代码如下所示。

```
<script>
import HelloWorld from "./components/HelloWorld.vue";
export default {
  components: {
    HelloWorld,
  },
  data() {
    return {
      msg: 42,
    };
  },
};
</script>

<template>
  <HelloWorld :msgVite = "msg" />
</template>
```

　　保存代码之后，页面显示内容更新为 42。如果不在 data 中定义 msg，而是传递一个常量，依旧需要使用 v-bind 进行绑定，不然传递的就是字符串（string）类型，而不是数字（number）类型。模板 template 区域可改为

```
<template>
  <HelloWorld :msgVite = "42" />
</template>
```

修改子组件 HelloWorld. vue,其中 props 属性使用小驼峰命名,代码如下所示。

```
< script >
export default {
  props: ["msgVite"],
};
</script >

< template >
  < h1 >{{ msgVite }}</h1 >
</template >
```

2) 传递 boolean 类型

传递 boolean 类型与传递 number 类型类似,使用 v-bind 进行绑定。模板 template 区域可改为

```
< template >
  < HelloWorld :msgVite = "true" />
</template >
```

3) 传递 array 类型

【例 4-4】　修改父组件 App. vue,代码如下所示。

```
< script >
import HelloWorld from "./components/HelloWorld.vue";
export default {
  components: {
    HelloWorld,
  },
  data() {
    return {
      arr: [1, 2, 3],
    };
  },
};
</script >

< template >
  < HelloWorld :msgVite = "arr" />
</template >
```

父组件 App. vue 引入了 HelloWorld 组件,并在 data 选项中定义了 arr 属性,它是一个包含三个元素的数组。在父组件的模板中,通过 :msgVite 将 arr 属性传递给子组件 HelloWorld。

修改子组件 HelloWorld. vue,代码如下所示。

```
< script >
export default {
  props: ["msgVite"],
```

```
  };
</script>

<template>
  <ul>
    <li v-for = "(item,index) in msgVite" :key = "index">{{ item }}</li>
  </ul>
</template>
```

在子组件中,通过 props 选项定义了 msgVite 属性来接收父组件传递的数据。在子组件的模板中,使用 v-for 循环遍历 msgVite 数组,并使用:key 为每个元素提供唯一的标识。

4) 传递 object 类型

【例 4-5】 修改父组件 App.vue,代码如下所示。

```
<script>
import HelloWorld from "./components/HelloWorld.vue";
export default {
  components: {
    HelloWorld,
  },
  data() {
    return {
      obj: {
        name:'qinghua',
        age:20
      },
    };
  },
};
</script>

<template>
  <HelloWorld :msgVite = "obj" />
</template>
```

父组件 App.vue 使用 import 引入了子组件 HelloWorld,并在 data 选项中定义了 obj 属性,它是一个包含姓名和年龄的对象。在父组件的模板中,通过:msgVite 将 obj 属性传递给子组件 HelloWorld。

修改子组件 HelloWorld.vue,代码如下所示。

```
<script>
export default {
  props: ["msgVite"],
};
</script>

<template>
  <ul>
```

```
    <li>姓名: {{ msgVite.name }}</li>
    <li>年龄: {{ msgVite.age }}</li>
  </ul>
</template>
```

在子组件中,通过 props 选项定义了 msgVite 属性来接收父组件传递的数据。在子组件的模板中,直接使用 msgVite. name 和 msgVite. age 来显示姓名和年龄。这样,父组件的 obj 对象的姓名和年龄会在子组件中进行渲染。

保存代码后,页面显示内容更新为"姓名:qinghua 年龄:20"。

4. 使用一个对象绑定多个 props

如果想将一个对象的所有属性都作为 props 传递,可以使用没有参数的 v-bind 语法糖,也可以使用 v-bind 的简写":"。

【例 4-6】　修改父组件 App. vue,代码如下所示。

```
< script >
import HelloWorld from "./components/HelloWorld.vue";
export default {
  components: {
    HelloWorld,
  },
  data() {
    return {
      obj: {
        name:'qinghua',
        age:20
      },
    };
  },
};
</script>

< template >
  < HelloWorld v - bind = "obj" />
</template>
```

父组件使用没有参数的 v-bind 语法糖将 obj 对象的所有属性作为 props 传递给子组件 HelloWorld。

修改子组件 HelloWorld. vue,代码如下所示。

```
< script >
export default {
  props: ["name","age"],
};
</script>

< template >
  < ul >
```

```
      <li>姓名: {{ name }}</li>
      <li>年龄: {{ age }}</li>
   </ul>
</template>
```

子组件中的 props 选项通过 name 和 age 来声明接收的属性。在子组件的模板中,我们直接使用 name 和 age 来显示姓名和年龄。

5. 单向数据流

Vue.js 采用了单向数据流的概念,数据在应用程序中的流动方向是单向的,即从父组件向子组件传递数据。这种单向数据流的方式有助于构建可预测、易于理解和维护的应用程序。

在单向数据流中,子组件应将 props 视为只读属性,不能直接修改 props 中的值。将子组件 HelloWorld.vue 的 script 区域代码改为

```
<script>
export default {
  props: ["name","age"],
  created(){
    this.name = 'xiaowang'
  }
};
</script>
```

保存代码后,页面显示空白,打开浏览器的控制面板,可以看到报错信息提示,如图 4-1 所示。

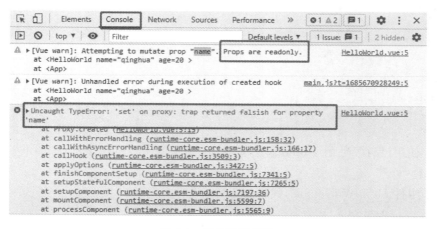

图 4-1　报错信息提示

需要注意的是,单向数据流并不意味着数据在整个应用程序中只能单向流动。数据可以通过父组件属性绑定传递给子组件,子组件通过 props 选项接收。子组件也可以通过自定义事件将数据传递回父组件(详见 4.1.1 节)。

6. Prop 校验

当 props 选项是一个数组时,它表示需要接收的属性列表,属性名即为数组中的元素。Vue.js 会将父组件传递的对应属性值赋值给子组件的同名属性。

当 props 选项是一个对象时,它表示需要接收的属性及其类型、默认值等信息。属性名作为对象的键,属性的配置作为对应键的值。使用对象形式的 props 可以更精确地定义属性的类型和默认值,并提供更多的属性配置选项,如类型验证、自定义校验函数等。

如果传入的值不满足类型要求,Vue.js 会在浏览器控制台中抛出警告,提醒开发者注意。这对于开发给其他开发者使用的组件非常有用,可以确保传入的属性值符合预期的类型。

1）校验 string 类型

【例 4-7】　修改父组件 App.vue,代码如下所示。

```
<script>
import HelloWorld from "./components/HelloWorld.vue";
export default {
  components: {
    HelloWorld,
  },
  data() {
    return {
      msg: "vue",
    };
  },
};
</script>

<template>
  <HelloWorld :msg = "msg" />
</template>
```

修改子组件 HelloWorld.vue,代码如下所示。

```
<script>
export default {
  props: {
    msg: String,
  },
};
</script>

<template>
  <div>
    {{ msg }}
  </div>
</template>
```

保存代码之后,页面显示内容为“vue”。

2）校验 number 类型

如果将父组件传递的 msg 属性值改为 10，为一个 number 类型。修改 script 区域，将 msg 改为 10，代码如下所示。

```
<script>
import HelloWorld from "./components/HelloWorld.vue";
export default {
  components: {
    HelloWorld,
  },
  data() {
    return {
      msg: 10,
    };
  },
};
</script>
```

保存代码后，页面显示内容为"10"，说明传值成功，但浏览器控制台有告警信息，提示 msg 属性类型校验失败，期望获取 string 类型，却获得了 number 类型，如图 4-2 所示。

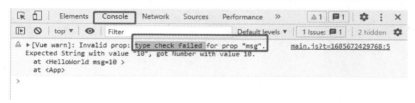

图 4-2　msg 属性类型校验失败

3）校验 object 类型

【例 4-8】　修改父组件 App.vue，代码如下所示。

```
<script>
import HelloWorld from "./components/HelloWorld.vue";
export default {
  components: {
    HelloWorld,
  },
  data() {
    return {
      obj: {
        name: "qinghua",
        age: 20,
      },
    };
  },
};
</script>
```

```
< template >
  < HelloWorld :obj = "obj" />
</template >
```

修改子组件 HelloWorld.vue,代码如下所示。

```
< script >
export default {
  props: {
    obj: {
      type: Object,
      default() {
        return { name: "默认值", age: 20 };
      },
    },
  },
};
</script >

< template >
  < div >{{ obj.name }} -- {{ obj.age }}</div >
</template >
```

保存代码后,页面显示内容更新为"qinghua -- 20"。如果父组件不绑定 obj 属性,将
< HelloWorld :obj="obj" />改为< HelloWorld />。保存代码后,页面显示内容更新为"默
认值 -- 20",父组件不传值,子组件调用了 obj 在 default 函数中定义的默认值。

4) 校验 function 类型

【例 4-9】　修改父组件 App.vue,代码如下所示。

```
< script >
import HelloWorld from "./components/HelloWorld.vue";
export default {
  components: {
    HelloWorld,
  },
  data() {
    return {
      msg: "vue",
    };
  },
  methods: {
    handleClick() {
      this.msg = "hello vue";
    },
  },
};
</script >
```

```
<template>
  <div>
    {{ msg }}
    <HelloWorld :fn = "handleClick" />
  </div>
</template>
```

在父组件的 data 方法中,将 msg 的初始值设为"vue"。handleClick 方法用于在单击时更新 msg 的值为"hello vue"。

在模板中,通过双括号语法{{ msg }}将 msg 的值显示出来,并将 handleClick 方法通过 :fn 属性传递给子组件 HelloWorld。

修改子组件 HelloWorld.vue,代码如下所示。

```
<script>
export default {
  props: {
    fn: {
      type: Function,
    },
  },
  methods: {
    handleAppClick() {
      this.fn();
    },
  },
};
</script>

<template>
  <div>
    <button @click = "handleAppClick">按钮</button>
  </div>
</template>
```

子组件 HelloWorld 接收一个名为 fn 的函数类型的 prop。单击按钮时调用传递进来的 fn 函数,这样父组件 handleClick 方法会被触发,将 msg 的值更新为"hello vue",并在模板中显示出来。

保存代码后,页面显示内容更新为"vue"文字和一个按钮,单击按钮,页面文字内容更新为"hello vue"。

5) 自定义类型校验函数

【例 4-10】 修改父组件 App.vue,代码如下所示。

```
<script>
import HelloWorld from "./components/HelloWorld.vue";
export default {
  components: {
    HelloWorld,
```

```
    },
  };
</script>

<template>
  <div>
    <HelloWorld msg = "success" />
  </div>
</template>
```

在组件的定义中,我们将 HelloWorld 组件注册到父组件中的 components 属性中。在模板中,我们使用 HelloWorld 组件,并通过属性 msg 将值"success"传递给它。

修改子组件 HelloWorld.vue,代码如下所示。

```
<script>
export default {
  props: {
    msg: {
      validator(value) {
        return ["success", "warning", "danger"].includes(value);
      },
    },
  },
};
</script>

<template>
  <div>
    {{ msg }}
  </div>
</template>
```

在 props 对象中,我们定义了 msg 属性,并使用 validator 方法进行验证。validator 方法接收传入的值作为参数,我们在其中检查传入的值是否为 success、warning 或 danger。如果值符合要求,则返回 true,否则返回 false。

这样,当父组件向子组件传递的 msg 值为 success、warning 或 danger 时,子组件会正常显示该值。如果传递的值不符合要求,Vue.js 会在浏览器控制台中发出警告。这样可以确保父组件传递的数据满足特定的条件。

6）默认值

可以通过 default 属性设置默认值,如果没有传递该属性,则默认值生效。

【例 4-11】　修改父组件 App.vue,代码如下所示。

```
<script>
import HelloWorld from "./components/HelloWorld.vue";
export default {
  components: {
    HelloWorld,
```

```
    },
  };
</script>

<template>
  <HelloWorld />
</template>
```

父组件未在子组件上绑定属性，即没有传值。修改子组件 HelloWorld.vue，代码如下所示。

```
<script>
export default {
  props: {
    msg: {
      type: String,
      default: "hello",
    },
  },
};
</script>

<template>
  <div>
    {{ msg }}
  </div>
</template>
```

保存之后，页面显示为"hello"，说明在没有传递 msg 属性的情况下，在 props 选项中定义的默认值"hello"生效。

7）必传属性

在一些无法提供默认值的情况下，可通过设置 required:true 来规范该属性必须传递，否则浏览器控制台发出警告。

修改子组件 HelloWorld.vue 的 script 区域，添加 required:true，代码如下所示。

```
<script>
export default {
  props: {
    msg: {
      type: String,
      required:true,
    },
  },
};
</script>
```

7. boolean 类型转换

当父组件传给子组件属性值为 true 时，可使用 v-bind 指令动态传值。

【例 4-12】　修改父组件 App.vue,代码如下所示。

```
<script>
import HelloWorld from "./components/HelloWorld.vue";
export default {
  components: {
    HelloWorld,
  },
};
</script>

<template>
  <HelloWorld :flag = "true" />
</template>
```

修改子组件 HelloWorld.vue,代码如下所示。

```
<script>
export default {
  props: {
    flag: Boolean,
  },
};
</script>

<template>
  <div>
   <div v-if = "flag"> true </div>
   <div v-else> false </div>
  </div>
</template>
```

保存代码之后,页面显示内容更新为 true。

对于声明为 boolean 类型的 props,在只传递属性而不传递具体值的情况下,默认属性值是 true。父组件 App.vue 的 template 区域代码可以简写为

```
<template>
  <HelloWorld flag />
</template>
```

< HelloWorld flag />等同于< HelloWorld :flag = "true"/>。

4.1.2　子组件向父组件传值

父组件通过在子组件上使用 v-on 或简写@来监听子组件触发的事件,然后在父组件的方法中定义事件处理逻辑。子组件通过 $emit 方法触发事件,并传递需要传递的值作为参数,父组件在事件处理函数中可以接收到这些值。

1. 触发与监听事件

【例 4-13】　修改父组件 App.vue,代码如下所示。

```
< script >
import HelloWorld from "./components/HelloWorld.vue";
export default {
  components: {
    HelloWorld,
  },
  data() {
    return {
      message: ",
    };
  },
  methods: {
    handleChildEvent(message) {
      this.message = message;
    },
  },
};
</script >

< template >
  < div >
    < HelloWorld @childEvent = "handleChildEvent" />
    < p > Received message: {{ message }}</p >
  </ div >
</template >
```

在父组件 App.vue 中，引入了 HelloWorld 组件，并在模板中通过@childEvent 监听子组件触发的 childEvent 事件，然后调用 handleChildEvent 方法处理子组件传递的消息，并将其赋值给父组件的 message。

修改子组件 HelloWorld.vue，代码如下所示。

```
< script >
export default {
  methods: {
    emitEvent() {
      const message = "Hello from child component!";
      this.$emit("childEvent", message);
    },
  },
};
</script >

< template >
  < button @click = "emitEvent"> Click me </button >
</template >
```

在子组件 HelloWorld 中，定义了 emitEvent 方法，当按钮被单击时，通过 $emit 方法触发了 childEvent 事件并传递参数。

2. 声明触发的事件

Vue.js 3 新增了 emits 选项,组件可以显式地声明它要触发的事件。

【例 4-14】 修改子组件 HelloWorld.vue,代码如下所示。

```
<script>
export default {
  emits: ["childEvent"],
  methods: {
    emitEvent() {
      const message = "Hello from child component!";
      this.$emit("childEvent", message);
    },
  },
};
</script>

<template>
  <button @click = "emitEvent"> Click me </button>
</template>
```

虽然事件声明 emits 是可选的,但仍推荐完整地声明所有要触发的事件。通过事件声明,使其他开发者更容易理解和使用组件,清楚组件中有哪些自定义事件。

4.1.3 父组件调用子组件的方法

父组件通过在子组件上使用 ref 属性,可以获取对子组件实例的引用,并通过 this.$refs 来访问子组件的属性和方法。

【例 4-15】 修改父组件 App.vue,代码如下所示。

```
<script>
import HelloWorld from "./components/HelloWorld.vue";
export default {
  components: {
    HelloWorld,
  },
  data() {
    return {
      message: "",
    };
  },
  methods: {
    callChildMethod() {
      this.$refs.childRef.childMethod();
    },
  },
};
</script>
```

```
< template >
  < div >
    < HelloWorld ref = "childRef" />
    < button @click = "callChildMethod"> Call Child Method </button>
  </div>
</template>
```

父组件通过 ref 属性将子组件 HelloWorld 标识为 childRef，然后在父组件的 callChildMethod 方法中使用 this.$refs.childRef 来访问子组件的实例，并调用子组件的 childMethod 方法。

修改子组件 HelloWorld.vue，代码如下所示。

```
< script >
export default {
  data() {
    return {
      message: "Hello from child component!",
    };
  },
  methods: {
    childMethod() {
      console.log("Child method called!");
    },
  },
};
</script>

< template >
  < div >
    < p >{{ message }}</p>
  </div>
</template>
```

子组件中定义了 childMethod 方法，当父组件调用该方法时，浏览器控制台会输出 "Child method called!"。

需要注意的是，在使用 $refs 之前，请确保子组件已经被渲染。在 created 生命周期中获取不到子组件的实例。

【例 4-16】 修改父组件 App.vue，代码如下所示。

```
< script >
import HelloWorld from "./components/HelloWorld.vue";
export default {
  components: {
    HelloWorld,
  },
  created() {
    console.log(this.$refs.childRef);
  },
};
```

```
</script>

<template>
  <HelloWorld ref = "childRef" />
</template>
```

保存之后,浏览器控制台打印的值为"undefined",因为此时子组件还未渲染,获取不到子组件的实例。

在 mounted 生命周期中,子组件已渲染,父组件可以通过 $refs 获取到子组件实例。

【例 4-17】 修改父组件 App. vue,代码如下所示。

```
< script >
import HelloWorld from "./components/HelloWorld.vue";
export default {
  components: {
    HelloWorld,
  },
  mounted() {
    console.log(this.$refs.childRef);
  },
};
</script>

< template >
  <HelloWorld ref = "childRef" />
</template>
```

保存之后,浏览器控制台打印出当前子组件实例对象。

Vue.js 3 新增了 expose 选项,用于声明当前子组件实例有哪些可以被父组件通过模板引用访问的属性和方法。

【例 4-18】 修改子组件 HelloWorld. vue,代码如下所示。

```
< script >
export default {
  data() {
    return {
      message: "Hello from child component!",
    };
  },
  methods: {
    childMethod() {
      console.log("Child method called!");
    },
  },
  expose:['childMethod']
};
</script>
```

```
<template>
  <div>
    <p>{{ message }}</p>
  </div>
</template>
```

expose 同 emits 选项一样，都是可选选项。在组件中声明 emits，可以清楚地列出组件可以触发的自定义事件；在组件中声明 expose，可以清楚地列出哪些属性是可以被外部访问的。两个选项都是为了提高代码的可读性和可维护性。

4.1.4 兄弟组件通信

如果 A 组件里包含了 B，则称 A 与 B 是父子组件，如果 A 组件里还包含了 C，则称 B 与 C 是兄弟组件。在 Vue.js 中实现兄弟组件之间的通信有两种方法：一是状态提升，将兄弟组件共用的属性和方法在父组件中定义，由父组件将公共属性分发下去；二是事件总线，它允许两个组件之间直接通信，而不需要涉及父组件。

1. 状态提升

【例 4-19】 修改父组件 App.vue，代码如下所示。

```
<script>
import A from "./components/A.vue";
import B from "./components/B.vue";
export default {
  components: {
    A,
    B,
  },
  data() {
    return {
      message: "Hello from Parent",
    };
  },
  methods: {
    updateMessage(newMessage) {
      this.message = newMessage;
    },
  },
};
</script>

<template>
  <div>
    <A :message = "message" @messageUpdated = "updateMessage" />
    <B :message = "message" @messageUpdated = "updateMessage" />
  </div>
</template>
```

在脚本中，引入了 A 和 B 组件，并将它们注册到父组件的 components 选项。在 data

选项中,定义了一个名为 message 的数据属性,初始值为"Hello from Parent"。在 methods 选项中,定义了一个名为 updateMessage 的方法,用于接收来自子组件的更新消息,并更新父组件的 message 值。

在模板中,使用 A 和 B 组件,并通过:message 绑定父组件的 message 值,以便将其传递给子组件。同时,通过@messageUpdated 监听子组件的更新消息,并调用 updateMessage 方法更新父组件的 message 值。

在 components 文件夹下新建子组件 A.vue,代码如下所示。

```
<script>
export default {
  props: ["message"],
  emits: ["messageUpdated"],
  methods: {
    sendMessage() {
      this.$emit("messageUpdated", "Hello from Component A");
    },
  },
};
</script>

<template>
  <div class = "A">
    <p>{{ message }}</p>
    <button @click = "sendMessage"> Send Message </button>
  </div>
</template>

<style scoped>
.A {
  width: 200px;
  height: 200ox;
  border: 1px solid #000;
}
</style>
```

在 components 文件夹下新建子组件 B.vue,代码如下所示。

```
<script>
export default {
  props: ["message"],
  emits: ["messageUpdated"],
  methods: {
    sendMessage() {
      this.$emit("messageUpdated", "Hello from Component B");
    },
  },
};
</script>
```

```html
<template>
  <div class = "B">
    <p>{{ message }}</p>
    <button @click = "sendMessage"> Send Message </button>
  </div>
</template>

<style scoped>
.B {
  width: 200px;
  height: 200ox;
  border: 1px solid #000;
}
</style>
```

在子组件 A. vue 和 B. vue 中，均定义了一个名为 sendMessage 的方法，它通过 $emit 方法触发了一个名为 messageUpdated 的自定义事件，并传递参数。

父组件 App. vue 监听 messageUpdated 事件，当接收到事件时，调用 updateMessage 方法来更新 message 的值。

通过这样的设置，当子组件 A. vue 或 B. vue 中的按钮被单击时，它们通过触发自定义事件来通知父组件，然后父组件更新了 message 的值，从而实现了兄弟组件之间的通信。

2. 事件总线

事件总线允许不直接关联的组件之间进行通信，以便在应用程序的不同部分传递消息、触发操作或共享数据。mitt 或 tiny-emitter 第三方库，都可以实现事件总线，这里以 mitt 为例。

1）通过 Npm 安装 mitt

步骤一：在 VS Code 的终端区域中，可以看到一个垃圾桶图标，单击该图标即可终止终端，如图 4-3 所示。

图 4-3　终止终端

或者单击下方终端区域，将焦点放在终端区域，然后按 Ctrl＋C 快捷键停止终端的运行，这个快捷键会发送中断信号给当前运行的进程，使进程停止运行。

步骤二：在 VS Code 中新建终端，如图 4-4 所示。

图 4-4　新建终端

步骤三：在终端中输入以下命令，并按回车键运行。

```
npm install mitt
```

mitt 安装成功，运行结果如图 4-5 所示。

```
{
  "name": "my-vue-app",
  "private": true,
  "version": "0.0.0",
  "type": "module",
  "scripts": {
    "dev": "vite",
    "build": "vite build",
    "preview": "vite preview"
  },
  "dependencies": {
    "mitt": "^3.0.0",
    "vue": "^3.2.47"
  },
  "devDependencies": {
    "@vitejs/plugin-vue": "^4.1.0",
    "vite": "^4.3.9"
  }
}
```

```
PS D:\book\my-vue-app> npm install mitt
added 1 package in 551ms
PS D:\book\my-vue-app>
```

图 4-5　安装 mitt

当成功安装了 mitt 库后，它会出现在项目的 package.json 文件的 dependencies 属性中。同时，在项目的 node_modules 目录下，可以找到 mitt 包已经安装在本地，如图 4-6 所示。

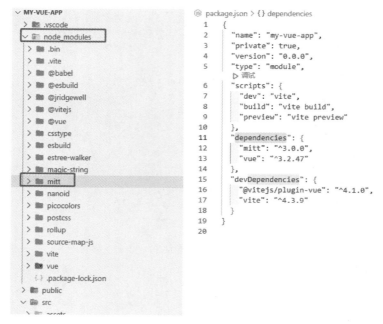

图 4-6　mitt 包安装在本地

2）引入项目并挂载

修改 main.js 文件，代码如下所示。

```
import { createApp } from 'vue'
import './style.css'
import App from './App.vue'
import mitt from 'mitt';                        //引入 mitt

const app = createApp(App);

app.config.globalProperties.$bus = mitt();      //挂载

app.mount('#app')
```

使用 import 引入了 mitt 包，并通过 app.config.globalProperties 将 mitt 实例作为全局属性 $bus 添加到应用中。这样，在整个应用中的组件中都可以通过 this.$bus 访问到事件总线实例。通过这样的配置，可以在应用的任何组件中使用 this.$bus 进行事件的发布和订阅，实现组件间的通信和数据传递。

3）使用事件总线

【例 4-20】 修改父组件 App.vue，代码如下所示。

```
<script>
import A from "./components/A.vue";
import B from "./components/B.vue";
```

```
export default {
  components: {
    A,
    B,
  },
};
</script>

<template>
  <div>
    <A />
    <B />
  </div>
</template>
```

修改子组件 A.vue,代码如下所示。

```
<script>
export default {
  data() {
    return {
      message: "Hello",
    };
  },
  methods: {
    sendMessage() {
      this.$bus.emit("ComponentB", "Hello from Component A");
    },
  },
  mounted() {
    this.$bus.on("ComponentA", (msg) => {
      this.message = msg;
    });
  },
  beforeUnmount() {
    this.$bus.off("ComponentA");
  },
};
</script>

<template>
  <div class="A">
    <p>{{ message }}</p>
    <button @click="sendMessage">Send Message</button>
  </div>
</template>

<style scoped>
.A {
  width: 200px;
```

```
      height: 200px;
      border: 1px solid #000;
    }
  </style>
```

sendMessage 方法用于发送消息，它通过 $bus. emit 方法发布一个名为 ComponentB 的自定义事件，并传递"Hello from Component A"作为参数。

在 mounted 钩子函数中，使用 $bus. on 方法监听名为 ComponentA 的自定义事件。当接收到该事件时，回调函数将接收到的参数赋值给 message 属性，实现对来自其他组件消息的监听和处理。

在 beforeUnmount 钩子函数中，使用 $bus. off 方法取消对 ComponentA 事件的监听，以避免内存泄漏。

修改子组件 B. vue，代码如下所示。

```
<script>
export default {
  data() {
    return {
      message: "Hello",
    };
  },
  methods: {
    sendMessage() {
      this.$bus.emit("ComponentA", "Hello from Component B");
    },
  },
  mounted() {
    this.$bus.on("ComponentB", (msg) => {
      this.message = msg;
    });
  },
  beforeUnmount() {
    this.$bus.off("ComponentB");
  },
};
</script>

<template>
  <div class = "B">
    <p>{{ message }}</p>
    <button @click = "sendMessage"> Send Message </button>
  </div>
</template>

<style scoped>
.B {
  width: 200px;
```

```
    height: 200px;
    border: 1px solid #000;
  }
</style>
```

sendMessage 方法用于发送消息,它通过 $bus. emit 方法发布一个名为 ComponentA 的自定义事件,并传递"Hello from Component B"作为参数。

在 mounted 钩子函数中,我们使用 $bus. on 方法监听名为 ComponentB 的自定义事件。当接收到该事件时,回调函数将接收到的参数赋值给 message 属性,实现了对来自其他组件的消息的监听和处理。

在 beforeUnmount 钩子函数中,我们使用 $bus. off 方法取消对 ComponentB 事件的监听,以避免内存泄漏。

通过以上代码,组件 B 可以接收来自组件 A 发送的参数,并更新显示内容。同时,组件 B 也可以发送参数给组件 A。这样,兄弟组件之间就实现了基于事件总线的通信。

4.1.5　跨级组件通信

1. props 逐级传递问题

上面示例中都是两个组件层级之间的通信。如果父组件想传值给更深层级的组件,需要使用属性绑定一层层地绑定下去。

【例 4-21】　修改父组件 App. vue,代码如下所示。

```
<script>
import HelloWorld from "./components/HelloWorld.vue";
export default {
  components: {
    HelloWorld,
  },
  data(){
    return{
      msg:'hello vue'
    }
  }
};
</script>

<template>
  <HelloWorld :msg = "msg" />
</template>
```

修改子组件 HelloWorld. vue,代码如下所示。

```
<script>
import HelloWorldChild from "./HelloWorldChild.vue";
export default {
  components:{
```

```
        HelloWorldChild
    },
    props:['msg']
};
</script>

<template>
  <HelloWorldChild :msg = "msg"/>
</template>
```

在 components 文件夹下新建 HelloWorldChild.vue,代码如下所示。

```
<script>
export default {
  props: ["msg"],
};
</script>

<template>
  <p>{{ msg }}</p>
</template>
```

分别保存三个文件的代码后,页面内容更新为"hello vue"。

在上面的代码中,父组件通过属性绑定将 msg 的值传递给子组件 HelloWorld.vue,子组件 HelloWorld.vue 也通过属性绑定将 msg 的值传递给后代组件 HelloWorldChild.vue。最终,后代组件 HelloWorldChild.vue 使用 msg 的值进行展示。

这种父传子、子传后代的组件通信方式通过属性绑定的方式实现。父组件将数据传递给子组件,子组件再将数据传递给后代组件,从而实现了数据的传递和展示。

如果后代组件也有自己的子组件,并且要把 msg 属性传递下去,采用父传子的通信方式,会导致 props 链路非常长,影响代码的后期维护。

2. provide/inject

Vue.js 提供了 provide 和 inject 依赖注入功能,可以实现跨组件传值。父组件使用 provide 提供可以被后代组件使用的值,后代组件使用 inject 获取父组件使用 provide 提供的值。这样,如果需要查找提供的值的来源或进行调试,我们只需要查看父组件和后代组件两个文件,而无须一层层地追溯整个组件链。

【例 4-22】 修改父组件 App.vue,使用 provide 选项提供可以被后代组件使用的值,代码如下所示。

```
<script>
import HelloWorld from "./components/HelloWorld.vue";
export default {
  components: {
    HelloWorld,
  },
  provide: {
    msg: "hello vue",
```

```
    },
  };
</script>

<template>
  <HelloWorld />
</template>
```

修改子组件 HelloWorld.vue,子组件不再需要通过属性绑定传值给后代组件,代码如下所示。

```
<script>
import HelloWorldChild from "./HelloWorldChild.vue";
export default {
  components:{
    HelloWorldChild
  },
};
</script>

<template>
  <HelloWorldChild/>
</template>
```

修改后代组件 HelloWorldChild.vue,使用 inject 获取祖先链上的组件使用 provide 提供的值。

```
<script>
export default {
  inject: ["msg"],
};
</script>

<template>
  <p>{{ msg }}</p>
</template>
```

分别保存三个文件的代码后,页面内容依旧为"hello vue",跨级组件通信成功。

3. 非响应性

provide 选项提供的值,是非响应性的,值的改变不会使子组件更新。

【例 4-23】　修改父组件 App.vue,代码如下所示。

```
<script>
import HelloWorld from "./components/HelloWorld.vue";
export default {
  components: {
    HelloWorld,
  },
  data() {
    return {
```

```
          appMsg: "hello vue",
        };
      },
      provide() {
        return {
          //使用函数的形式访问 this
          msg: this.appMsg,
        };
      },
      methods: {
        handleClick1() {
          this.appMsg += "!";
        },
        handleClick2() {
          console.log(this.appMsg);
        },
      },
    };
</script>

<template>
  <div>
    <button @click = "handleClick1">按钮 1</button>
    <button @click = "handleClick2">按钮 2</button>
    <HelloWorld />
  </div>
</template>
```

修改后代组件 HelloWorldChild.vue，代码如下所示。

```
<script>
export default {
  inject: ["msg"],
  methods: {
    handleClick3() {
      console.log(this.msg);
    },
  },
};
</script>

<template>
  <p>{{ msg }}</p>
  <button @click = "handleClick3">按钮 3</button>
</template>
```

代码保存后，页面的内容更新为三个按钮和文字"hello vue"。打开浏览器的控制台，在控制台选项卡中选择 Console，然后单击页面上的"按钮 1"，此时页面没有发生任何变化。接下来，单击"按钮 2"，可以在控制台中看到打印输出了"hello vue!"的消息，这表明在

App. vue 组件中的 appMsg 属性值已经发生了变化。随后,单击"按钮 3",在控制台中打印出了"hello vue"的消息,这说明 HelloWorldChild. vue 组件获取的 msg 属性值并没有被更新,所以页面上没有发生变化,如图 4-7 所示。

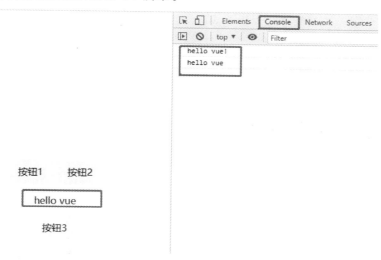

图 4-7　provide 选项非响应性

4. 与响应性数据配合使用

provide/inject 选项是非响应性的,可以使用组合式 API computed 函数使 provide 提供的值拥有响应性。组合式 API computed 函数与选项式 API computed 类似,都是用来定义计算属性的。

【例 4-24】　修改父组件 App. vue,从 vue 包中引入 computed 函数,代码如下所示。

```
< script >
import { computed } from 'vue'
import HelloWorld from "./components/HelloWorld.vue";
export default {
  components: {
    HelloWorld,
  },
  data() {
    return {
      appMsg: "hello vue",
    };
  },
  provide() {
    return {
      //使用 computed 函数,定义响应性数据
      msg: computed(() => this.appMsg),
    };
  },
  methods: {
```

```
      handleClick1() {
        this.appMsg += "!";
      },
      handleClick2() {
        console.log(this.appMsg);
      },
    },
  };
</script>

<template>
  <div>
    <button @click = "handleClick1">按钮 1</button>
    <button @click = "handleClick2">按钮 2</button>
    <HelloWorld />
  </div>
</template>
```

保存代码后，再单击浏览器页面上的"按钮 1"，会发现页面内容进行了更新，变为了"hello vue!"。

5. inject 注入别名

上面示例中，App.vue 通过 provide 提供了 msg 属性，如果后代组件 HelloWorldChild.vue 在 data 中已经定义了一个 msg 属性，而又需要使用 inject 来接收 App.vue 通过 provide 提供的 msg，可以使用别名的方式来避免命令冲突（别名可以理解为：同一个班上，有两个名叫张三的同学，为了点名的时候进行区分，对其中一名同学使用别名，叫大张三）。

【例 4-25】 修改组件 HelloWorldChild.vue，将 inject 接收方式从数组变为对象，代码如下所示。

```
<script>
export default {
  inject: {
    //localMsg 为 provide 中的 msg 属性别名
    localMsg: {
      from: "msg",
    },
  },
  data() {
    return {
      msg: "本地的 msg",
    };
  },
};
</script>

<template>
  <div>
    <p>{{ msg }}</p>
```

```
    <p>祖先组件的 msg:{{ localMsg }}</p>
  </div>
</template>
```

6. inject 注入默认值

默认情况下,inject 假设传入的注入名会被某个祖先链上的组件提供。如果该注入名的确没有任何组件提供,则会抛出一个运行时警告。为防止出现错误,可以提供一个默认值。

【例 4-26】 修改父组件 App.vue,将 provide 选项删除。

```
//删除这段代码
provide() {
  return {
    msg: computed(() => this.appMsg),
  };
},
```

修改子组件 HelloWorldChild.vue,代码如下所示。

```
<script>
export default {
  inject: {
    //localMsg 为 provide 中的 msg 属性别名
    localMsg: {
      from: "msg",
      default: 'provide 缺少 msg'
    },
  },
  data() {
    return {
      msg: "本地的 msg",
    };
  },
};
</script>

<template>
  <div>
    <p>{{ msg }}</p>
    <p>祖先组件的 msg:{{ localMsg }}</p>
  </div>
</template>
```

保存代码后,页面显示内容更新为"祖先组件的 msg：provide 缺少 msg"。

7. 使用 Symbol 作注入名

Symbol 是 ECMAScript6 中引入的一种新的原始类型,Symbol 的主要作用是生成一个唯一的标识符,用于防止属性名冲突。

Symbol 的特点:

（1）唯一性：每个通过 Symbol() 创建的 Symbol 值都是唯一的，即使是创建相同描述的 Symbol，它们的值也是不同的。这意味着可以用它们作为对象属性的键，确保属性名的唯一性，避免属性名冲突。

（2）不可变性：Symbol 值是不可变的，一旦创建就不能被修改。这意味着不能修改 Symbol 的值或添加新属性。

创建一个 Symbol 可以使用全局的 Symbol() 函数，它接收一个可选的描述符作为参数。描述符仅用于调试和标识符的可读性，并不会影响 Symbol 的唯一性。Symbol 示例如下所示。

```
const symbol1 = Symbol();
const symbol2 = Symbol();

console.log(symbol1);                  //Symbol()
console.log(symbol2);                  //Symbol()
console.log(symbol1 === symbol2)       //false Symbol 生成的值是唯一的

//使用描述符创建 Symbol
const symbol3 = Symbol("symbol3");
const symbol4 = Symbol("symbol4");

console.log(symbol3);                  //Symbol(symbol3)
console.log(symbol4);                  //Symbol(symbol4)
```

当大型应用包含非常多的依赖提供，或者需要编写提供给其他开发者使用的组件库时，建议最好使用 Symbol 作为注入名以避免潜在的冲突。

【例 4-27】　在 src 文件夹下新建 constant 文件夹，并在 constant 文件夹下新建 keys.js 文件（目录结构 src/constant/keys.js），新建后的 keys.js 代码如下所示。

```
//每个通过 Symbol() 创建的 Symbol 值都是唯一的
//通过使用 export 关键字，可以将当前的 Symbol 值导出，以便在其他地方使用
export const myInjectionKey = Symbol()
```

修改父组件 App.vue，代码如下所示。

```
<script>
import { computed } from "vue";
import HelloWorld from "./components/HelloWorld.vue";
import { myInjectionKey } from "./constant/keys";
export default {
  components: {
    HelloWorld,
  },
  data() {
    return {
      appMsg: "hello vue",
    };
  },
```

```
    provide() {
      return {
        [myInjectionKey]: computed(() => this.appMsg),
      };
    },
    methods: {
      handleClick1() {
        this.appMsg += "!";
      },
      handleClick2() {
        console.log(this.appMsg);
      },
    },
};
</script>

<template>
  <div>
    <button @click = "handleClick1">按钮 1 </button>
    <button @click = "handleClick2">按钮 2 </button>
    <HelloWorld />
  </div>
</template>
```

修改子组件 HelloWorldChild.vue,代码如下所示。

```
<script>
import {myInjectionKey} from '../constant/keys';
export default {
  inject: {
    //localMsg 为 provide 中的 msg 属性别名
    localMsg: {
      from: myInjectionKey,
      default: 'provide 缺少 msg'
    },
  },
  data() {
    return {
      msg: "本地的 msg",
    };
  },
};
</script>

<template>
  <div>
    <p>{{ msg }}</p>
    <p>祖先组件的 msg:{{ localMsg }}</p>
  </div>
</template>
```

4.2 插槽

插槽(slot)是一种强大的模板功能,用于在组件中定义可复用的模板部分,以便在父组件中动态替换和传递内容。通过插槽,可以在父组件中编写通用的模板结构,并将子组件的内容嵌入其中。这样可以增加组件的灵活性和可复用性,使组件更易于扩展和定制。

4.2.1 默认插槽

默认插槽是子组件中的一个预留插槽,用于接收父组件传递的未命名内容。

【例4-28】 修改父组件 App.vue,代码如下所示。

```
< script >
import HelloWorld from "./components/HelloWorld.vue";
export default {
  components: {
    HelloWorld,
  },
};
</script>


< template >
  < HelloWorld > 父组件传的值 </HelloWorld >
</template >
```

在父组件的模板中,使用< HelloWorld >标签,并在标签内插入了内容"父组件传的值"。这个值将会通过默认插槽传递到 HelloWorld 组件中。

修改子组件 HelloWorld.vue,代码如下所示。

```
< template >
  < div >
    < slot >我是插槽默认值</slot >
    子组件的内容
  </div >
</template >
```

默认插槽 < slot > 中的文本"我是插槽默认值"是一个备用值。如果父组件没有提供任何内容,那么默认插槽中的这个备用值将会被渲染。

当在父组件中使用这个子组件时,可以选择是否插入内容到插槽中。如果插入了内容,那么插槽中的默认值将会被替换。

在这里,子组件将会被渲染为

```
< template >
  < div >
    父组件传的值
    子组件的内容
```

```
      </div>
    </template>
```

如果父组件没有在标签内插入传递任何内容到子组件中,即 < HelloWorld >
</ HelloWorld >,那么子组件将会被渲染为

```
< template >
  < div >
      我是插槽默认值
      子组件的内容
  </ div >
</ template >
```

4.2.2　具名插槽

具名插槽是在 Vue. js 中使用的一种特殊插槽类型,允许为组件定义多个具有特定名称
的插槽,并在父组件中根据名称插入内容。这样可以更灵活地组合和布局组件的内容。

【例 4-29】　修改子组件 HelloWorld. vue,代码如下所示。

```
< template >
  < div >
    < header >
      < slot name = "header"></slot >
    </ header >
    < main >
      < slot ></slot >
    </ main >
    < footer >
      < slot name = "footer"></slot >
    </ footer >
  </ div >
</ template >
```

组件的模板定义了三个插槽:具名插槽 header、默认插槽和具名插槽 footer。
修改父组件 App. vue,代码如下所示。

```
< script >
import HelloWorld from "./components/HelloWorld.vue";
export default {
  components: {
    HelloWorld,
  },
};
</ script >

< template >
  < HelloWorld >
    < template v - slot:header > 这里是头部插槽的内容 </ template >
    < p >这里是默认插槽的内容</ p >
```

```
      < template v - slot:footer > 这里是底部插槽的内容 </template>
    </HelloWorld >
</template >
```

通过使用 v-slot 指令和对应的插槽名称,可以将内容分配给具名插槽。这样,在
< HelloWorld >组件中的插槽将会显示父组件中分配的内容。

子组件 HelloWorld. vue 将会被渲染为

```
< template >
  < div >
    < header >这里是头部插槽的内容</header >
    < main >这里是默认插槽的内容</main >
    < footer >这里是底部插槽的内容</footer >
  </ div >
</template >
```

具名插槽同默认插槽一样,可以有默认内容。如果父组件没有为具名插槽提供内容,则
将显示插槽中的默认内容。

v-slot 指令可简写为"♯",修改父组件 App. vue 的 template 区域,代码如下所示。

```
< template >
  < HelloWorld >
    < template ♯ header > 这里是头部插槽的内容 </template>
    < p >这里是默认插槽的内容</p >
    < template ♯ footer > 这里是底部插槽的内容 </template>
  </HelloWorld >
</template >
```

4.2.3 作用域插槽

作用域插槽是在 Vue.js 中使用的一种特殊插槽类型,允许将组件的数据传递到插槽
中,以便在父组件中使用。作用域插槽使得父组件可以访问组件内部的数据,并进行自定义
渲染。

【例 4-30】 修改子组件 HelloWorld. vue,代码如下所示。

```
< script >
export default {
  data() {
    return {
      user: {
        name: "qinghua",
        age: 20,
      },
    };
  },
};
</ script >
```

```
< template >
  < div >
    < slot :user = "user"> 默认内容 </slot >
  </div >
</template >
```

在模板中,作用域插槽:user="user"将组件的 user 数据传递给插槽。这意味着在父组件中使用该组件时,可以访问插槽中的 user 数据。修改父组件 App.vue,代码如下所示。

```
< script >
import HelloWorld from "./components/HelloWorld.vue";
export default {
  components: {
    HelloWorld,
  },
};
</script >

< template >
  < HelloWorld >
    < template v - slot = "slotProps">
      < p >用户名: {{ slotProps.user.name }}</p >
      < p >年龄: {{ slotProps.user.age }}</p >
    </template >
  </HelloWorld >
</template >
```

父组件通过 v-slot 指令访问作用域插槽中的数据,并将其命名为 slotProps。在插槽内容中,通过 slotProps.user.name 和 slotProps.user.age 访问插槽中的用户数据。

最终子组件 HelloWorld.vue 的渲染结果将显示以下内容:

```
< div >
  < p >用户名: qinghua </p >
  < p >年龄: 20 </p >
</div >
```

4.2.4 动态插槽名

动态插槽名是在 Vue.js 中使用的一种特性,允许动态地决定使用哪个插槽。

【例 4-31】 修改子组件 HelloWorld.vue,代码如下所示。

```
< script >
export default {
  data() {
    return {
      slotName: "default",
    };
  },
  methods: {
```

```
      changeSlot() {
        this.slotName = "custom";
      },
    },
  };
</script>

<template>
  <div>
    <button @click = "changeSlot">按钮</button>
    <slot :name = "slotName"></slot>
  </div>
</template>
```

在脚本中，定义了一个名为 slotName 的数据属性，初始值为"default"。changeSlot 方法用于在按钮单击时将 slotName 的值更改为"custom"。

在模板中，按钮绑定了 click 事件，并在单击时调用 changeSlot 方法，从而改变 slotName 的值。通过 :name = "slotName"，将 slotName 的值动态传递给插槽的 name 属性，实现了根据 slotName 的值来切换插槽的内容。

修改父组件 App.vue，代码如下所示。

```
<script>
import HelloWorld from "./components/HelloWorld.vue";
export default {
  components: {
    HelloWorld,
  },
};
</script>

<template>
  <HelloWorld>
    <template #custom>自定义插槽内容</template>
    默认插槽内容
  </HelloWorld>
</template>
```

模板中使用了<HelloWorld>组件，并为它定义了一个具名插槽 #custom 以及默认插槽的内容。具名插槽使用<template #custom>来定义，并在模板内部填充自定义插槽的内容。这部分内容将会被传递到<HelloWorld>组件中的具名插槽中。

保存代码后，页面内容更新为一个按钮以及"默认插槽内容"，单击按钮，文字变为"自定义插槽内容"。

4.3　自定义指令

除了 Vue.js 内置的一系列指令（如 v-model 或 v-show）之外，Vue.js 还允许注册自定义的指令。通过自定义指令，可以在模板中直接使用指令来操作 DOM 元素的行为和样式。

4.3.1 指令钩子

自定义指令提供了以下几个钩子函数来控制指令的行为,钩子函数的命名和用法与组件生命周期一致:created、beforeMount、mounted、beforeUpdate、updated、beforeUnmount和 unmounted。

【例 4-32】 修改 App.vue,代码如下所示。

```
<script>
export default {
  directives: {
    focus: {
      mounted: (el) => el.focus(),
    },
  },
};
</script>

<template>
  <input v-focus />
</template>
```

在 directives 选项中,注册一个名为 focus 的自定义指令。这个指令有一个 mounted 的单个钩子,mounted 钩子在指令被安装到元素上时被调用。(el) => el.focus()中的参数 el 是指令绑定的元素,这里 v-focus 指令是绑定到 input 标签上的,因此这里的 el 获取到的是 input 标签。使用 el.focus()设置元素以获取焦点。因此,当组件渲染时,<input>元素将会自动获得焦点。

保存代码,刷新浏览器可查看 input 输入框自动获取焦点效果。通过自定义指令 v-focus,你可以方便地控制元素的焦点状态,实现更好的用户交互体验。

值得注意的是,只有当所需功能只能通过直接的 DOM 操作来实现时,才应该使用自定义指令。其他情况下应该尽可能地使用 v-bind 这样的内置指令来声明式地使用模板。

4.3.2 钩子参数

钩子函数共有 4 个参数,除了 el,还有 binding、vnode 和 prevNode。

binding 是一个包含指令信息的对象,提供了与指令绑定元素和指令的绑定值交互的能力。binding 对象具有以下属性:

(1) value:传递给指令的值。例如,如果使用 v-myDirective="message",则 binding.value 将是"message"。

(2) oldValue:之前的值,仅在 beforeUpdate 和 updated 中可用。无论值是否更改,它都可用。

(3) arg:指令的参数,用于传递额外的信息给指令。例如,在 v-myDirective:foo 中,binding.arg 值为"foo"。

（4）modifiers：一个包含修饰符的对象。修饰符是指在指令后面以点号表示的额外选项。例如，如果使用 v-myDirective. modifier，则 binding. modifiers 将是一个包含 "modifier":true 的对象。

（5）instance：指令所在组件实例的引用。你可以通过 binding. instance 访问指令所在的组件实例。

（6）dir：指令的定义对象。

【例 4-33】 修改 App. vue，代码如下所示。

```
<script>
export default {
  directives: {
    myDirective: {
      mounted(el, binding) {
        //获取指令的绑定值
        const value = binding.value;

        //获取指令的修饰符
        const modifier = binding.modifiers.modifier;

        //根据绑定值和修饰符设置样式
        el.style.color = value;
        if (modifier) {
          el.style.fontWeight = "bold";
        }
      },
    },
  },
};
</script>

<template>
  <div>
    <p v-myDirective.modifier="'red'">这是一个自定义指令的示例</p>
  </div>
</template>
```

在脚本部分，通过 directives 选项注册一个名为 myDirective 的自定义指令。该指令包含了 mounted 钩子函数，当指令所在的元素被挂载到 DOM 后调用。

在 mounted 钩子函数中，通过 binding 参数获取指令的相关信息。其中，binding. value 表示指令的绑定值，即 red。binding. modifiers 是一个包含指令的修饰符的对象，这里的 binding. modifiers. modifier 表示修饰符的值。由于模板中的指令有修饰符. modifier，因此 binding. modifiers. modifier 的值为 true。

接下来，根据绑定值和修饰符设置元素的样式。通过 el. style. color = value 将文字颜色设置为绑定值所表示的颜色(这里是红色)。binding.modifiers.modifier 值为 true,则通过 el.style.fontWeight ＝ "bold"将文字设置为粗体。

在模板部分,将自定义指令 v-myDirective.modifier 应用于< p >元素。这样,当该元素被渲染时,自定义指令将会生效。通过指定绑定值"red"和修饰符.modifier,我们实现了将文字颜色设置为红色并设置为粗体的效果。

4.3.3　对象字面量

当使用指令对象字面量时,可以通过定义多个钩子函数来完整地描述自定义指令的行为。

【例 4-34】 修改 App.vue,代码如下所示。

```
< script >
export default {
  data() {
    return {
      myOptions: {
        color: "red",
        fontSize: "16px",
      },
    };
  },
  directives: {
    myDirective: {
      mounted(el, binding) {
        //在指令被绑定到元素上时执行的逻辑
        el.style.color = binding.value.color;
        el.style.fontSize = binding.value.fontSize;
      },
    },
  },
};
</script>

< template >
  < div >
    < input v - myDirective = "myOptions" />
  </ div >
</ template >
```

在 directives 选项中,注册一个名为 myDirective 的自定义指令,并定义了它的 mounted 钩子函数。在该钩子函数中,可以获取指令的绑定信息 binding。通过 el.style.color ＝ binding.value.color 和 el.style.fontSize ＝ binding.value.fontSize,可以将输入框的文字颜色设置为绑定值中指定的颜色,将文字的字体大小设置为绑定值中指定的大小。

在< input >元素上,使用了自定义指令 v-myDirective,并传递了绑定值 myOptions。因此,当组件渲染时,输入框的文字颜色将为红色,字体大小为 16 像素。

4.4　异步组件

异步组件是指在需要时按需加载的组件。它允许在应用程序运行时动态地加载组件代码，而不是在初始加载时将所有组件代码都一次性加载进来。这种按需加载的方式在大型应用中可以显著提高应用程序的性能和加载速度。

【例 4-35】　之前加载组件是使用 import 直接引入，修改 App.vue，代码如下所示。

```
< script >
import HelloWorld from "./components/HelloWorld.vue";
export default {
  components: {
    HelloWorld,
  },
};
</script>

< template >
  < div >
    < HelloWorld />
  </div >
</template>
```

停止项目终端的运行，并在终端中输入 npm run build 命令对项目进行打包。打包运行结果如图 4-8 所示。

```
● PS D:\book\my-vue-app> npm run build

> my-vue-app@0.0.0 build
> vite build

vite v4.3.9 building for production...
√ 13 modules transformed.
dist/index.html                    0.45 kB │ gzip:  0.30 kB
dist/assets/index-78058d01.css     1.03 kB │ gzip:  0.56 kB
dist/assets/index-98e1ac61.js     51.11 kB │ gzip: 20.71 kB
√ built in 2.23s
○ PS D:\book\my-vue-app> []
```

图 4-8　打包运行结果

根据信息提示，生成了 index.html、index-78058d01.css 和 index-98e1ac61.js 三个文件。其中，index.html 在项目根目录 dist 文件夹下，index-78058d01.css、index-98e1ac61.js 在项目根目录 dist 文件夹下的 assets 文件夹下。其中，98e1ac61 是根据文件内容生成的 hash 值，非固定值。

【例 4-36】　使用 defineAsyncComponent 函数定义异步组件，修改 App.vue，代码如下所示。

```
< script >
import { defineAsyncComponent } from "vue";
```

```
export default {
  components: {
    HelloWorld: defineAsyncComponent(() =>
      import("./components/HelloWorld.vue")
    ),
  },
};
</script>

<template>
  <div>
    <HelloWorld />
  </div>
</template>
```

在终端中输入 npm run build 命令对项目重新进行打包。异步组件打包运行结果如图 4-9 所示。

```
● PS D:\book\my-vue-app> npm run build

  > my-vue-app@0.0.0 build
  > vite build

  vite v4.3.9 building for production...
  √ 14 modules transformed.
  dist/index.html                   0.45 kB │ gzip:  0.30 kB
  dist/assets/index-78058d01.css    1.03 kB │ gzip:  0.56 kB
  dist/assets/HelloWorld-fe45623e.js 0.37 kB │ gzip:  0.28 kB
  dist/assets/index-134ed2c7.js    53.34 kB │ gzip: 21.63 kB
  √ built in 882ms
○ PS D:\book\my-vue-app> []
```

图 4-9   异步组件打包运行结果

根据信息提示,重新打包后的文件比原来多生成了一个 HelloWorld-fe45623e.js,说明组件 HelloWorld.vue 的代码已被拆分出来,fe45623e 也是根据文件内容生成的 hash 值,非固定值。

细心的读者可能会注意到,原先 index.js 文件为 51.11KB,异步组件打包后的代码 index.js 文件为 53.34KB,加上 HelloWorld.js 文件的 0.37KB 共 53.71KB,比原先的打包体积还大了。这是因为异步组件需要额外的运行时代码来处理动态加载和组件实例化的逻辑,这些额外的代码会增加总体积。因此,需要避免过于细粒度的异步组件拆分,如果将应用中的每个组件都拆分成异步组件,那么会生成大量的代码块,从而增加总体积。在拆分异步组件时,需要权衡组件的复杂性和可复用性。

4.5   组合式 API

组合式 API 是 Vue.js 3 中引入的一种新的 API 风格,用于编写组件的逻辑。它通过将相关的逻辑组合在一起,提供了更直观、灵活和可组合的方式来构建组件。

4.5.1 setup

1. 基本使用

在 setup 函数中返回的对象会暴露给模板和组件实例。其他的选项也可以通过组件实例 this 来获取 setup 暴露的属性。

【例4-37】 修改 App.vue，代码如下所示。

```
<script>
export default {
  setup() {
    const handleClick = () =>{
      console.log('单击事件')
    }

    //返回值会暴露给模板和其他的选项式 API
    return {
      handleClick
    }
  },

  mounted() {
    //在 mounted 生命周期执行一次 handleClick
    this.handleClick()
  }
}
</script>

<template>
  <button @click = "handleClick">按钮</button>
</template>
```

在这个示例中，使用了 setup 钩子编写组件的逻辑。在 setup 中，定义了一个名为 handleClick 的函数，并返回一个对象，将其暴露给模板和其他选项式 API 钩子。

在模板中，使用@click 指令将 handleClick 函数绑定到按钮的单击事件上。当按钮被单击时，handleClick 函数会被调用，并在控制台输出"单击事件"。

此外，在组件的 mounted()生命周期钩子中还执行了 handleClick 方法，以确保在组件挂载后立即触发一次单击事件。

2. 执行时机

setup 钩子是使用组合式 API 的入口，执行时机比 beforeCreate 要早。

【例4-38】 修改 App.vue，代码如下所示。

```
<script>
export default {
  setup() {
    console.log("setup");
  },
```

```
    beforeCreate() {
      console.log("beforeCreate");
    },
};
</script>

<template></template>
```

保存代码后,打开浏览器控制面板,单击 Console 选项,刷新浏览器,查看打印结果为"setup"和"beforeCreate",说明 setup 的执行时机要比 beforeCreate 早,如图 4-10 所示。

图 4-10　setup 执行时机

setup 的执行时机要比 beforeCreate 早,因此在 setup 中访问 this 会是 undefined。如果想在 setup 中访问组件实例,可使用 getCurrentInstance 函数。

【例 4-39】　修改 App. vue,如下所示。

```
<script>
import { getCurrentInstance } from "vue";

export default {
  setup() {
    const { proxy } = getCurrentInstance();
    console.log(proxy.$bus);
  },
};
</script>

<template></template>
```

在之前介绍事件总线时,在 main. js 中通过 app. config. globalProperties. $bus = mitt();将 mitt 挂载到全局属性 $bus 上,在选项式 API 中直接通过 this.$bus 访问。在 setup 中借助 getCurrentInstance 函数也能访问到全局属性 $bus。保存代码后,查看 proxy.$bus 打印结果,如图 4-11 所示。

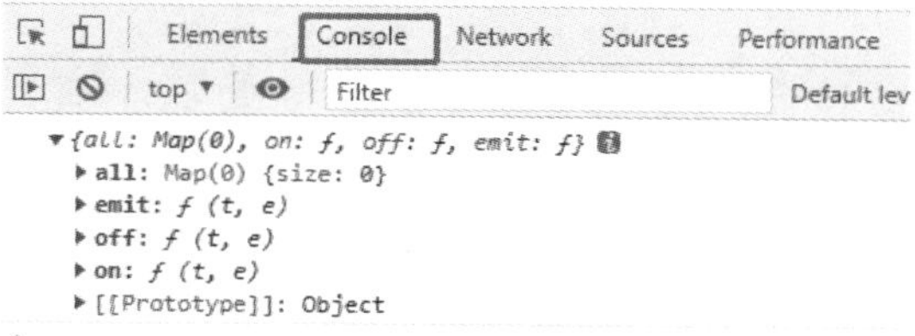

图 4-11　查看 proxy.$bus 打印结果

注意：getCurrentInstance 函数不在官方文档中，使用 getCurrentInstance 函数前应注意 Vue.js 的版本，防止与 Vue.js 的更新和迁移策略不兼容。

拓展： 解构语法。

解构语法用于从数组或对象中提取值并赋给变量，例如 const{proxy}＝getCurrentInstance();使用花括号{}表示解构对象，方括号[]表示解构数组。

（1）数组的解构赋值。

```
const numbers = [1, 2, 3, 4, 5];
const [a, b, c] = numbers;

console.log(a);                          //输出 1
console.log(b);                          //输出 2
console.log(c);                          //输出 3
```

（2）对象的解构赋值。

```
const person = { name: "qinghua", age: 25, city: "New York" };
const { name, age } = person;

console.log(name);                       //输出 "qinghua"
console.log(age);                        //输出 25
```

（3）函数参数的解构赋值。

```
function printPerson({ name, age }) {
  console.log(`Name: ${name}`);          //qinghua
  console.log(`Age: ${age}`);            //25
}

const person = { name: "qinghua", age: 25 };
printPerson(person);
```

3. 参数 props

setup 函数的第一个参数是组件的 props，用来访问父组件传过来的值。

【例 4-40】 修改父组件 App.vue，代码如下所示。

```
<script>
import HelloWorld from "./components/HelloWorld.vue";
export default {
  components: {
    HelloWorld,
  },
};
</script>

<template>
  <HelloWorld msg = "Vite + Vue" />
</template>
```

修改子组件 HelloWorld.vue,代码如下所示。

```
<script>
export default {
  props: ["msg"],
  setup(props){
    console.log(props.msg) //Vite + Vue
  }
};
</script>


<template>
  <h1>{{ msg }}</h1>
</template>
```

在浏览器控制面板中打印出"Vite ＋ Vue",即 setup 访问 props 成功。

注意:props 是响应性数据,不能直接解构,官方推荐通过 props.xxx 的形式使用其中的 props,即示例中的用法 props.msg。如需解构,需借助 toRefs 函数,toRefs 函数会在4.5.8 节中详细介绍。

4. setup 上下文

setup 函数的第二个参数是一个上下文对象 context。context 参数是一个包含了 attrs、slots、emit 和 expose 四个属性和方法的对象。context 是非响应性数据,可以直接解构。

1) attrs

attrs 同 this.$attrs,可以用于在当前组件中访问和处理这些透传的属性。

【例 4-41】 修改父组件 App.vue,代码如下所示。

```
<script>
import HelloWorld from "./components/HelloWorld.vue";
export default {
  components: {
    HelloWorld,
  },
  data() {
    return {
      msg: "vue",
      attrMsg: "透传属性",
    };
  },
};
</script>


<template>
  <div>
    <HelloWorld :msg="msg" :attrMsg="attrMsg" />
  </div>
</template>
```

父组件 App. vue 传递了两个属性,msg 和 attrMsg。修改子组件 HelloWorld. vue,代码如下所示。

```
< script >
export default {
  props: ["msg"],
  setup(props, context) {
    console.log(props.msg);                    //vue
    console.log(context.attrs.attrMsg);        //透传属性
  },
};
</script >


< template >
  < div >子组件</div >
</template >
```

子组件 HelloWorld. vue 使用 props 声明接收属性 msg,父组件传递的而子组件没有使用 props 声明的属性,则都会在 attrs 对象中。这里 context. attrs. attrMsg 用于打印透传属性。

2）slots

slots 是一个表示父组件所传入插槽的对象。通常用于手写渲染函数,但也可用于检测是否存在插槽。

【例 4-42】 修改父组件 App. vue,代码如下所示。

```
< script >
import HelloWorld from "./components/HelloWorld.vue";
export default {
  components: {
    HelloWorld,
  },
};
</script >


< template >
  < div >
    < HelloWorld >父组件默认插槽内容</HelloWorld >
  </div >
</template >
```

修改子组件 HelloWorld. vue,代码如下所示。

```
< script >
import { h } from "vue";
export default {
  setup(props, context) {
    return () = > h("div", context.slots.default());
  },
```

```
};
</script>
```

保存代码后,页面显示内容更新为"父组件默认插槽内容"。

在脚本部分,导入了 h 函数,它用于创建虚拟节点。在 setup 函数中,返回了一个箭头函数,这个函数通过 h 函数创建了一个虚拟节点。该虚拟节点表示了一个<div>元素,其中的内容是使用 context. slots. default()获取到默认插槽的内容。返回的函数会被用作组件的渲染函数。

这部分渲染函数内容了解即可。

3) emit

emit 等同于 this.$emit,是触发自定义事件的方法,用于子组件给父组件传值。

【例 4-43】 修改父组件 App. vue,代码如下所示。

```
<script>
import HelloWorld from "./components/HelloWorld.vue";
export default {
  components: {
    HelloWorld,
  },
  data() {
    return {
      message: '',
    };
  },
  methods: {
    handleChildEvent(message) {
      this.message = message;
    },
  },
};
</script>

<template>
  <div>
    <HelloWorld @childEvent = "handleChildEvent" />
    <p> Received message: {{ message }}</p>
  </div>
</template>
```

父组件 App. vue 通过@childEvent 监听子组件触发的 childEvent 事件。当子组件触发该事件时,父组件的 handleChildEvent 方法会被调用,并传递消息作为参数,父组件的 message 数据会被更新为接收到的消息。

修改子组件 HelloWorld. vue,代码如下所示。

```
<script>
export default {
```

```
  setup(props, context) {
    const emitEvent = () => {
      context.emit("childEvent", "Hello from child component!");
    };
    return { emitEvent };
  },
};
</script>

<template>
  <button @click = "emitEvent">Click me</button>
</template>
```

在 setup 函数中，接收了两个参数 props 和 context。其中，props 是组件接收的属性，而 context 是当前组件的上下文对象。

在 setup 函数中，定义了一个名为 emitEvent 的函数。当按钮被单击时，emitEvent 函数会通过 context.emit 方法触发名为 childEvent 的自定义事件，并传递消息"Hello from child component!"。

通过在 setup 函数中返回一个对象，将 emitEvent 函数暴露给模板中使用。在模板中，使用 @click 指令将 emitEvent 函数绑定到按钮的单击事件上。当按钮被单击时，emitEvent 函数会被调用，触发自定义事件，并传递消息。这样，子组件可以通过触发自定义事件的方式，向父组件传递消息。

4）expose

expose 同 expose 选项，用于定义子组件向父组件暴露的属性或方法。

【例 4-44】 修改父组件 App.vue，代码如下所示。

```
<script>
import HelloWorld from "./components/HelloWorld.vue";
export default {
  components: {
    HelloWorld,
  },
  data() {
    return {
      message: "",
    };
  },
  methods: {
    callChildMethod() {
      this.$refs.childRef.childMethod();
    },
  },
};
</script>

<template>
```

```
  <div>
    <HelloWorld ref = "childRef" />
    <button @click = "callChildMethod">Call Child Method</button>
  </div>
</template>
```

修改子组件 HelloWorld.vue,代码如下所示。

```
<script>
export default {
  setup(props, context) {
    const childMethod = () => {
      console.log("Child method called!");
    };
    context.expose({ childMethod });
    return { childMethod };
  },
  data() {
    return {
      message: "Hello from child component!",
    };
  },
};
</script>

<template>
  <div>
    <p>{{ message }}</p>
  </div>
</template>
```

通过使用 context.expose 方法,将 childMethod 函数暴露给了父组件,以便父组件可以访问和调用它。

4.5.2 ref

ref 函数接收一个内部值作为参数,并返回一个响应式的、可更改的 ref 对象。这个 ref 对象只有一个 .value 属性,它指向传入的内部值。

1. 值 ref

【例 4-45】 修改 App.vue,代码如下所示。

```
<script>
import { ref } from 'vue';

export default {
  setup() {
    const count = ref(0);

    const increment = () => {
```

```
      count.value++;
    };

    return {
      count,
      increment
    };
  }
};
</script>

<template>
  <div>
    <p>Count: {{ count }}</p>
    <button @click="increment">Increment</button>
  </div>
</template>
```

在这个示例中,使用 ref 函数创建了一个名为 count 的 ref 对象,并将初始值设置为 0。在 increment 方法中,通过访问 count.value 修改 count 的值。

在模板中,使用插值语法{{ count }}显示 count 的值,并通过单击按钮调用 increment 方法增加 count 的值。

保存代码后,单击页面上的按钮,count 显示的数字从 0 变为 1,说明 ref 函数可以将普通的数据转换为响应式的数据。当内部值发生变化时,相关的依赖将会被触发,从而更新相关的视图。

注意:在模板或选项式 API 中使用 ref 定义的变量不需要加 .value,因为在编译时会自动解包。

2. 模板 ref

在 setup 函数中使用 ref 函数来创建一个响应式的引用,并将其绑定到模板中的元素上。创建的变量名与模板中 ref 的值保持一致,如 img 标签的 ref 属性值为 el,在 setup 中使用 ref 创建的变量也要为 el。

```
//template 区域
<img ref="el" :src="Logo" alt="" />

//setup 区域
const el = ref(null)
```

【例 4-46】 修改 App.vue,代码如下所示。

```
<script>
import { ref } from 'vue';

export default {
  setup() {
    const myParagraph = ref(null);
```

```
      const updateMessage = () => {
        myParagraph.value.innerText = 'Hello from setup!';
      };

      return {
        updateMessage,
        myParagraph,
      };
    },
  };
</script>

<template>
  <div>
    <p ref = "myParagraph"></p>
    <button @click = "updateMessage"> Update Message </button>
  </div>
</template>
```

在这个示例中,首先从 vue 模块中导入 ref 函数,然后在 setup 函数中创建了一个名为 myParagraph 的引用。该引用被设置为 null,用于存储对<p>元素的引用。

在 updateMessage 方法中,通过 myParagraph.value 访问 myParagraph 引用,并设置其 innerText 属性为"Hello from setup!"。这样,当按钮被单击时,updateMessage 方法会被调用,将文本内容更新到<p>元素上。

在模板中,使用 ref 属性将 myParagraph 引用绑定到<p>元素上。这样,就可以在 setup 函数中访问这个引用,并对其进行操作。

3. 组件 ref

在 setup 函数中使用 ref 函数来创建一个响应式的引用,并将其绑定到模板中的组件上。创建的变量名与模板中 ref 的值保持一致。

【例 4-47】 修改子组件 HelloWorld.vue,代码如下所示。

```
<script>
export default {
  data(){
    return{
      childMsg:'child'
    }
  }
};
</script>

<template></template>
```

修改 App.vue,代码如下所示。

```
<script>
import { ref } from 'vue';
```

```
import HelloWorld from './components/HelloWorld.vue';

export default {
  components: {
    HelloWorld
  },
  setup() {
    const childRef = ref(null);

    const getChildData = () => {
      const childMsg = childRef.value.childMsg;
      console.log('Child Data:', childMsg);
    }

    return {
      childRef,
      getChildData
    };
  }
}
</script>

<template>
  <div>
    <HelloWorld ref = "childRef" />
    <button @click = "getChildData"> Get Child Data </button>
  </div>
</template>
```

在 setup 函数中，使用 ref 创建了一个名为 childRef 的引用，并将其初始化为 null。这个引用将用于存储对 HelloWorld 组件实例的引用。

接下来，定义了一个名为 getChildData 的函数，用于获取子组件的数据。在函数内部，通过 childRef.value.childMsg 访问 childRef 引用的子组件的 childMsg 属性，并将其打印到控制台。

最后，在模板中，使用 ref 属性将 childRef 引用绑定到 HelloWorld 组件上，使其可以在 setup 函数中访问子组件。同时，我们创建了一个按钮，当单击按钮时，调用 getChildData 函数获取子组件的数据。

通过使用组件的 ref，可以在 setup 函数中直接操作子组件，并获取其数据或调用其方法。

4. v-for 中的 ref

在 Vue.js 中，可以在 v-for 循环中使用 ref 属性来为生成的 DOM 元素或组件实例添加一个引用。

【例 4-48】 修改 App.vue，代码如下所示。

```
<script>
import { ref } from "vue";
```

```
export default {
  data() {
    return {
      list: [1, 2, 3, 4],
    };
  },
  setup() {
    const myParagraph = ref(null);

    return {
      myParagraph,
    };
  },
  mounted() {
    console.log(this.myParagraph);
  },
};
</script>

<template>
  <div>
    <div v-for="item in list" ref="myParagraph">
      {{ item }}
    </div>
  </div>
</template>
```

保存代码后,在浏览器控制台可看到打印信息为一个 Proxy 对象,Target 属性中存放着 4 个 div DOM 节点,通过 ref 属性能够获取所有 for 循环出来的节点引用。

也可以通过 v-bind 指令,传递一个函数给：ref,手动控制节点的引用。

【例 4-49】 修改 App.vue,代码如下所示。

```
<script>
import { ref } from "vue";

export default {
  data() {
    return {
      list: [1, 2, 3, 4],
    };
  },
  setup() {
    const myParagraph = ref([]);

    const handleRef = (el) => {
      myParagraph.value.push(el);
    };
```

```
      return {
        myParagraph,
        handleRef,
      };
    },
  mounted() {
    console.log(this.myParagraph);
    },
};
</script>

<template>
  <div>
    <div v-for="item in list" :ref="handleRef">
      {{ item }}
    </div>
  </div>
</template>
```

4.5.3　reactive

reactive 函数用于创建一个响应式对象。它接收一个普通对象作为参数，并返回一个代理对象，该代理对象会追踪其内部属性的变化，并在属性发生改变时触发相应的更新。

【例 4-50】　修改 App.vue，代码如下所示。

```
<script>
import { reactive } from "vue";

export default {
  setup() {
    const state = reactive({
      count: 0,
      message: "Hello, Vue 3!",
    });

    const increment = () => {
      state.count++;
    };

    const changeMessage = () => {
      state.message = "Hello, World!";
    };

    return {
      state,
      increment,
      changeMessage,
```

```
    };
  },
};
</script>

<template>
  <div>
    <p>Count: {{ state.count }}</p>
    <p>Message: {{ state.message }}</p>
    <button @click = "increment"> Increment </button>
    <button @click = "changeMessage"> Change Message </button>
  </div>
</template>
```

在这个示例中,首先在 setup 函数中使用 reactive 创建了一个响应式对象 state,其中包含了 count 和 message 两个属性。然后,定义了两个方法 increment 和 changeMessage,用于修改 state 对象的属性值。

在模板中,通过插值语法{{state. count}}和{{state. message}}显示 state 对象的属性值。当单击 Increment 按钮时,调用 increment 方法增加 count 属性的值。当单击 Change Message 按钮时,调用 changeMessage 方法改变 message 属性的值。

通过使用 reactive 函数,可以方便地创建响应式对象,并在组件中实现数据的双向绑定和自动更新。

拓展:ref 函数的参数也可以是一个对象,当将一个对象传递给 ref 时,ref 内部会将该对象传递给 reactive 函数进行响应式处理。在平时的开发中,推荐使用 ref 定义原始数据类型,使用 reactive 定义引用数据类型。

4.5.4　computed

computed 函数类似于计算属性选项,返回一个只读的响应式 ref 对象。

【例 4-51】　修改 App. vue,代码如下所示。

```
<script>
import { ref, computed } from "vue";

export default {
  setup() {
    const math = ref(90);
    const Chinese = ref(86);

    const total = computed(() => {
      return math. value + Chinese. value;
    });

    return {
      math,
      Chinese,
```

```
      total,
    };
  },
};
</script>

<template>
  <div>
    <p>数学：{{ math }}</p>
    <p>语文：{{ Chinese }}</p>
    <p>总分：{{ total }}</p>
  </div>
</template>
```

这个示例中，使用 ref 函数创建了 math 和 Chinese 两个响应式数据。然后，使用 computed 函数创建了一个计算属性 total，它通过将 math.value 和 Chinese.value 相加计算总分，并通过 return 将 math、Chinese 和 total 返回，以使它们可以在模板中使用。

在模板中，分别显示了数学成绩、语文成绩和总分。这些值会根据 math 和 Chinese 的值自动更新。每当 math 或 Chinese 的值发生变化时，total 会自动重新计算，并更新到模板中。

通过使用 computed 函数，可以方便地创建计算属性，将复杂的计算逻辑封装起来，并让代码更加清晰和易维护。计算属性会根据其依赖的响应式数据自动进行更新，无须手动操作。

4.5.5 watchEffect

watchEffect 函数用来监听数据的变化并执行相应的回调函数。

1. 立即执行，自动追加依赖

watchEffect 函数默认立即执行，自动追加要监听的属性。

【例 4-52】 修改 App.vue，代码如下所示。

```
<script>
import { ref, watchEffect } from "vue";

export default {
  setup() {
    const count = ref(0);

    const hanldeClick = () => {
      count.value++;
    };

    watchEffect(() => console.log(count.value));

    return {
```

```
        count,
        hanldeClick
      };
    },
  };
</script>

<template>
  <div>
    <p>{{ count }}</p>
    <button @click = "hanldeClick">按钮</button>
  </div>
</template>
```

保存代码后,打开浏览器控制面板,单击 Console 选项,刷新浏览器,控制台打印出 0,说明 watchEffect 默认立即执行;单击按钮,控制台打印出 1,说明 watchEffect 能监听到 count 的值的变化。

使用 watchEffect 函数,我们可以监听响应式数据的变化,当响应式数据的值发生变化时,watchEffect 的回调函数会被触发。

2. 默认在组件渲染之前执行

【例 4-53】　修改 App.vue,代码如下所示。

```
<script>
import { ref, watchEffect } from "vue";
export default {
  setup() {
    const root = ref(null);

    watchEffect(() => {
      console.log(root.value); // => 先 null 之后拿到 DOM
    });
    return { root };
  },
};
</script>

<template>
  <div ref = "root">This is a root element</div>
</template>
```

在这个示例中,使用 ref 函数创建了一个名为 root 的响应式引用,并初始化为 null。然后,使用 watchEffect 函数监听 root 的变化。

在 watchEffect 的回调函数中,打印出 root.value 的值。初始时,root.value 的值为 null,因为<div>元素还未被挂载到 DOM 上。当<div>元素被挂载到 DOM 上后,root.value 的值会被更新为对应的 DOM 元素。

在模板中,使用 ref 属性将 root 引用绑定到<div>元素上。这样,root 引用就可以访问到该元素。

通过使用 watchEffect，可以监听 root 引用的变化，即 DOM 元素的挂载状态。这样，可以在元素被挂载到 DOM 上后执行相应的逻辑，如获取元素的属性、绑定事件等操作。

3. 停止监听

watchEffect 函数返回一个用于停止监听的函数。

【例 4-54】 修改 App.vue，代码如下所示。

```
<script>
import { ref, watchEffect } from "vue";

export default {
  setup() {
    const count = ref(0);

    const stop = watchEffect(() => {
      console.log(count.value);

      //某些条件下停止触发副作用
      if (count.value === 5) {
        stop(); //停止监听
      }
    });

    const increment = () => {
      count.value++;
    };

    return {
      count,
      increment,
    };
  },
};
</script>

<template>
  <div>
    {{ count }}
    <button @click="increment">按钮</button>
  </div>
</template>
```

在这个示例中，使用 watchEffect 函数创建了一个副作用函数，并将其绑定到 count 响应式引用上。副作用函数会在 count 的值发生变化时执行。

在副作用函数内部，使用 console.log 打印出 count.value 的值。然后，检查条件，如果 count.value 等于 5，则调用 stop 函数停止副作用的执行。

在模板中，展示了 count 的值，并创建了一个按钮，当按钮被单击时，调用 increment 方法来增加 count 的值。

通过使用 watchEffect,可以在响应式数据变化时执行副作用函数。在某些条件下,可以通过调用 stop 函数来停止副作用的执行,从而达到停止监听的效果。

4. 清除副作用

在开发时需要在监听函数中执行网络请求,但是如果在网络请求还没有达到的时候停止了监听器,或者监听器的监听函数被再次执行了,则上一次的网络请求被取消掉,此时可以清除上一次的副作用。

【例 4-55】 修改 App. vue,代码如下所示。

```
<template>
  <div>
    <p>{{ count }}</p>
    <button @click = "updateCount">按钮</button>
  </div>
</template>
<script>
import { ref, watchEffect } from "vue";
export default {
  setup() {
    const count = ref(0);
    watchEffect((onCleanup) = > {
      const timer = setTimeout(() = > {
        console.log("网络请求成功");
      }, 2000);
      onCleanup(() = > {
        clearTimeout(timer);
      });
      console.log(count.value);
    });
    const updateCount = () = > {
      count.value++;
    };
    return {
      updateCount,
      count,
    };
  },
};
</script>
```

保存代码后,页面显示内容更新为一个数字 0 与一个按钮。多次单击按钮,浏览器只会过 2s 打印一次"网络请求成功"。本例中通过 setTimeout 模拟了网络请求,通过 clearTimeout 模拟了取消请求 cancel 函数。

5．更改监听时机

watchEffect 默认在组件渲染之前执行，可通过传递第二个参数来改变监听时机。

1）{flush：'post'}

通过传递第二个参数{flush：'post'}使 watchEffect 在组件渲染之后执行。

【例 4-56】 修改 App．vue，代码如下所示。

```
<script>
import { ref, watchEffect } from "vue";
export default {
  setup() {
    const root = ref(null);

    watchEffect(
      () => {
        console.log(root.value); // => 拿到 DOM
      },
      { flush: "post" }
    );
    return { root };
  },
};
</script>

<template>
  <div ref = "root"> This is a root element </div>
</template>
```

在调用 watchEffect 时，传入了一个选项对象{ flush："post" }。这是为了确保回调函数在组件渲染之后被执行，从而获取最新的 DOM 元素。

除了传递第二个参数{ flush："post" }，也可使用 watchPostEffect()。watchPostEffect()是 watchEffect()使用 flush：'post'选项时的别名。

【例 4-57】 修改 App．vue，代码如下所示。

```
<script>
import { ref, watchPostEffect } from "vue";
export default {
  setup() {
    const root = ref(null);

    watchPostEffect(() => {
      console.log(root.value); // => 拿到 DOM
    });
    return { root };
  },
};
</script>
```

```
<template>
  <div ref = "root"> This is a root element </div>
</template>
```

2){flush:'sync'}

在响应式依赖发生改变时(如要使缓存失效),应立即触发监听器,然而,该设置应谨慎使用,因为如果有多个属性同时更新,将导致一些性能和数据一致性的问题。也可以使用 watchSyncEffect()更改监听时机,它是 watchEffect()使用 flush:'sync'选项时的别名。

4.5.6　watch

watch 函数类似于选项式 API watch,用来监听数据的变化并执行相应的回调函数。watch 函数与 watchEffect 函数相比有以下三个不同点:

(1) watch 函数默认懒执行。

(2) watch 函数需手动添加依赖。

(3) watch 函数可以访问所监听状态的前一个值和当前值。

1. 监听 ref

watch 函数可以监听 ref 的变化,并在变化时执行相应的回调函数。

【例 4-58】　修改 App.vue,代码如下所示。

```
<script>
import { ref, watch } from "vue";

export default {
  setup() {
    const count = ref(0);

    watch(count, (newValue, oldValue) => {
      console.log(`Count changed from ${oldValue} to ${newValue}`);
    });

    const increment = () => {
      count.value++;
    };

    return {
      count,
      increment,
    };
  },
};
</script>

<template>
  <div>
    <p> Count: {{ count }}</p>
```

```
      < button @click = "increment"> Increment </button >
    </div >
</template >
```

在这个示例中，创建了一个 count 的 ref，并使用 watch 函数监听其变化。当 count 的值发生变化时，回调函数会被触发，并打印变化前后的值。

通过使用 watch 函数，可以监控 ref 的变化并执行相应的操作，从而实现对数据的动态响应和处理。

2. 监听 reactive

watch 函数同样可以用于监听 reactive 对象的变化。

【例 4-59】 修改 App.vue，代码如下所示。

```
< script >
import { reactive, watch } from "vue";

export default {
  setup() {
    const data = reactive({
      count: 0,
      message: "Hello",
    });

    watch(
      () => data.count,
      (newValue, oldValue) => {
        console.log(`Count changed from ${oldValue} to ${newValue}`);
      }
    );

    const increment = () => {
      data.count++;
    };

    return {
      data,
      increment,
    };
  },
};
</script >

< template >
  < div >
    < p > Count: {{ data.count }}</p >
    < p > Message: {{ data.message }}</p >
    < button @click = "increment"> Increment </button >
  </div >
</template >
```

在这个示例中,使用 reactive 函数创建了一个名为 data 的响应式对象,其包含了 count 和 message 两个属性。然后,使用 watch 函数监听 data.count 的变化,并在变化时执行相应的回调函数。

3. 监听多个数据源

watch 函数可以用于监听多个数据源的变化。

【例 4-60】 修改 App.vue,代码如下所示。

```
<script>
import { ref, watch } from "vue";

export default {
  setup() {
    const count = ref(0);
    const message = ref("Hello");

    watch([count, message], ([newCount, newMessage], [oldCount, oldMessage]) => {
      console.log(`Count changed from ${oldCount} to ${newCount}`);
      console.log(`Message changed from ${oldMessage} to ${newMessage}`);
    });

    const increment = () => {
      count.value++;
    };

    const changeMessage = () => {
      message.value += "!";
    };

    return {
      count,
      message,
      increment,
      changeMessage,
    };
  },
};
</script>

<template>
  <div>
    <p>Count: {{ count }}</p>
    <p>Message: {{ message }}</p>
    <button @click="increment">Increment</button>
    <button @click="changeMessage">Change Message</button>
  </div>
</template>
```

在这个示例中,同时监听了 count 和 message 两个数据源。其中任意一个数据源发生变化,都会触发回调函数并提供新旧值作为参数。

4. 立即执行

通过传递第三个参数{immediate:true}控制监听器立即执行。

【例4-61】 修改App.vue,代码如下所示。

```
<script>
import { ref, watch } from "vue";

export default {
  setup() {
    const count = ref(0);

    watch(
      count,
      (newCount, oldCount) => {
        console.log(`Count changed from ${oldCount} to ${newCount}`);
      },
      { immediate: true }
    );

    const increment = () => {
      count.value++;
    };

    return {
      count,
      increment,
    };
  },
};
</script>

<template>
  <div>
    <p>Count: {{ count }}</p>
    <button @click="increment">Increment</button>
  </div>
</template>
```

在单击按钮之前,浏览器控制台会先打印一次"Count changed from undefined to 0",说明监听器立即执行了。

5. 深度监听

默认情况下,watch函数是监听不到对象或数组的嵌套属性或元素的变化的。

【例4-62】 修改App.vue,代码如下所示。

```
<script>
import { ref, watch } from "vue";
```

```
export default {
  setup() {
    const person = ref({
      name: "qinghua",
      age: 30,
      address: {
        code: 123,
        city: "beijing",
      },
    });

    watch(
      () => person.value,
      (newPerson, oldPerson) => {
        console.log("Person changed:", newPerson, oldPerson);
      },
    );

    const updateAddress = () => {
      person.value.address.code++;
    };

    return {
      person,
      updateAddress,
    };
  },
};
</script>

<template>
  <div>
    <p>{{ person.address.code }}</p>
    <button @click="updateAddress">Update Address</button>
  </div>
</template>
```

单击按钮,页面显示内容从"123"变为"124",但浏览器控制台无打印信息,说明 watch 监听器没有执行。通过传递第三个参数{deep:true}来控制监听器深度执行。将 watch 区域的内容改为

```
watch(
() => person.value,
(newPerson, oldPerson) => {
  console.log("Person changed:", newPerson, oldPerson);
},
{ deep: true } //深度监听
);
```

保存代码后,单击按钮,页面内容更新,浏览器控制台也打印出 person 信息。

4.5.7 toRef

toRef 函数用于创建一个指向响应式对象属性的单独引用。它接收两个参数：响应式对象和属性名，并返回一个指向该属性的引用。使用 toRef 函数可以将响应式对象的属性转换为独立的引用，让我们在不引入整个对象的情况下访问和操作该属性。

【例 4-63】 修改 App.vue，代码如下所示。

```
<script>
import { reactive, toRef } from "vue";

export default {
  setup() {
    const state = reactive({
      foo: 1,
      bar: 2,
    });

    const fooRef = toRef(state, "foo");

    //更改该 ref 会更新源属性
    fooRef.value++;
    console.log(state.foo); //2

    //更改源属性也会更新该 ref
    state.foo++;
    console.log(fooRef.value); //3
  },
};
</script>

<template></template>
```

在这个示例中，使用 reactive 函数创建了一个名为 state 的响应式对象，其中包含了 foo 和 bar 两个属性。然后，使用 toRef 函数创建了一个名为 fooRef 的引用，它指向了 state 对象中的 foo 属性。接着，通过修改 fooRef.value 的值更新了源属性 state.foo 的值，将其增加了 1。可以看到，源属性 state.foo 的值也相应地更新为 2。同样地，我们通过修改源属性 state.foo 的值将其增加了 1，可以发现 fooRef.value 也跟着更新为 3。

使用 toRef 函数可以创建一个指向响应式对象属性的引用，并且对该引用的修改会同步更新到源属性上，反之亦然。

使用场景：将响应式对象某个属性传递给函数，并且保持其引用。

```
setup(props) {
  useSomeFeature(toRef(props, 'foo'))
}
```

4.5.8 toRefs

toRefs 函数用于将响应式对象转换为一个由其属性组成的新对象。这个新对象中的每个属性都是一个单独的引用,可以独立地进行解构和访问。

【例 4-64】 修改 App. vue,代码如下所示。

```
<script>
import { reactive, toRefs } from "vue";

export default {
  setup() {
    const state = reactive({
      foo: 1,
      bar: 2,
    });

    const refs = toRefs(state);

    console.log(refs.foo.value); //1
    console.log(refs.bar.value); //2
  },
};
</script>

<template></template>
```

在这个示例中,使用 reactive 函数创建了一个名为 state 的响应式对象,其中包含了 foo 和 bar 两个属性。接下来,使用 toRefs 函数将 state 对象转换为一个新对象 refs,其中的每个属性都是一个单独的引用。通过访问 refs. foo. value 和 refs. bar. value,可以获取到响应式对象 state 中 foo 和 bar 属性的值。

toRefs 函数通常是为了响应式数据解构时不丢失响应性。上面提到 setup 函数的 props 参数不能解构,如果解构,我们看看会发生什么。

【例 4-65】 修改 App. vue,代码如下所示。

```
<script>
import { ref } from "vue";
import HelloWorld from "./components/HelloWorld.vue";
export default {
  components: {
    HelloWorld,
  },
  setup() {
    const count = ref(0);
    const handleClick = () =>{
      count.value++;
    }
    return { count ,handleClick};
```

```
    },
  };
</script>

<template>
  <div>
    <button @click = "handleClick">按钮</button>
    <HelloWorld :count = "count" />
  </div>
</template>
```

修改子组件 HelloWorld.vue，代码如下所示。

```
<script>
import { watchEffect } from 'vue';

export default {
  props: ["count"],
  setup(props){
    const {count} = props;
    watchEffect(() =>{
      console.log(count)
    })
  }
};
</script>

<template>
  <h1>{{ count }}</h1>
</template>
```

上述示例使用 watchEffect 函数监听 count 的变化，并在控制台输出它的值。然而，我们发现即使在页面上单击按钮更新了 count 的值，watchEffect 函数也没有被触发。这是因为在 setup 函数中使用对象解构来处理 props 参数时，解构出来的属性会失去响应性，无法被 watchEffect 监听到。

【例 4-66】 使用 toRefs 处理 props 解构，修改子组件 HelloWorld.vue，代码如下所示。

```
<script>
import { toRefs, watchEffect } from "vue";

export default {
  props: ["count"],
  setup(props) {
    const { count } = toRefs(props);
    watchEffect(() => {
      console.log(count.value);
    });
  },
};
```

```
</script>

<template>
  <h1>{{ count }}</h1>
</template>
```

在这个示例中,使用 toRefs 函数将 props 对象转换为具有响应性的引用。使用 toRefs 函数能确保在解构 props 对象时保持属性的响应性。随后,使用 watchEffect 函数监视 count 的变化,并在控制台输出它的值。

由于使用了 toRefs 函数,count.value 保持了响应性,所以当页面上的 count 属性发生变化时,watchEffect 函数会被正确触发。

拓展内容(基础薄弱的可以先跳过):

1. 为什么原始数据类型要通过 .value 访问

【例 4-67】 ref 的本质是使用了 class 的 get 和 set 进行了数据拦截。

为方便阅读,这里对 Vue 3.0.0 版本的 ref 源码做了简化处理,新建 index.js 文件,代码如下。

```
class RefImpl {
    constructor(_rawValue) {
        this._value = _rawValue
    }

    get value() {
        console.log('收集依赖')
        return this._value
    }

    set value(newVal) {
        this._value = newVal
        console.log('触发更新')
    }
}

function ref(value) {
    return new RefImpl(value);
}

const a = ref(0)

a.value          //读取属性,触发 get,打印收集依赖
a.value = 3      //修改属性,触发 set,打印触发更新
```

在调用 ref 函数创建响应式对象时,实际上是实例化 RefImpl 类,得到了一个实例对象。使用 value 读取属性,触发 get,打印收集依赖。使用 value 修改属性,触发 set,打印触发更新。

2. 为什么解构会失去响应性

【例 4-68】 reactive 的本质是使用了 proxy 进行了数据拦截。

修改 index.js 文件，代码如下。

```
const obj = {
    a:1
};

const handler = {
  get: function (target, key) {
    console.log("get -- ", key);
    return Reflect.get(...arguments);
  },
  set: function (target, key, value) {
    console.log("set -- ", key, " = ", value);
    return Reflect.set(...arguments);
  },
};

const proxy = new Proxy(obj, handler);

let {a} = proxy; //读取属性,触发 get 方法

a++;
```

"let{a}=proxy;"读取了 proxy 的属性,触发 get 方法,打印出"get-- a"。但"a++;"处,改变了属性值却没有触发 set 方法,这是因为解构出来的 a 是一个原始类型,新建了一块内存空间,与原先的 obj 不再有联系,因此跳过了 proxy 代理,失去了响应性。

4.5.9　isRef

【例 4-69】　检查某个值是否为 ref,修改 App.vue,代码如下所示。

```
< script >
import { ref, isRef } from "vue";

export default {
  setup() {
    const value = ref(42);
    console.log(isRef(value)); //true

    const name = "qinghua";
    console.log(isRef(name)); //false
  },
};
</script>

< template ></template >
```

代码中,value 通过 ref 函数创建,因此 isRef(value)为 true;name 为普通字符串,因此 isRef(name)为 false。打印的结果可通过浏览器控制台查看。

4.5.10　isReactive

【例 4-70】　检查一个对象是否是由 reactive 函数或 shallowReactive 函数创建的代理，修改 App. vue，代码如下所示。

```
<script>
import { reactive, isReactive } from "vue";

export default {
  setup() {
    const obj = reactive({ foo: "bar" });
    console.log(isReactive(obj)); //true

    const plainObj = { foo: "bar" };
    console.log(isReactive(plainObj)); //false
  },
};
</script>

<template></template>
```

代码中，obj 通过 reactive 函数创建，因此 isReactive(obj) 为 true；plainObj 为普通对象，因此 isReactive(plainObj) 为 false。

4.5.11　shallowRef

shallowRef 函数是 ref 函数的浅层作用形式。示例代码如下。

```
const state = shallowRef({ count: 1 })

//不会触发更改
state.value.count = 2

//会触发更改
state.value = { count: 2 }
```

提示：ref 函数更推荐用于定义原始类型、模板引用和组件引用。shallowRef 函数的使用情况较少。

4.5.12　shallowReactive

【例 4-71】　shallowReactive 函数是 reactive 函数的浅层作用形式。它只会将初始对象转换为浅层响应式，即只有对象的根层级属性是响应式的，而嵌套的属性不是响应式的。修改 App. vue，代码如下所示。

```
<script>
import { shallowReactive, isReactive } from "vue";
```

```
export default {
  setup() {
    const state = shallowReactive({
      name: "qinghua",
      score: {
        math: 98,
      },
    });
    console.log(isReactive(state.score)) //false
  },
};
</script>

<template></template>
```

代码中，使用 isReactive 函数检查 state. score 对象是否为响应式对象。由于使用的是 shallowReactive 函数，它只会将最外层的属性转换为响应式，而不会递归地将内部的属性转换为响应式。因此，state. score 对象不是响应式对象，isReactive(state. score)的返回结果为 false。

4.5.13　readonly

【例 4-72】　readonly 函数接收一个对象（不论是响应式还是普通的）或是一个 ref 对象，返回一个原值的只读代理。修改 App. vue，代码如下所示。

```
<script>
import { readonly } from "vue";

export default {
  setup() {
    const data = { name: "qinghua", age: 25 };
    const readonlyData = readonly(data);

    console.log(readonlyData.name);      //输出: 'qinghua'

    readonlyData.name = "Jane";          //无效,不允许修改只读属性

    data.age = 30;
    console.log(readonlyData.age);       //输出: 30,只读代理会跟随原始数据的变化
  },
};
</script>

<template></template>
```

在上面的示例中，通过将 data 对象传递给 readonly 函数创建了一个只读的响应式代理对象 readonlyData。这样，就可以通过 readonlyData 访问 data 对象的属性，但无法修改它们。同时，当原始数据 data 的属性发生变化时，只读代理对象 readonlyData 也会相应地更新。

4.5.14　customRef

customRef 函数用于创建一个自定义的 ref 对象,并显式声明对其依赖追踪和更新触发的控制方式。它接收一个工厂函数作为参数,该工厂函数包含两个参数:track 和 trigger。其中,track 用于跟踪依赖;trigger 用于触发更新。工厂函数返回一个对象,该对象包含两个属性:get 和 set。其中,get 函数用于获取 ref 的值;set 函数用于更新 ref 的值。

通过使用 customRef 函数,可以创建一个自定义的 ref 对象,它的行为可以完全自定义,不同于普通的 ref 对象只有 .value 属性。

【例 4-73】　创建一个防抖 hook,在项目根目录新建 hooks 文件夹,在 hooks 文件夹中新建 index.js 文件,index.js 代码如下所示。

```javascript
import { customRef } from 'vue'

export function useDebouncedRef(value, delay = 2000) {
  let timeout
  return customRef((track, trigger) => {
    return {
      get() {
        track()
        return value
      },
      set(newValue) {
        clearTimeout(timeout)
        timeout = setTimeout(() => {
          value = newValue
          trigger()
        }, delay)
      }
    }
  })
}
```

在这个示例中,使用 customRef 函数创建了一个防抖的 ref 对象,它会在最近一次调用 set 函数后的一段固定时间间隔后触发更新。

示例中定义了一个名为 useDebouncedRef 的函数,它接收两个参数:value 和 delay。其中,value 是 ref 对象的初始值;delay 是防抖的延迟时间,默认为 2000ms。

通过 customRef 的工厂函数,返回一个对象,其中包含 get 和 set 两个属性。在 get 函数中,调用 track 跟踪依赖,并返回当前的 value 值。在 set 函数中,先清除之前的定时器(如果存在),然后创建一个新的定时器,在延迟时间后更新 value 的值,并触发更新。

使用 useDebouncedRef 函数创建的防抖的 ref 对象能够处理需要防止频繁更新的情况,例如输入框的输入或滚动事件等。每次更新 value 后,都会在一段固定的延迟时间后触发更新,并返回最新的值。

修改 App.vue,代码如下所示。

```
<script>
import { useDebouncedRef } from "./hooks/index";

export default {
  setup() {
    const text = useDebouncedRef("");
    return { text };
  },
};
</script>

<template>
  <div>
    {{ text }}
    <input v-model="text" />
  </div>
</template>
```

保存代码后,在页面输入框输入内容,隔 2s 该内容才会在{{text}}中显示出来,这样就实现了一个防抖的 ref 对象。

在 Vue.js 3 开发中,我们可以根据业务情况封装 hook,实现逻辑的复用,这也是使用组合式 API 的原因之一。

4.5.15 markRaw

markRaw 函数用于将一个对象标记为"非响应式"。当一个对象被标记为非响应式时,Vue.js 将不会对其进行响应式处理,即不会追踪它的变化并触发视图更新。

【例 4-74】 修改 App.vue,代码如下所示。

```
<script>
import { markRaw } from "vue";

export default {
  setup() {
    const rawObj = markRaw({ name: "qinghua", age: 20 });

    const handleClick = () => {
      rawObj.age++;
    };

    return {
      rawObj,
      handleClick,
    };
  },
};
```

```
</script>

<template>
  <div>
    {{ rawObj.age }}
    <button @click = "handleClick">按钮</button>
  </div>
</template>
```

在 setup 函数中,定义了一个名为 rawObj 的变量,通过 markRaw 函数将对象{ name:
"qinghua", age:20 }标记为"非响应式"。这意味着 rawObj 不会自动触发组件的更新,即
使其属性值变化。同时,setup 函数中还定义了一个名为 handleClick 的箭头函数,用于处理
按钮单击事件,每次单击按钮会将 rawObj 的 age 属性增加 1。

在模板中,使用双花括号插值语法{{ rawObj.age }}将 rawObj.age 数据绑定到模板
中,用于显示 rawObj 对象中 age 属性的值。通过@click 监听按钮的单击事件,并绑定到
handleClick 方法,当按钮被单击时,调用 handleClick 方法,将 rawObj 的 age 属性增加 1。

由于 rawObj 被标记为非响应式对象,对其的修改不会触发视图更新。因此,当单击按
钮时,虽然 rawObj.age 的值会增加,但页面上不会显示出变化。

4.5.16　组合式 API 生命周期

组合式 API 生命周期只能在 setup 函数中调用,与选项式 API 生命周期类似,但多了
个前缀 on。

1. onBeforeMount

onBeforeMount 函数用于注册一个钩子,在组件被挂载之前被调用。

【例 4-75】　修改 App.vue,代码如下所示。

```
<script>
import { ref, onBeforeMount } from 'vue';

export default {
  setup() {
    const message = ref('');

    onBeforeMount(() => {
      message.value = '组件即将挂载';
    });

    return {
      message,
    };
  },
};
</script>
```

```
<template>
  <div>
    <p>{{ message }}</p>
  </div>
</template>
```

在上述示例中，当组件即将挂载到 DOM 之前，onBeforeMount 钩子函数会被调用。在该钩子函数内部，我们将 message 的值更新为"组件即将挂载"。

2. onMounted

onMounted 函数用于注册一个回调函数，在组件挂载完成后执行。

【例 4-76】 修改 App.vue，代码如下所示。

```
<script>
import { onMounted, ref } from "vue";

export default {
  setup() {
    const title = ref(null);

    //在组件挂载后执行的操作
    onMounted(() => {
      console.log("Title Element:", title.value);      //获取到 h1 标签
    });

    return {
      title,
    };
  },
};
</script>

<template>
  <div>
    <h1 ref="title">Hello Vue 3</h1>
  </div>
</template>
```

在上述示例中，在<h1>元素上使用了 ref 属性，并将其绑定到 title 变量上。

在 setup 函数中，使用 ref 函数创建了一个名为 title 的响应式引用，并将其初始化为 null。然后，在 onMounted 钩子函数中，可以通过 title.value 访问到实际的 DOM 元素，并将其打印到控制台。

这样，在组件挂载后，onMounted 钩子函数会被触发，我们就能够获取到具体的 DOM 元素，进行一些与 DOM 相关的初始化工作。

3. onBeforeUpdate

onBeforeUpdate 函数用于注册一个钩子，在组件即将因为响应式状态变更而更新其 DOM 之前调用。

【例 4-77】　修改 App.vue,代码如下所示。

```
<script>
import { ref, onBeforeUpdate } from "vue";

export default {
  setup() {
    const message = ref("初始消息");

    const updateMessage = () => {
      message.value = "更新后的消息";
    };

    onBeforeUpdate(() => {
      console.log("组件即将更新");
    });

    return {
      message,
      updateMessage,
    };
  },
};
</script>

<template>
  <div>
    <p>{{ message }}</p>
    <button @click = "updateMessage">更新消息</button>
  </div>
</template>
```

在上述示例中,当组件即将更新时,onBeforeUpdate 钩子函数会被调用。

4. onUpdated

onUpdated 函数用于注册一个回调函数,在组件因为响应式状态变更而更新其 DOM 之后调用。

【例 4-78】　修改 App.vue,代码如下所示。

```
<script>
import { ref, onUpdated } from "vue";

export default {
  setup() {
    const count = ref(0);

    const increment = () => {
      count.value++;
    };
```

```
    onUpdated(() => {
      console.log("组件已更新");
    });

    return {
      count,
      increment,
    };
  },
};
</script>

<template>
  <div>
    <p>{{ count }}</p>
    <button @click = "increment">增加</button>
  </div>
</template>
```

在上述示例中，每当单击按钮增加计数器时，组件会更新并重新渲染。在每次更新完成后，onUpdated 钩子函数会被触发，控制台会打印出"组件已更新"的消息。

5. onBeforeUnmount

onBeforeUnmount 函数用于注册一个钩子，在组件实例被卸载之前调用。

【例 4-79】 修改子组件 HelloWorld.vue，代码如下所示。

```
<script>
import { onBeforeUnmount } from "vue";

export default {
  setup() {
    onBeforeUnmount(() => {
      console.log("组件即将卸载");
    });
  },
};
</script>

<template>
  <div>子组件</div>
</template>
```

子组件中使用了 onBeforeUnmount 钩子函数，在组件即将卸载之前被调用。在该钩子函数内部，输出一条消息到控制台，表示子组件即将卸载。修改父组件 App.vue，代码如下所示。

```
<script>
import HelloWorld from "./components/HelloWorld.vue";
```

```
export default {
  components: {
    HelloWorld,
  },
  data() {
    return {
      status: true,
    };
  },
  methods: {
    unmountComponent() {
      this.status = false;
    },
  },
};
</script>

<template>
  <div>
    <div v-if="status"><HelloWorld /></div>
    <button @click="unmountComponent">卸载组件</button>
  </div>
</template>
```

父组件包含一个名为 status 的数据属性,用于控制子组件的显示与隐藏。父组件还定义了一个名为 unmountComponent 的方法,用于在按钮单击时更新 status 属性,从而卸载子组件。

6. onUnmounted

onUnmounted 函数用于注册一个回调函数,在组件实例被卸载之后调用。

【例 4-80】 修改子组件 HelloWorld.vue,代码如下所示。

```
<script>
import { onUnmounted } from "vue";

export default {
  setup() {
    onUnmounted(() => {
      console.log("组件已卸载");
    });
  },
};
</script>

<template>
  <div>子组件</div>
</template>
```

在该钩子函数中,可以处理一些与组件生命周期相关的任务,如取消订阅、清除定时器和释放资源等。

4.5.17 组合式 API 依赖注入

在组件传值中介绍的选项式 API 依赖注入是非响应性的，即父组件更改值，子组件页面是不变化的，除非借助响应性 API 的 computed 函数。而组合式 API 依赖注入是响应性的，即父组件更改值，子组件页面也会跟着变化。

【例 4-81】 修改父组件 App.vue，代码如下所示。

```
< script >
import { ref, provide } from "vue";
import HelloWorld from "./components/HelloWorld.vue";

export default {
  components: {
    HelloWorld,
  },
  setup() {
    const count = ref(0);

    const handleClick = () => {
      count.value++;
    };

    provide("count", count);      //提供响应式对象

    return { handleClick };
  },
};
</script>

< template >
  < div >
    < HelloWorld />
    < button @click = "handleClick">按钮</button >
  </div >
</template >
```

父组件使用 ref 创建了一个名为 count 的响应式对象，并定义了一个名为 handleClick 的函数来增加 count 的值。然后，通过 provide 函数将 count 提供给子组件，以便子组件可以使用它。provide 函数接收两个参数，一个是提供的键名，另一个是要提供的值。

修改子组件 HelloWorld.vue，代码如下所示。

```
< script >
import { inject } from 'vue';

export default {
  setup(){
```

```
      const count = inject("count");
      return {count}
    }
};
</script>


<template>
  <div>
    子组件:{{ count }}
  </div>
</template>
```

在子组件中,使用 inject 函数接收父组件提供的 count。inject 函数接收一个参数,即要注入的键名 count,并返回与该键名相关联的值,在 setup 函数中 return 出去。这样在模板中,就可以直接使用{{ count }}显示 count 的值。

当单击按钮时,父组件中的 count 值会增加,子组件中的 count 值也会自动更新,因为它们共享同一个响应式对象。

inject 函数的第二个参数是可选的,即没有匹配时使用默认值。

```
const count = inject("count",'我是默认值');
```

4.5.18 ＜script setup＞

＜script setup＞是在单文件组件（SFC）中使用组合式 API 的编译时语法糖,拥有更简洁的语法、更好的运行时性能等优点。

1. 顶层的绑定会暴露给模板

之前在 setup 函数中定义的变量与函数,都需在 return 中定义,才能在模板 template 区域使用。而使用＜script setup＞语法糖,默认会把定义的变量与函数都暴露给模板,不再需要我们手动 return。

【例 4-82】　修改 App.vue,代码如下所示。

```
<script setup>
import { ref } from "vue";
//变量
const count = ref(0);

//函数
function handleClick() {
  count.value++;
}
</script>


<template>
  <div>
    {{ count }}
    <button @click = "handleClick">按钮</button>
```

```
    </div>
  </template>
```

在< script setup >中，通过 import { ref } from "vue"导入了 ref 函数，用于创建响应式数据。然后使用 const count = ref(0)创建了一个名为 count 的响应式变量，并将其初始化为 0。接着定义一个名为 handleClick 的函数，用于在单击按钮时更新 count 的值。

在模板中，使用双花括号语法{{ count }}显示 count 的值，并且通过@click 监听按钮的单击事件，调用 handleClick 函数更新 count。

2. 使用组件

在< script setup >中，通过 import 方式引入的组件可直接在模板 template 区域使用，无须在 components 选项中再定义。

【例 4-83】 修改 App. vue，代码如下所示。

```
< script setup >
import HelloWorld from "./components/HelloWorld.vue";
</script >

< template >
  < div >
    < HelloWorld />
  </div >
</template >
```

3. defineProps

defineProps 函数接收与 props 选项相同的值。之前在 props 选项中定义子组件接收的值，在 setup 选项的第一个参数中通过 props 参数获取接收的值。在< script setup >中，可以直接在 defineProps 函数中定义并获取 props 值。

【例 4-84】 修改父组件 App. vue，代码如下所示。

```
< script setup >
import { ref } from "vue";
import HelloWorld from "./components/HelloWorld.vue";

const msg = ref('vue');

const handleClick = () =>{
  msg.value += 'vite'
}

</script >

< template >
  < div >
    < HelloWorld :msg = "msg"/>
    < button @click = "handleClick">按钮</button >
```

```
    </div>
  </template>
```

在父组件中,导入了 ref 函数,并创建了一个名为 msg 的响应式变量,并初始化为 vue。还定义了一个名为 handleClick 的函数,用于在单击按钮时更新 msg 的值。

在模板中,使用< HelloWorld :msg= "msg" />的方式将 msg 作为属性传递给子组件 HelloWorld。同时,创建了一个按钮,单击按钮时会调用 handleClick 函数。

修改子组件 HelloWorld.vue,代码如下所示。

```
< script setup >
const props = defineProps(["msg"]);
</script >

< template >
  < div >子组件:{{ props.msg }}</div >
</template >
```

通过 defineProps 函数定义了一个名为 props 的常量,用于声明组件的 props 属性。在这个例子中,组件接收一个名为 msg 的 props。在模板中,通过 props.msg 来访问父组件传递的 msg 属性,并在页面上显示。

defineProps 除了接收数组,也可同 props 选项一样,选择接收对象,并定义接收数据的类型、默认值,以及是否必传等属性。代码如下所示。

```
< script setup >
const props = defineProps({
  msg: {
    type: String,
    default: "hello",
    required: true,
  },
});
</script >
```

提示:defineProps 不需要导入,可直接在< script setup >中使用。

4. defineEmits

defineEmits 函数接收与 emits 选项相同的值。之前在 emits 选项中显式定义组件可以触发的自定义事件,在 setup 选项的第二个参数 context.emit 中获取触发自定义事件的方法。在< script setup >中,可以直接在 defineEmits 函数中显式定义组件可以触发的自定义事件,并返回触发自定义事件的方法。

【例 4-85】 修改父组件 App.vue,代码如下所示。

```
< script >
import HelloWorld from "./components/HelloWorld.vue";
export default {
  components: {
```

```
      HelloWorld,
    },
    data() {
      return {
        message: '',
      };
    },
    methods: {
      handleChildEvent(message) {
        this.message = message;
      },
    },
};
</script>

<template>
  <div>
    <HelloWorld @childEvent = "handleChildEvent" />
    <p>Received message: {{ message }}</p>
  </div>
</template>
```

父组件定义了一个名为 message 的响应式属性，并提供了一个名为 handleChildEvent 的方法来接收子组件触发的自定义事件。

修改子组件 HelloWorld.vue，代码如下所示。

```
<script setup>
const emit = defineEmits(["childEvent"]);
const emitEvent = () => {
  emit("childEvent", "Hello from child component!");
};
</script>

<template>
  <button @click = "emitEvent">Click me</button>
</template>
```

在子组件中，使用 defineEmits 定义了一个名为 childEvent 的自定义事件。然后，在 emitEvent 方法中使用 emit 方法触发了 childEvent 事件，并传递了一个消息作为参数。

提示：defineEmits 不需要导入，直接在<script setup>中使用。

5. defineExpose

同 expose 选项，defineExpose 函数用于子组件暴露一些属性或方法，以便父组件可以直接访问和调用。<script setup>默认是关闭的，即父组件不能直接调用在<script setup>中定义的属性和方法，需借助 defineExpose 函数。

【例4-86】 修改父组件 App. vue,代码如下所示。

```
< script setup >
import { ref } from "vue";
import HelloWorld from "./components/HelloWorld.vue";

const childRef = ref(null);

const callChildMethod = () => {
  childRef.value.childMethod("Hello from parent component!");
};
</script >

< template >
  < div >
    < HelloWorld ref = "childRef" />
    < button @click = "callChildMethod"> Call Child Method </button >
  </div >
</template >
```

父组件通过 ref 创建了一个名为 childRef 的组件引用,并将其绑定到子组件 HelloWorld 上。还定义了一个名为 callChildMethod 的方法,在单击按钮时调用子组件的 childMethod 方法并传递参数。

修改子组件 HelloWorld. vue,代码如下所示。

```
< script setup >
import { ref } from "vue";
const message = ref("Hello from child component!");
const childMethod = (msg) => {
  message.value = msg;
};
defineExpose({childMethod})
</script >

< template >
  < div >
    < p >{{ message }}</p >
  </div >
</template >
```

子组件使用 ref 创建了一个名为 message 的响应式引用,并初始化为"Hello from child component!"。子组件还定义了 childMethod 方法,用于接收父组件传递的消息并更新 message 的值。通过 defineExpose,子组件将 childMethod 暴露给父组件使用,使父组件能够调用子组件的方法。

提示:defineExpose 不需要导入,直接在< script setup >中使用。

6. defineOptions

defineOptions 函数用于在< script setup >中声明组件选项,是 Vue. js 3.3 新增的 API。例如,在< script setup >中使用选项式 API name 声明组件的名称,代码如下所示。

```
< script setup >
defineOptions({
  name: "App",
});
</script >
```

提示：defineOptions 函数不需要导入，可直接在<script setup>中使用。

4.6   高级指令

在之前的章节中，介绍了如 v-on 和 v-if 等 Vue.js 指令，本节将介绍一些用于性能优化的 Vue.js 指令。

4.6.1   v-pre

v-pre 指令用于跳过指定元素及其子元素的编译过程。使用 v-pre 指令后，指令所在的元素及其子元素将被视为静态内容，不会进行任何的编译或响应式处理。

【例 4-87】 修改 App.vue，代码如下所示。

```
< script setup >
import { ref } from "vue";

const title = ref("Hello Vue");
const message = ref("This is a message");
</script >

< template >
  < div v - pre >
    < h1 >{{ title }}</h1 >
    < p >{{ message }}</p >
  </div >
</template >
```

保存代码后，页面渲染为{{ title }},{{ message }}，可以得知双大括号语法并未生效。v-pre 常用来定义在静态内容上（如一大段固定的说明），使用 v-pre 标记后，不会进行任何的编译或响应式处理，从而提示性能。

4.6.2   v-once

仅渲染元素和组件一次，并跳过之后的更新。它可以应用于单个元素或组件的根元素，使其在初始渲染后成为静态内容。

【例 4-88】 修改 App.vue，代码如下所示。

```
< script setup >
import { ref, watchEffect } from "vue";
```

```
const title = ref("Hello Vue");

function updateMessage() {
  title.value = "Updated message";
}

watchEffect(() => {
  console.log(title.value);
});
</script>

<template>
  <div>
    <h1 v-once>{{ title }}</h1>
    <button @click="updateMessage">Update Message</button>
  </div>
</template>
```

保存代码后，页面显示 Hello Vue，单击按钮，页面不会有变化，但控制台打印出
"Updated message"，说明 title 值更新了，但由于使用了 v-once 指令，不会再次被编译。

4.6.3　v-memo

缓存一个模板的子树，仅当依赖项改变时才会更新。v-memo 所做的与我们现有的计
算属性一样，只不过 v-memo 的对象是 DOM。

【例 4-89】 v-memo 最常见的情况可能是有助于渲染海量 v-for 列表。修改 App.vue，
代码如下所示。

```
<script setup>
import { ref } from "vue";

const handleChange = () => {
  console.log("change");
};
const active = ref(1);
const handleClick = (item) => {
  active.value = item;
};
</script>

<template>
  <div>
    <div
      v-for="item in 5"
      :key="item"
      class="item"
      :class="{ active: item === active }"
      @click="handleClick(item)"
```

```
      :ref = "handleChange"
    >
      {{ item }}
    </div>
  </div>
</template>

<style scoped>
.item {
  width: 200px;
  height: 50px;
  border: 1px solid #000;
}
.active {
  color: red;
  background - color: aqua;
}
</style>
```

上面代码中的 handleChange 会在每次绑定 ref 的元素更新时（包括初始化）被调用。可以在浏览器控制台中看到，div 元素初始化的时候被调用 5 次，打印了 5 个 change（因为遍历生成了 5 个 div 元素）。

而如果单击其中一个非 active 的 div 元素时，会发现 handleChange 又被调用了 5 次，也就是 5 个 div 元素都发生了更新。

但实际上，我们并不需要对每个 div 元素都进行更新，只需要对所依赖 item === active 的值发生更新的时候才进行更新。在这种情况下，可以使用 v-memo 指令实现优化。修改 template 模板区域，代码如下所示。

```
<template>
  <div>
    <div
      v - for = "item in 5"
      :key = "item"
      class = "item"
      :class = "{ active: item === active }"
      v - memo = "[item === active]"
      @click = "handleClick(item)"
      :ref = "handleChange"
    >
      {{ item }}
    </div>
  </div>
</template>
```

保存之后，浏览器控制台打印了 5 个 change，因此初次渲染时需生成 5 个 div。单击其中一个非 active 的 div 元素时，浏览器只打印了 2 个 change，说明只有两个状态发生变化的节点进行了更新（一个从选中到未选中，一个从未选中到选中）。如果数组长度很长（如超过

1000),那么 v-memo 指令会很有用。

本章小结

（1）了解了不同的组件通信方式，包括父组件向子组件传递值、子组件向父组件传递值、父组件调用子组件的方法、使用事件总线、注入依赖等。

（2）掌握了默认插槽、具名插槽和作用域插槽的使用，可以根据需要灵活地处理组件的内容分发。

（3）学会了自定义指令的创建和使用，可以通过自定义指令来扩展组件的行为和功能。

（4）掌握了异步组件的概念和使用，可以将应用的代码进行拆分和按需加载，优化应用的性能和加载速度。

（5）学会了组合式 API，例如使用 ref、reactive 等函数来管理组件的响应式数据和状态。

（6）掌握了 setup 语法糖的使用，可以更简洁地定义组件的逻辑和数据。

（7）了解了高级指令的提示性能，可以通过合理使用指令来提升应用的性能和用户体验。

第 5 章

Vue.js 内置组件

Vue.js 内置了许多常用的组件,这些组件可以直接在其模板中使用,无须额外引入。这些内置组件提供了丰富的功能和交互效果,使得开发者能够更快速地构建复杂的用户界面。以下是 Vue.js 的内置组件介绍:

(1) <Transition>:过渡组件用于在元素插入或删除时添加动画效果。它可以实现淡入淡出、滑动、缩放等过渡效果,让界面变得更加平滑和美观。

(2) <TransitionGroup>:和<Transition>类似,但<TransitionGroup>可以同时对多个元素进行过渡动画,例如在列表中的元素插入或删除时可以应用动画。

(3) <KeepAlive>:缓存组件,用于保留组件的状态,当组件切换时不会被销毁,而是被缓存起来,这样可以提高组件的加载速度和用户体验。

(4) <Teleport>:传送门组件,允许我们将组件的内容渲染到 DOM 结构中的其他位置,而不仅限于组件树的特定位置。这在创建弹出窗口、模态框等场景时非常有用。

(5) <Suspense>:悬挂组件,用于在异步加载组件时展示一个加载状态。它可以等待多个嵌套异步依赖项解析完成后再渲染内容,使得加载状态更加平滑。

5.1 <Transition>

<Transition>组件是 Vue.js 中用于实现动画过渡效果的组件。它允许你在元素插入、更新或移除时应用动画效果,从而为用户提供流畅和有吸引力的用户界面体验。以下情景会触发过渡效果:

(1) 由 v-if 所触发的切换:当使用 v-if 指令控制元素的显示与隐藏,切换元素的显示状态,<Transition>组件可以在元素插入或移除时添加过渡动画效果。

(2) 由 v-show 所触发的切换:与 v-if 类似,当使用 v-show 指令控制元素的显示与隐藏,切换元素的显示状态时,<Transition>组件同样可以应用过渡效果。

(3) 由特殊元素<component>切换的动态组件:当通过<component>元素动态切换不同组件时,<Transition>组件可以在组件切换时应用过渡动画。

(4) 改变特殊的 key 属性:当元素的 key 属性发生变化时,例如通过动态绑定不同的

key 值,<Transition>组件可以检测到 key 的变化,并应用过渡效果。

【例 5-1】 以下是最基本的用法,修改 App.vue,代码如下所示。

```
<script setup>
import { ref } from "vue";

const show = ref(true);
</script>

<template>
  <div>
    <button @click="show = !show">Toggle</button>
    <Transition>
      <p v-if="show">hello</p>
    </Transition>
  </div>
</template>

<style scoped>
.v-enter-active,
.v-leave-active {
  transition: opacity 0.5s ease;
}

.v-enter-from,
.v-leave-to {
  opacity: 0;
}
</style>
```

在脚本部分,使用了<script setup>引入 Vue 的 ref 函数,并定义了一个名为 show 的响应式数据,初始值为 true。

在模板部分,创建了一个按钮,当按钮被单击时,show 的值会切换。同时,在<Transition>组件内部使用了 v-if 指令来控制<p>元素的显示与隐藏。当 show 为 true 时,<p>元素会被渲染,触发进入过渡效果;当 show 为 false 时,<p>元素会被从 DOM 中移除,触发离开过渡效果。

在样式部分,定义了两个过渡相关的 CSS 类名:.v-enter-active 和 .v-leave-active。这两个类名会在进入和离开过渡时应用动画效果。使用 transition 属性设置 opacity 属性的过渡效果,持续时间为 0.5s,过渡方式为 ease。另外,定义了两个状态类名:.v-enter-from 和 .v-leave-to。这两个类名分别表示进入过渡的起始状态和离开过渡的结束状态。通过设置 opacity 为 0,实现了进入过渡时元素从透明到不透明的渐变效果,离开过渡时元素从不透明到透明的渐变效果。

保存代码,页面显示内容进行更新。当单击 Toggle 按钮时,show 变量的值会切换。当

show 为 true 时,<p>元素会在进入过渡的动画效果下渐渐显示出来；当 show 为 false 时,<p>元素会在离开过渡的动画效果下渐渐消失。通过添加过渡效果,<p>元素会平滑地显示和隐藏,带来流畅的过渡效果,提升用户界面体验。

5.1.1　过渡的类名

一共有 6 个应用于进入或离开过渡效果的 CSS class,如图 5-1 所示。

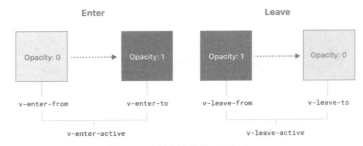

图 5-1　过渡效果的 CSS class

（1）v-enter-from：进入动画的起始状态。在元素插入之前添加,在元素插入完成后的下一帧移除。

（2）v-enter-active：进入动画的生效状态。应用于整个进入动画阶段。在元素被插入之前添加,在过渡或动画完成之后移除。这个类名可以用来定义进入动画的持续时间、延迟和速度曲线类型。

（3）v-enter-to：进入动画的结束状态。在元素插入完成后的下一帧添加（同时移除 v-enter-from）,在过渡或动画完成之后移除。

（4）v-leave-from：离开动画的起始状态。在离开过渡效果触发时立即添加,在一帧后移除。

（5）v-leave-active：离开动画的生效状态。应用于整个离开动画阶段。在离开过渡效果触发时立即添加,在过渡或动画完成之后移除。这个类名可以用来定义离开动画的持续时间、延迟和速度曲线类型。

（6）v-leave-to：离开动画的结束状态。在离开动画触发后的下一帧添加（同时移除 v-leave-from）,在过渡或动画完成之后移除。

5.1.2　自定义过渡的类名

在过渡中切换的类名,如果使用不带 name 属性的<Transition>标记,则“v-”将作为该类名的默认前缀。如果使用了<Transition name="myTransition"></Transition>标记,那么类名 v-enter-from 应改为 myTransition-enter-from。同理,类名 v-leave-to 应该改为 myTransition-leave-to。这样的设置可以帮助我们在不同过渡场景中区分不同的类名,避免类名冲突,使过渡效果的控制更加灵活和可定制。

【例5-2】 修改 App.vue，代码如下所示。

```
<script setup>
import { ref } from "vue";

const show = ref(true);
</script>

<template>
  <div>
    <button @click = "show = !show">Toggle</button>
    <Transition name = "myTransition">
      <p v-if = "show">hello</p>
    </Transition>
  </div>
</template>

<style scoped>
.myTransition-enter-active,
.myTransition-leave-active {
  transition: opacity 0.5s ease;
}

.myTransition-enter-from,
.myTransition-leave-to {
  opacity: 0;
}
</style>
```

保存代码后，页面显示效果与不带 name 属性的<Transition>保持一致。

5.1.3 CSS 过渡

<Transition>组件一般会搭配原生 CSS 过渡一起使用，正如前一个例子中所看到的那样。CSS 的 transition 属性是一个简写形式，可以一次定义一个过渡的各个方面，包括需要执行动画的属性、持续时间和速度曲线。

【例5-3】 使用不同的持续时间和速度曲线来过渡多个属性，修改 App.vue，代码如下所示。

```
<script setup>
import { ref } from "vue";

const show = ref(true);
</script>

<template>
  <div>
    <button @click = "show = !show">Toggle</button>
    <Transition>
```

```
      < p v - if = "show"> hello </p>
    </Transition >
  </div >
</template >

< style scoped >
/ *
  进入和离开动画可以使用不同持续时间和速度曲线
* /
.v - enter - active {
  transition: all 0.3s ease - out;
}

.v - leave - active {
  transition: all 0.8s cubic - bezier(1, 0.5, 0.8, 1);
}

.v - enter - from,
.v - leave - to {
  transform: translateX(20px);
  opacity: 0;
}
</style >
```

.v-enter-active 类：用于控制进入过渡的动画效果。transition 属性指定了所有样式属性在 0.3s 内以 ease-out 的速度曲线进行过渡。这表示进入过渡时，样式属性会以较快的速度开始，然后逐渐减速到最终状态。

.v-leave-active 类：用于控制离开过渡的动画效果。transition 属性指定了所有样式属性在 0.8s 内以自定义的 cubic-bezier 速度曲线进行过渡。cubic-bezier(1, 0.5, 0.8, 1)是一个自定义的速度曲线函数，它在进入过渡的后期有一个缓慢的加速效果，使得离开过渡时的动画更加平滑。

.v-enter-from 和.v-leave-to 类：分别表示进入过渡的起始状态和离开过渡的结束状态。在这里，我们将元素的 transform 属性设置为 translateX(20px)，将 opacity 属性设置为 0。

保存代码，页面显示内容进行更新。单击 Toggle 按钮，show 变量的值会切换。当 show 为 true 时，<p>元素会在进入过渡的动画效果下从右侧平移进入并渐渐显示出来；当 show 为 false 时，<p>元素会在离开过渡的动画效果下向右侧平移并渐渐消失。

5.1.4　CSS 动画

相比于过渡效果，动画可以反复播放。动画的基本用法：

```
animation:关键帧名称 持续时间 速度曲线 播放次数
@keyframes 关键帧名称{
```

```
        //过渡效果,可以使用 from to 或者百分比
    }
```

原生 CSS 动画和 CSS 过渡在应用方式上基本相同,只有一点不同: * -enter-from 不会在元素插入后立即移除,而是会在一个 animationend 事件触发时被移除。对于大多数 CSS 动画,我们可以在 * -enter-active 和 * -leave-active 类下定义它们。下面是一个示例:

【例 5-4】　修改 App.vue,代码如下所示。

```
< script setup >
import { ref } from "vue";

const show = ref(true);
</script >

< template >
  < div >
    < button @click = "show = !show">显示 CSS 动画</button >
    < Transition >
      < p v - if = "show" style = "text - align: center;"> hello </p >
    </Transition >
  </div >
</template >

< style scoped >
.v - enter - active {
  animation: myAnimation 0.5s;
}
.v - leave - active {
  animation: myAnimation 0.5s reverse;
}
@keyframes myAnimation {
  0 % {
    transform: scale(0);
  }
  50 % {
    transform: scale(1.25);
  }
  100 % {
    transform: scale(1);
  }
}
</style >
```

在< style >标签中,定义了两个过渡相关的类: .v-enter-active 和.v-leave-active。这些类分别控制进入和离开过渡的动画效果。在.v-enter-active 类中,使用 animation 属性指定了一个名为 myAnimation 的动画,并设置持续时间为 0.5s。这意味着当元素插入时,会执行名为 myAnimation 的动画,动画持续时间为 0.5s。

在.v-leave-active 类中,同样使用 animation 属性指定了一个名为 myAnimation 的动

画,但添加了关键字 reverse。这意味着当元素离开时,会执行名为 myAnimation 的动画,但反向播放动画,即从动画的结束状态到开始状态。这样设置动画时长为 0.5s,意味着离开动画会持续 0.5s。

在@keyframes 规则中,定义了名为 myAnimation 的动画序列。这个动画序列会在整个动画过程中控制元素的变化。动画从 0% 开始,元素的缩放为 0,然后在 50% 处缩放为 1.25 倍,最后在 100% 处恢复到原始大小。因此,通过这个动画序列,我们实现了一个进入动画,让元素从不可见到稍大的缩放效果。离开动画通过添加 reverse 关键字,实现了反向的效果,即从稍大到不可见的缩放效果。这样的效果在元素插入和离开时会让它们有一个渐变的缩放过渡效果。

5.2 <TransitionGroup>

<TransitionGroup>是一个内置组件,用于对 v-for 列表中的元素或组件的插入、移除和顺序改变添加动画效果。

【例 5-5】 修改 App.vue,代码如下所示。

```
<script setup>
import { ref } from "vue";

const items = ref([]);

function addItem() {
  items.value.push(items.value.length + 1);
}
</script>

<template>
  <div>
    <button @click = "addItem"> Add Item </button>
    <TransitionGroup name = "fade">
      <div v - for = "item in items" :key = "item">
        {{ item }}
      </div>
    </TransitionGroup>
  </div>
</template>

<style scoped>
.fade - enter - active,
.fade - leave - active {
  transition: opacity 0.5s;
}

.fade - enter - from,
```

```
. fade - leave - to {
  opacity: 0;
}
</style>
```

使用 v-for 指令在<div>元素中遍历 items 数组,并通过:key 属性,为每个子元素指定了唯一的标识。当单击按钮时,会触发 addItem 方法,向 items 数组添加一个新的元素,触发<TransitionGroup>过渡效果。

. fade-enter-active 和. fade-leave-active 分别用于控制进入和离开过渡的动画效果。在本例中,我们将 opacity 属性的过渡效果设置为持续时间为 0.5s 的过渡。所以,当元素进行进入和离开过渡时,其 opacity 属性会在 0.5s 内从初始值过渡到最终值。

. fade-enter-from 和. fade-leave-to 分别表示进入过渡的起始状态和离开过渡的结束状态。通过设置. fade-enter-from 类将 opacity 设置为 0,从而实现元素的淡入效果。通过设置. fade-leave-to 类将 opacity 设置为 0,从而实现元素的淡出效果。

5.3　< Teleport >

< Teleport >组件的主要作用:

(1)灵活渲染位置:通过< Teleport >组件,可以将组件的内容渲染到任意指定的目标位置,无论该位置在组件的嵌套层级上还是在 DOM 中的其他位置。这样可以实现更灵活的布局和组件定位。

(2)解决层级限制:在一些情况下,由于组件的嵌套层级关系,无法满足组件内容的渲染位置需求。使用< Teleport >可以打破这种层级限制,将组件内容渲染到所需的位置,实现更自由的布局。

(3)保持组件逻辑:通过使用< Teleport >,可以将组件的内容渲染到其他位置,而不影响组件本身的逻辑和功能。这样可以保持组件的独立性,同时实现灵活的界面渲染效果。

5.3.1　模态框

【例 5-6】　< Teleport >组件最常见的例子就是全屏的模态框。

(1)修改 App. vue,代码如下所示。

```
< script setup >
import { ref } from "vue";
import Modal from "./components/Modal.vue";

const show = ref(false);

const showModal = () => {
  show. value = true;
};
```

```
const closeModal = () => {
  show.value = false;
};
</script>


<template>
  <div>
    <button @click="showModal">Show Modal</button>
    <Teleport to="body">
     <Modal v-if="show" @close="closeModal">模态框的内容</Modal>
    </Teleport>
  </div>
</template>
```

模板中有一个按钮,当单击按钮时,调用 showModal 方法。<Teleport>组件用于将模态框组件渲染到<body>元素下,而不是当前组件的 DOM 层级内。通过 v-if 指令,当 show 的值为 true 时,渲染模态框组件,并监听模态框组件的 close 事件。如果 close 事件触发,调用 closeModal 方法。

在脚本部分,使用 ref 函数创建了一个响应式的变量 show,初始值为 false,用于控制模态框的显示状态。showModal 方法将 show 的值设置为 true,显示模态框。closeModal 方法将 show 的值设置为 false,关闭模态框。同时引入 Modal 组件,用于显示模态框的内容。

(2) 在 components 文件夹下新建 Modal.vue,代码如下所示。

```
<script setup>
const emit = defineEmits(["close"]);
const closeModal = () => {
  emit("close");
};
</script>


<template>
  <div class="modal">
    <div class="modal-content">
      <slot></slot>
      <button @click="closeModal">Close</button>
    </div>
  </div>
</template>


<style scoped>
.modal {
  position: fixed;
  top: 0;
  left: 0;
  width: 100%;
  height: 100%;
  background-color: rgba(0, 0, 0, 0.5);
```

```
    display: flex;
    align - items: center;
    justify - content: center;
}

.modal - content {
    background - color: white;
    padding: 20px;
}

button {
    margin - top: 10px;
}
</style>
```

在模板中,定义一个匿名插槽< slot ></ slot >,用于显示传递给模态框组件的内容。模板中有一个关闭按钮,单击该按钮会触发 closeModal 方法。

在脚本部分,声明了一个名为 emit 的常量,并使用 defineEmits 函数传入一个包含 close 的字符串数组。这表示在该组件中,我们要使用一个名为 close 的自定义事件。当在 closeModal 函数中使用 emit("close")时,就会触发这个自定义事件,然后 close 事件会冒泡到组件的父组件中,从而让父组件可以通过监听该事件来进行相应的处理。

在样式部分,.modal 类设置了模态框的位置为固定定位,并将其覆盖在整个屏幕上方。.modal-content 类设置了模态框内容的样式,包括背景颜色和内边距。最后,我们给按钮设置了一些样式。

保存代码后,页面的显示内容会更新。当单击按钮时,会弹出一个模态框。在浏览器控制台的 Elements 部分,可以查看 DOM 结构,如图 5-2 所示。可以注意到模态框与具有 id="app"的元素处于相同的层级,而不像其他组件一样位于 id＝"app"元素的内部。这是因为我们使用了 Teleport 组件,可以将元素挂载到任意的 DOM 节点上。

图 5-2　DOM 结构

5.3.2　禁用 Teleport

在某些情况下,根据需要禁用< Teleport >组件是必要的。举个例子,我们可能希望在桌面端将一个组件作为浮层渲染，但在移动端将其作为行内组件。为了实现这样的需求，我们可以通过动态地传递一个 disabled 属性给＜Teleport＞组件来处理这两种不同情况。

【例 5-7】 修改 App.vue，代码如下所示。

```
<script setup>
import { ref, watchEffect } from "vue";
import Modal from "./components/Modal.vue";

const show = ref(false);
const isMobile = ref(false);

const showModal = () => {
  show.value = !show.value;
};

const closeModal = () => {
  show.value = false;
};

//监听窗口大小变化
watchEffect(() => {
  const mediaQuery = window.matchMedia("(max-width: 768px)");
  isMobile.value = mediaQuery.matches;
});
</script>

<template>
  <div>
    <button @click = "showModal"> Show Modal </button>
    <Teleport to = "body" :disabled = "isMobile">
      <Modal v-if = "show" @close = "closeModal" />
    </Teleport>
  </div>
</template>
```

缩小浏览器窗口，当浏览器的窗口小于 768 像素时，isMobile 的值为 true，禁用 Teleport。此时模态框将在组件 DOM 结构内显示，禁用 Teleport 的 DOM 结构如图 5-3 所示。

提示：此处只展示禁用＜Teleport＞组件的效果，并非准确区分桌面端与移动端。

5.3.3 多个 Teleport 共享目标

多个＜Teleport＞组件可以将其内容挂载在同一个目标元素上，而顺序就是简单的顺次追加，后挂载的将排在目标元素下更后面的位置。

图 5-3 禁用 Teleport 的 DOM 结构

示例如下：

```
< Teleport to = " # modals">
  < div > A </div >
</Teleport >
< Teleport to = " # modals">
  < div > B </div >
</Teleport >
```

渲染的结果为

```
< div id = "modals">
  < div > A </div >
  < div > B </div >
</div >
```

5.4 < KeepAlive >

< KeepAlive >组件的主要作用：

（1）缓存组件状态：当组件被包裹在< KeepAlive >内时，其状态会被缓存，包括数据、计算属性、监听器等。这样，在组件切换回来时，可以快速恢复之前的状态，避免重新加载和初始化。

（2）提升性能：组件被缓存，切换回来时不需要重新创建和渲染，可以节省性能开销。特别是对于复杂的组件或数据较多的组件，使用< KeepAlive >可以显著提升页面的响应速度和流畅度。

（3）节约资源：组件被缓存，可以避免重复请求数据或执行初始化操作，从而节约服务器资源和网络带宽。

5.4.1 基本使用

默认情况下，一个组件被销毁后会导致它丢失其中所有已变化的状态，当这个组件再次被显示时，会创建一个只带有初始状态的新实例。

【例5-8】 修改父组件App.vue，代码如下所示。

```
< script setup >
import { ref } from "vue";
import HelloWorld from "./components/HelloWorld.vue";

const show = ref(true);

const handleClick = () => {
  show.value = !show.value;
};
</script>

< template >
  < div >
    < button @click = "handleClick">显示/隐藏</button >
    < HelloWorld v - if = "show" />
  </div >
</template >
```

修改子组件HelloWorld.vue，代码如下所示。

```
< script setup >
import { ref } from "vue";

const count = ref(0);

const handleClick = () => {
  count.value++;
};
</script>

< template >
  < div >
    计数器：{{ count }}
    < button @click = "handleClick">按钮</button >
  </div >
</template >
```

保存代码后，单击按钮，每单击一次，count的值加1。然后单击"显示/隐藏"按钮，show的值为false，HelloWorld组件被销毁。再单击"显示/隐藏"按钮，show的值为true，HelloWorld组件被重建，页面显示内容"计数器：0"，说明count的值为0，count被重置了。

如果想在组件被销毁时保留组件内的状态，可以使用< KeepAlive >组件。

【例 5-9】 修改父组件 App.vue,代码如下所示。

```
<script setup>
import { ref } from "vue";
import HelloWorld from "./components/HelloWorld.vue";

const show = ref(true);

const handleClick = () => {
  show.value = !show.value;
};
</script>

<template>
  <div>
    <button @click="handleClick">显示/隐藏</button>
    <KeepAlive>
      <HelloWorld v-if="show" />
    </KeepAlive>
  </div>
</template>
```

保存代码后,重复之前的操作,可以发现当 HelloWorld 组件再次出现时,count 的值没有变为 0,说明组件内部的状态被保存了。

【例 5-10】 例 5-9 是通过 v-if 来实现组件的销毁与重建的。<KeepAlive>更常见的使用场景是在动态组件中,缓存被销毁的组件实例。

在 components 文件夹下新建 Login.vue 代表着登录组件,代码如下所示。

```
<script setup>
import { ref } from "vue";

const count = ref(0);

const handleClick = () => {
  count.value++;
};
</script>

<template>
  <div>
    登录页的计数器: {{ count }}
    <button @click="handleClick">按钮</button>
  </div>
</template>
```

在 components 文件夹下新建 Home.vue 代表着首页组件,代码如下所示。

```
<script setup>
import { ref } from "vue";
```

```
const count = ref(0);

const handleClick = () => {
  count.value++;
};
</script>

<template>
  <div>
    首页的计数器：{{ count }}
    <button @click="handleClick">按钮</button>
  </div>
</template>
```

在这里两个组件的内容基本相等，都是维护一个计时器状态。继续修改父组件 App.vue，代码如下所示。

```
<script setup>
import { ref } from "vue";

const currentComponent = ref("Login");

const toggleComponent = () => {
  currentComponent.value =
    currentComponent.value === "Login" ? "Home" : "Login";
};
</script>

<script>
import Login from "./components/Login.vue";
import Home from "./components/Home.vue";

export default {
  components: {
    Login,
    Home,
  },
};
</script>

<template>
  <div>
    <button @click="toggleComponent">切换组件</button>
    <component :is="currentComponent"></component>
  </div>
</template>
```

在切换动态组件时，原先的组件将会销毁，再切换回来时，count 的值重置为 0。使用 <KeepAlive>组件可以缓存动态组件内的状态，将 App.vue 的模板 template 区域改为：

```
<template>
  <div>
    <button @click = "toggleComponent">切换组件</button>
    <KeepAlive>
      <component :is = "currentComponent"></component>
    </KeepAlive>
  </div>
</template>
```

此时,切换动态组件时,组件内部的 count 值将会保存。

5.4.2　包含/排除

<KeepAlive> 默认会缓存内部的所有组件实例,我们可以通过 include 和 exclude 两个属性来定制该行为。在 include 中定义要缓存的组件实例,在 exclude 中定义不缓存的组件实例。值可以是一个以英文逗号分隔的字符串、一个正则表达式,或是包含这两种类型的一个数组。

```
<KeepAlive include = "a,b">
  <component :is = "view" />
</KeepAlive>

<!-- 正则表达式(需使用 `v-bind`) -->
<KeepAlive :include = "/a|b/">
  <component :is = "view" />
</KeepAlive>

<!-- 数组(需使用 `v-bind`) -->
<KeepAlive :include = "['a', 'b']">
  <component :is = "view" />
</KeepAlive>
```

以数组方式为例,将例 5-10 中缓存 Login 与 Home 两个组件改为只缓存 Login 组件而不缓存 Home 组件。修改 App.vue 的模板 template 区域,代码如下所示。

```
<template>
  <div>
    <button @click = "toggleComponent">切换组件</button>
    <KeepAlive :include = "['Login']">
      <component :is = "currentComponent"></component>
    </KeepAlive>
  </div>
</template>
```

当动态组件切换时,Login 组件会保持内部状态,而 Home 组件不会被缓存。使用 exclude 的写法。

```
<template>
  <div>
```

```
      < button @click = "toggleComponent">切换组件</button>
      < KeepAlive :exclude = "['Home']">
        < component :is = "currentComponent"></component>
      </KeepAlive>
    </div>
  </template>
```

< KeepAlive >组件会根据组件的 name 选项进行匹配，所以组件如果想要使用 include 或 exclude 条件性地被 KeepAlive 缓存，就必须显式声明一个 name 选项。

在 Vue.js 3.2.34 或以上版本中，使用< script setup >的单文件组件会自动根据文件名生成对应的 name 选项。例如，Home.vue 文件组件的 name 会被自动设置为 Home，也可以在< script setup >中使用 defineOptions 显式地定义组件的 .name。

【例 5-11】 修改 Home.vue，代码如下所示。

```
< script setup >
import { ref } from "vue";

defineOptions({
  name: "MyHome",
});

const count = ref(0);

const handleClick = () => {
  count.value++;
};
</script>

< template >
  < div >
    首页的计数器：{{ count }}
    < button @click = "handleClick">按钮</button>
  </div>
</template>
```

Home.vue 显式地声明了组件名为 MyHome。修改 App.vue，代码如下所示。

```
< script setup >
import { ref } from "vue";

const currentComponent = ref("Login");

const toggleComponent = () => {
  currentComponent.value =
    currentComponent.value === "Login" ? "Home" : "Login";
};
</script>
```

```
<script>
import Login from "./components/Login.vue";
import Home from "./components/Home.vue";

export default {
  components: {
    Login,
    Home,
  },
};
</script>

<template>
  <div>
    <button @click = "toggleComponent">切换组件</button>
    <KeepAlive :exclude = "['MyHome']">
      <component :is = "currentComponent"></component>
    </KeepAlive>
  </div>
</template>
```

在 App.vue 中的 exclude 数组中声明排除 MyHome 组件,MyHome 组件将不会被缓存。

5.4.3　最大缓存实例数

默认情况下,<KeepAlive>组件不限制缓存实例的数量。但内存是有限的,为了避免过多的组件实例占用内存,可以通过设置 max 属性来限制最大缓存的实例数。

例如,设置 max 属性为 5,意味着<KeepAlive>组件最多只会缓存 5 个组件实例。当超过这个数量时,最早被缓存的组件实例将被销毁,以保持缓存实例数不超过指定的最大值。

修改 App.vue 模板 template 区域,代码如下所示。

```
<template>
  <div>
    <button @click = "toggleComponent">切换组件</button>
    <KeepAlive :max = "5">
      <component :is = "currentComponent"></component>
    </KeepAlive>
  </div>
</template>
```

这里的 max=5 只是一个示例,可以根据应用场景和内存限制来确定合适的 max 值,以达到性能和资源的平衡。

5.4.4　缓存实例的生命周期

使用<KeepAlive>组件包裹组件会新增两个生命周期,其中,选项式 API 中新增的是

activated 和 deactivated；组合式 API 中新增的是 onActivated 和 onDeactivated。

这里以组合式 API 为例。

```
< script setup >
import { onActivated, onDeactivated } from "vue";

onActivated(() => {
  //调用时机为首次挂载
  //以及每次从缓存中被重新插入时
  console.log("onActivated");
});

onDeactivated(() => {
  //从 DOM 上移除、进入缓存
  //以及组件卸载时调用
  console.log("onDeactivated");
});
</script >
```

提示：

（1）onActivated 在组件挂载时也会调用，onDeactivated 在组件卸载时也会调用。

（2）这两个钩子不仅适用于< KeepAlive >缓存的根组件，也适用于缓存树中的后代组件，即后代组件可使用这两个生命周期钩子。

5.5　< Suspense >

< Suspense >是一个内置组件，用来在组件树中协调对异步依赖的处理。它让我们可以在组件树上层等待下层的多个嵌套异步依赖项解析完成，并可以在等待时渲染一个加载状态。

在一些场景中，组件的加载可能会比较耗时，例如从服务器获取数据或按需加载某些组件。如果没有使用< Suspense >组件，用户在等待组件加载的过程中可能会看到空白的页面或其他错误提示，这会导致不好的用户体验。

使用< Suspense >组件可以解决这个问题。它可以在异步组件加载时显示一个指定的加载状态（例如 loading 动画），然后在加载完成后自动切换到组件的内容。这样，用户就能够得到更好的反馈和等待体验。

注意：< Suspense >目前是一项实验性功能。它不一定会最终成为稳定功能，并且在稳定之前相关 API 也可能会发生变化。因此，使用该组件时，请结合官网查看。

< Suspense >可以等待的异步依赖有两种：

（1）带有异步 setup()钩子的组件。其中包含了使用< script setup >时有顶层 await 表达式的组件。

（2）异步组件。

5.5.1 异步 setup()钩子

选项式 API 中组件的 setup()钩子可以是异步的。

【例 5-12】 修改子组件 HelloWorld.vue,代码如下所示。

```
<script>
import { ref } from "vue";
export default {
  async setup() {
    const loadData = () => {
      return new Promise((resolve) => {
        setTimeout(() => {
          resolve("hello");
        }, 4000);
      });
    };
    const data = ref("");
    let res = await loadData();
    data.value = res;
    return {
      data,
    };
  },
};
</script>

<template>
  <div class = "text">{{ data }}</div>
</template>
```

使用 async setup()声明 setup 函数为异步函数。

在 setup 函数内部,定义了一个 loadData 函数,它返回一个 Promise 对象。这个函数模拟了一个异步操作,通过 setTimeout 函数延迟 4s,然后将字符串"hello"作为结果传递给 resolve 函数。

然后,使用 ref 函数创建了一个响应式变量 data,初始值为空字符串。

接着,使用 await 关键字等待 loadData 函数的结果,将结果赋值给变量 res。由于 setup 函数是异步的,当 await loadData()执行时,代码的执行会暂停,直到 Promise 对象的状态变为 resolved,也就是异步操作完成。

接下来,将 res 的值赋给 data.value,这会触发 Vue 的响应式系统更新。由于 data 是响应式的,组件会在数据更新后重新渲染。

最后,从 setup 函数中返回一个对象,将 data 作为返回对象的一个属性,以便在模板中使用。

在模板部分,使用插值语法{{ data }}来显示 data 的值,这个值会在异步操作完成后更新为"hello"。

修改父组件 App.vue,代码如下所示。

```
<script setup>
import HelloWorld from "./components/HelloWorld.vue";
</script>

<template>
  <div>
    <suspense>
      <template #default>
        <HelloWorld />
      </template>
      <template #fallback>
        <div>Loading...</div>
      </template>
    </suspense>
  </div>
</template>
```

<suspense>组件有两个插槽,分别是 #default 和 #fallback。其中, #default 插槽用于渲染组件加载完成后的内容,这里我们将<HelloWorld>组件放在了 #default 插槽中; #fallback 插槽用于在组件加载过程中显示一个占位内容,这里显示了"Loading..."字符串。

当<HelloWorld>组件加载完成后,它会被渲染到 #default 插槽中,替换掉占位内容。而在加载过程中, #fallback 插槽中的内容会被显示,给用户一个加载中的提示。

保存代码后,刷新浏览器,可以先看到"Loading...",4s 之后,页面显示"hello"。

5.5.2 顶层 await 表达式

如果<script setup>有顶层 await,表达式会自动让该组件成为一个异步依赖。

【例 5-13】 修改子组件 HelloWorld.vue,代码如下所示。

```
<script setup>
import { ref } from "vue";
const loadData = () => {
  return new Promise((resolve) => {
    setTimeout(() => {
      resolve("hello");
    }, 4000);
  });
};
const data = ref("");
let res = await loadData();
data.value = res;
</script>

<template>
  <div class="text">{{ data }}</div>
</template>
```

代码保存之后,效果与使用 async setup()相同。

5.5.3 异步组件

【例 5-14】 除了异步 setup,异步组件也可触发< Suspense >组件。修改子组件
HelloWorld. vue,代码如下所示。

```
< template >
  < div class = "text"> hello </div >
</template >
```

父组件 defineAsyncComponent 将子组件定义为一个异步组件。使用修改 App. vue,
代码如下所示。

```
< script setup >
import { defineAsyncComponent } from "vue";
const HelloWorld = defineAsyncComponent(() => {
  return import("./components/HelloWorld.vue");
});
</script >

< template >
  < div >
    < suspense >
      < template #default >
        < HelloWorld />
      </template >
      < template #fallback >
        < div > Loading...</div >
      </template >
    </suspense >
  </div >
</template >
```

保存代码后,使用 Ctrl+F5 刷新浏览器,可以看到显示 hello 之前,有 Loading 状态,这
取决于浏览器的加载速度,如果浏览器加载够快,可能看不到该效果。我们可以控制网络速
度,人为地进行干预。在浏览器的控制面板,选择 Network 选项,单击 No throttling,弹出
快捷菜单,单击 Slow 3G,如图 5-4 和图 5-5 所示。将浏览器的网速调低,再刷新页面,就可
以很明显地看到页面先出 Loading 再出 hello 的效果。

图 5-4 单击 No throttling

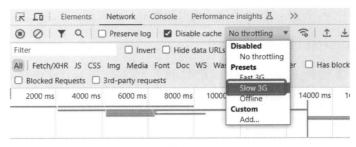

图 5-5　单击 Slow 3G

本章小结

本章介绍了 Vue.js 中几个重要的高级组件和特性：Transition、TransitionGroup、Teleport、KeepAlive 和 Suspense。

（1）Transition 用于实现动画过渡效果，可以在元素插入、更新或移除时应用动画效果，提供流畅和有吸引力的用户界面体验。

（2）TransitionGroup 与 Transition 类似，但它可以同时对多个元素进行过渡动画，例如在列表中的元素插入或删除时可以应用动画。

（3）Teleport 组件允许将组件的内容渲染到任意指定的目标位置，打破了组件嵌套层级的限制，实现更灵活的布局和组件定位。

（4）KeepAlive 组件用于缓存组件的状态，避免组件被频繁销毁和重新创建，提高组件的加载速度和用户体验。

（5）Suspense 组件用于在异步加载组件时展示加载状态，可以等待异步 setup() 钩子或异步组件的解析完成后再渲染内容，实现更平滑的加载效果。

这些高级组件和特性为 Vue.js 开发者提供了强大的工具，使得构建复杂的用户界面和实现高级交互效果变得更加简单和便捷。通过灵活运用这些特性，开发者可以提升应用的用户体验和性能，为用户带来更好的使用体验。

第 6 章

Vue Router

Vue Router 是 Vue.js 官方提供的路由管理器,用于实现页面的导航和路由功能。其核心思想是将页面的不同状态映射到不同的 URL 上,通过 URL 的变化来实现页面之间的切换和导航。

6.1 路由的概念

前端路由是指在单页面应用(Single Page Application,SPA)中,通过改变浏览器 URL 地址来实现页面之间的切换和导航。传统的多页面应用中,每个页面对应一个完整的 HTML 页面,每次单击链接或提交表单时都会发送一个请求,服务器返回一个新的 HTML 页面进行页面刷新。

而在前端路由中,整个应用只有一个 HTML 页面,所有的页面内容都是在这个页面中动态加载和渲染。页面之间的切换通过监听 URL 地址的变化,根据不同的 URL 加载对应的组件或内容,通过 DOM 替换的方式,更新页面的视图。避免了每次页面切换都需要重新加载整个页面的问题,从而提供了更流畅的用户体验。

前端路由的核心概念包括以下几方面:

(1)路由规则:前端路由通过定义一组路由规则,将 URL 地址与对应的组件或内容进行映射。每个路由规则由一个 URL 地址和相应的组件或内容构成。

(2)路由器:路由器是前端路由的核心管理者,负责监听 URL 地址的变化,根据路由规则进行匹配,并处理导航事件。它通常提供一组 API 和方法,用于配置路由规则、导航到指定的 URL 地址和传递参数等操作。

(3)URL 地址:URL 地址是前端路由的触发点,用户在浏览器中输入或单击 URL 地址时,路由器会根据定义的路由规则进行匹配,并加载相应的组件或内容。

(4)组件:组件是前端路由中页面显示的基本单元。每个路由规则对应着一个组件或内容,当路由匹配成功时,对应的组件会被加载并渲染到页面中,实现页面的切换和更新。

6.2　路由模式

路由模式是指前端路由在浏览器中处理 URL 的方式。Vue Router 提供了两种常见的路由模式：

（1）哈希模式（hash mode）：哈希模式使用 URL 中的哈希符号（♯）来模拟路由。在哈希模式下，URL 的形式是 example.com/♯/path。当 URL 发生变化时，哈希符号后面的部分会被解析为路由路径，并触发相应的路由操作。哈希模式的优点是兼容性好，可以在不同的服务器上正常工作，且不需要服务器端的配置；缺点是 URL 中会带有哈希符号，尤其是在需要分享链接的场景下不太美观。

（2）历史模式（history mode）：历史模式使用 HTML5 的 History API 来处理 URL，没有哈希符号。在历史模式下，URL 的形式是 example. com/path。历史模式通过监听浏览器的历史记录，实现 URL 的变化和路由的匹配。相比哈希模式，历史模式的 URL 更加美观，不带有哈希符号。但是，历史模式在生产环境（线上环境）中需要在服务器端进行相应的配置，例如配置 Nginx，通过重定向找到对应资源，以确保在刷新页面或直接访问 URL 时，能够正确地返回对应的路由页面。

使用哪种路由模式取决于具体的项目需求和服务器环境。

6.3　安装

在项目终端中，运行以下命令安装 Vue Router：

```
yarn add vue - router
```

6.4　基本使用

6.4.1　新建页面文件

在 src 文件夹下，新建 pages 文件夹，并在 pages 文件夹下新建 Login. vue 和 Home. vue 两个文件。

Login. vue 页面代码如下所示。

```
< template >
  < div >登录页</div >
</template >
```

Home. vue 页面代码如下所示。

```
< template >
  < div >首页</div >
</template >
```

6.4.2　定义路由

在 src 文件夹下,新建 router 文件夹,并在 router 文件夹下新建 routes.js。routes.js 代码如下所示。

```
const routes = [
  {
    path: "/login",
    component: () => import("../pages/Login.vue"),        //路由懒加载
  },
  {
    path: "/home",
    component: () => import("../pages/Home.vue"),
  },
];

export default routes;
```

这段代码定义了一个路由配置数组 routes,其中包含了两个路由对象。第一个路由对象 path 属性表示/login 路径,component 属性表示/login 路径对应的组件。Login.vue 通过箭头函数和 import()方式实现路由懒加载,即在需要时才会加载对应的组件。第二个路由对象 path 表示/home 路径,同样使用路由懒加载的方式引入了 Home.vue 组件。最后通过 export default routes 将路由配置数组导出,以便在 Vue Router 的配置中使用。

这样的配置可以让你在使用 Vue Router 时,根据访问的路由按需加载组件,提高应用的性能和加载速度。

提示:路由懒加载与异步组件定义方式不同,路由懒加载是直接通过()=>import 方式引入,异步组件需要借助 defineAsyncComponent,例如:

```
const HelloWorld = defineAsyncComponent(() => import("./components/HelloWorld.vue"));
```

6.4.3　创建路由实例

在 router 文件夹下新建 index.js,代码如下所示。

```
import { createRouter, createWebHistory } from "vue-router";
import routes from "./routes";

const router = createRouter({
  history: createWebHistory(),        //可传参数,配置 base 路径
  routes,
});

export default router;
```

导入 createRouter 和 createWebHistory 方法,以及上一步定义的路由配置文件 routes。使用 createRouter 方法创建了一个路由实例,该方法接收一个配置对象作为参数。

在配置对象中,我们使用 createWebHistory 方法创建了一个基于浏览器历史模式的路由对象,并将定义的路由配置文件传递给 routes 属性(routes：routes 简写为 routes),用于配置路由映射规则。最后,通过 export default 导出了创建的路由实例。

如果想使用 hash 模式,可将 createWebHistory()替换为 createWebHashHistory()。

拓展：历史模式下刷新页面出现 404 问题原因。

在 Vue Router 的历史模式下,路由的路径不带有"＃"符号,例如 http://example.com/home。这样的路径在前端路由中是有效的,但是当直接刷新页面时,浏览器会向服务器发送一个请求,服务器会尝试在后端查找该路径对应的资源,但通常情况下并没有对应的资源,因此会返回 404 错误。

为了解决这个问题,需要在服务器端进行配置,以确保对所有路径都返回 Vue.js 应用程序的入口文件(通常是 index.html)。这样,当刷新页面时,服务器会返回入口文件,前端的 Vue.js 应用程序会接管页面的渲染和路由的处理。

以 Nginx 为例,配置 Nginx,解决历史模式下刷新页面出现 404 问题。在 Nginx 的 server 选项中,添加如下配置。

```
location / {
  try_files $uri $uri/ /index.html;
}
```

当访问根路径或其他任意路径时,尝试查找对应的文件或目录。如果找不到,则将请求重定向到 index.html。这样的配置能够确保在刷新页面时,无论访问哪个路径,服务器都会返回 index.html,然后由前端的 Vue.js 应用程序接管页面的渲染和路由的处理。

通常情况下,大多公司会有运维人员专门进行配置,如果公司规模较小,则首选哈希模式路由,也可在 Nginx 中进行配置。

6.4.4　路由注册

修改 main.js,代码如下所示。

```
import { createApp } from "vue";
import "./style.css";
import App from "./App.vue";
import router from "./router/index";        //引入路由实例

const app = createApp(App);

app.use(router);                            //注册路由

app.mount("#app");
```

使用 import 导入路由实例,使用 app.use 注册路由。

6.4.5　定义路由出口

修改 App.vue，代码如下所示。

```
<template>
  <router-view v-slot="{ Component }">
    <Transition name="fade" mode="out-in">
      <component :is="Component" />
    </Transition>
  </router-view>
</template>

<style>
.fade-enter-active,
.fade-leave-active {
  transition: all 0.2s ease;
}

.fade-enter-from,
.fade-leave-active {
  opacity: 0;
}
</style>
```

在模板中，我们使用< router-view >组件显示当前路由对应的组件，< router-view >组件是路由的出口，路由匹配到的组件将在这里被渲染。通过 v-slot 指令，我们可以访问到被渲染的组件实例。

在< router-view >中，我们使用< Transition >组件添加过渡效果。通过 name 属性设置过渡的名称为"fade"；通过 mode 属性设置过渡模式为"out-in"，表示路由切换时，旧组件先进行离场动画，然后新组件进行入场动画。

在< component >中，我们使用动态组件的形式将 Component 组件渲染出来。通过 :is 属性，我们动态地绑定了 Component 组件，使其根据路由切换而动态加载不同的组件。

在样式部分，我们定义了过渡效果的动画规则。.fade-enter-active 和 .fade-leave-active 类指定了过渡过程中的动画属性，包括动画持续时间和过渡方式。.fade-enter-from 和 .fade-leave-active 类则指定了元素初始状态和离场状态的样式，例如透明度为 0。

通过以上代码，我们实现了在路由切换时使用淡入淡出的过渡效果，使页面的切换更加平滑和流畅。至此，路由的基本配置已完成，保存代码后，访问 http://127.0.0.1:5173/login 即可看到登录页内容，访问 http://127.0.0.1:5173/home 即可看到首页内容，分别如图 6-1 和图 6-2 所示。

提示：5173 为 vite 本地开发服务器的端口。可以在终端上看到，如图 6-3 所示。

图 6-1　登录页 　　　　　图 6-2　首页 　　　图 6-3　vite 本地开发服务器的端口

6.5　声明式、编程式导航

上面是通过手动在浏览器中输入对应的 url 来显示对应的页面的,在实际使用情景中,通常都是首次输入对应的网址,之后通过单击按钮或链接的方式来跳转,我们可以使用声明式、编程式导航实现该效果。

6.5.1　声明式导航

修改 App.vue 的模板区域,代码如下所示。

```
< template >
  < div >
    < router - link to = "/login"> 跳转 login </router - link >
    < router - link to = "/home"> 跳转 home </router - link >
    < router - view v - slot = "{ Component }">
      < Transition name = "fade" mode = "out - in">
        < component :is = "Component" />
      </Transition >
    </router - view >
  </div >
</template >
```

< router-link > 是 Vue Router 提供的组件,用于生成带有路由链接的< a >标签。通过设置 to 属性指定要导航到的路由路径。

保存代码后,浏览器页面显示内容更新,单击对应的按钮,即可跳转到对应的路由,并把对应的组件显示出来。

6.5.2　编程式导航

修改 App.vue,代码如下所示。

```
< script setup >
import { useRouter } from "vue - router";

const router = useRouter();

const handleRoute = (route) => {
```

```
      router.push(route);
    };
  </script>

  <template>
    <div>
      <button @click = "handleRoute('/login')">跳转 login</button>
      <button @click = "handleRoute('/home')">跳转 home</button>
      <router - view v - slot = "{ Component }">
        <Transition name = "fade" mode = "out - in">
          <component :is = "Component" />
        </Transition>
      </router - view>
    </div>
  </template>

  <style>
  .fade - enter - active,
  .fade - leave - active {
    transition: all 0.2s ease;
  }

  .fade - enter - from,
  .fade - leave - active {
    opacity: 0;
  }
  </style>
```

在<script setup>部分,从 vue-router 中导入了 useRouter 函数,再调用 useRouter 函数
获取 router 对象(路由器实例),该 router 对象包含了路由的各种方法和属性,如 push、
replace、go 等。通过使用 router 对象,可以在组件中进行页面跳转。接下来,定义了一个
handleRoute 函数,该函数接收一个路由路径作为参数,并使用 router.push 方法进行路由
跳转。

在< template>部分,使用了两个按钮来触发路由跳转,通过@click 监听单击事件,调用
handleRoute 函数并传递相应的路由路径。

6.6　动态路由匹配

6.6.1　基本使用

动态路由匹配是指通过在路由路径中使用冒号(:)来定义动态参数,根据不同的参数值
匹配不同的路由。例如,我们可以定义一个带有动态参数的路由规则。

```
{
  path: '/user/:id',
```

```
      component: User
  }
```

上述示例中，/user/:id 是一个动态路由路径，其中的:id 表示一个动态参数，它可以匹配任意的字符串，并将匹配到的值作为参数传递给相应的组件。

当用户 1 访问/user/1 时，路由会匹配到该规则，并将参数值 1 传递给 User 组件。同理，当其他用户访问/user/2 或/user/3 等不同的路径时，路由也会根据匹配的规则传递相应的参数值给组件。

（1）新增用户页面，在 pages 文件夹下新建 User. vue，代码如下所示。

```
< script setup >
import { useRoute } from "vue - router";
const route = useRoute();
</script>

< template >
  < div >用户界面:{{ route.params. id }}</div >
</template >
```

注意：在该示例代码中，从 vue-router 导出的是 useRoute。

useRoute 获取的是当前路由对象，通常用来获取当前路由的相关信息，例如当前路由的路径、参数值、查询参数等。useRouter 获取的是路由器实例，通常用来进行路由跳转。

在< script setup >部分，调用 useRoute 函数，将返回的当前路由对象赋值给 route 变量。

在< template >部分，使用插值绑定将 route. params. id 变量的值显示在用户界面中。

（2）增加路由配置，修改 router 文件夹下的 routes. js，代码如下所示。

```
const routes = [
  {
    path: "/login",
    component: () => import("../pages/Login.vue"),
  },
  {
    path: "/home",
    component: () => import("../pages/Home.vue"),
  },
  {
    path: "/user/:id",          //增加动态路由
    component: () => import("../pages/User.vue"),
  },
];

export default routes;
```

path：指定了路由的路径为/user/:id，其中:id 是一个动态参数，表示用户的 id。

component：指定了路由对应的组件为 User. vue，该组件将在路由匹配时进行加载。

（3）增加路由导航，修改 App. vue 的 template 区域，代码如下所示。

```
<template>
  <div>
    <button @click = "handleRoute('/login')">跳转 login </button>
    <button @click = "handleRoute('/home')">跳转 home </button>
    <button @click = "handleRoute('/user/1')">跳转 user 1 </button>
    <button @click = "handleRoute('/user/2')">跳转 user 2 </button>
    <router - view v - slot = "{ Component }">
      <Transition name = "fade" mode = "out - in">
        <component :is = "Component" />
      </Transition>
    </router - view>
  </div>
</template>
```

新增了两个按钮，分别用来跳转到 user1 与 user2 页面。保存之后，用户页面如图 6-4
所示。

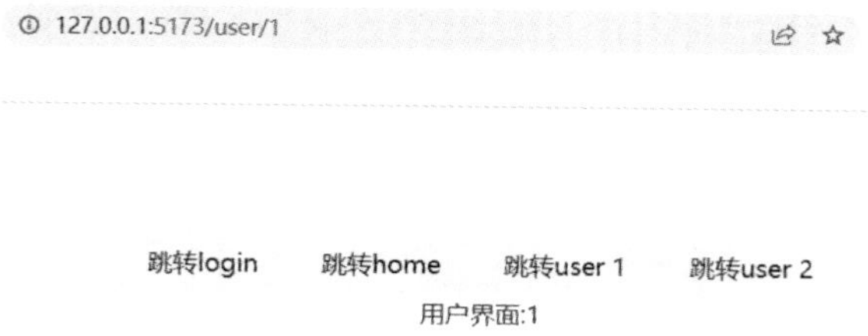

127.0.0.1:5173/user/1

跳转login　　跳转home　　跳转user 1　　跳转user 2
用户界面:1

图 6-4　用户页面

单击各个按钮，页面能够跳转到对应的路由。

思考：在 User. vue 中，我们使用插值语法绑定了 route. params. id。如果在 script 中使
用 ES6 的解构语法，解构出 params，然后使用插值语法绑定 params. id，会发生什么？

修改 User. vue，代码如下所示。

```
<script setup>
import { useRoute } from "vue - router";
const route = useRoute();

console.log("route", route);

const { params } = route;

console.log("params", params);
</script>

<template>
  <div>用户界面:{{ params.id }}</div>
</template>
```

保存代码后，在 user1 与 user2 页面间跳转时，页面显示内容不会更新。我们也从代码

中打印了 route 与 params 两个变量，从浏览器控制台可以看出 route 是响应式变量，而 params 只是一个普通的变量，如图 6-5 所示。解构出来的 params 失去了响应性，因此用户界面显示的内容不会更新。

图 6-5　route 与 params

因此，在开发 Vue.js 3 时，对响应式数据不要轻易解构，即使要解构，也需要结合使用 toRefs()。

6.6.2　响应路由参数的变化

使用带有参数的路由时需要注意的是，当用户从 users1 导航到 users2 时，相同的组件实例将被重复使用。因为两个路由都渲染同一个组件，比起销毁再创建，复用则显得更加高效。

修改 User.vue，代码如下所示。

```
< script setup >
import { onMounted } from "vue";
import { useRoute } from "vue - router";
const route = useRoute();

onMounted(() => {
  console.log("onMounted");
});
</script>

< template >
  < div >用户界面:{{ route.params.id }}</div>
</template>
```

保存之后，在 user1 与 user2 之间跳转时，onMounted 只打印了一次，说明在跳转时，原组件实例没有被销毁，而是被复用了。我们可以使用 watch 监听跳转的事件，从而手动控制更新。修改 User.vue，添加 watch 监听器。

```
< script setup >
import { watch } from "vue";
import { useRoute } from "vue - router";
const route = useRoute();

watch(
  route,
  (value) => {
    //监听路由的变化,手动添加一些处理代码
```

```
      console.log(value.params.id);
    },
    {
      immediate: true,
    }
  );
</script>

<template>
  <div>用户界面:{{ route.params.id }}</div>
</template>
```

6.7 配置 404 页面

配置 404 页面的作用是为用户提供一个友好的页面,当访问的路由不存在或页面未找到时,会显示 404 页面,向用户传达页面不存在的信息。

(1)在 pages 文件夹下新建 NotFound.vue,代码如下所示。

```
<template>
  <div>404 页面</div>
</template>
```

(2)修改 router 文件夹下的 routes.js 文件。

```
const routes = [
  ...//添加(放在最后)
  {
    path: "/:pathMatch(.*)*",
    component: () => import("../pages/notFound.vue"),
  },
];
```

保存代码后,直接在浏览器中输入一个没有配置过的路径,如 http://127.0.0.1:5173/manage,访问之后,页面按钮下面显示 404 页面。

6.8 重定向

重定向是一种将用户从一个 URL 地址自动导航到另一个 URL 地址的技术或方法。当用户访问一个 URL 时,前端应用程序会检查该 URL,并根据预设的规则将用户重定向到另一个 URL。

例如,访问"/"时,重定向到"/login"。修改 routes.js,代码如下所示。

```
const routes = [
  ...//添加(放在最前面)
  {
```

```
        path: "/",
        redirect: "/login",
    },
];

export default routes;
```

此时直接访问 http://127.0.0.1:5173/，页面会重定向到 http://127.0.0.1:5173/login，如果用户没有登录而想直接访问内容，则可以将其重定向到登录页，让用户先登录。

6.9 嵌套路由

嵌套路由是指在前端路由中将多个路由规则嵌套在一起形成层级结构的技术。通过嵌套路由，可以在一个父级路由下定义多个子路由，使得页面的组织结构更加清晰和灵活。

父级路由可以作为一个容器，提供共享的布局和功能，而子路由则可以根据需要动态加载不同的子组件，实现页面的切换和功能的扩展。

例如，登录之后，页面布局分为头部、菜单栏和页面内容三部分。其中，头部可以放项目名称和用户头像等，左侧为菜单栏，右侧为页面内容。单击菜单栏，只改变右侧页面内容，而头部与菜单栏的布局不变。

对于这种情况，可以使用嵌套路由来实现。父级路由可以提供头部、菜单栏和右侧插槽三部分，子级路由根据路径动态加载，更换右侧页面显示内容。这样，当单击菜单栏时，只需更改内容组件，头部和菜单栏的布局将保持不变。

（1）在 pages 文件夹下新建 Manage.vue，作为管理页，代码如下所示。

```
<template>
  <div>管理页</div>
</template>
```

（2）修改 routes.js，代码如下所示。

```
const routes = [
  {
    path: "/",
    redirect: "/login",
  },
  {
    path: "/login",
```

```
      component: () => import("../pages/Login.vue"),        //路由懒加载
    },
    {
      path: "/home",
      component: () => import("../pages/Home.vue"),
      children: [
        {
          path: "/user/:id",
          component: () => import("../pages/User.vue"),
        },
        {
          path: "/manage",
          component: () => import("../pages/Manage.vue"),
        },
      ],
    },
    {
      path: "/:pathMatch(.*)*",
      component: () => import("../pages/notFound.vue"),
    },
];

export default routes;
```

在/home 的子路由中,定义了两个子路由:/user/:id 和/manage,它们分别对应不同的组件。

（3）定义完嵌套路由之后,需要定义嵌套路由的出口,修改 Home.vue,代码如下所示。

```
<script setup>
import { useRouter } from "vue-router";

const router = useRouter();

const handleRoute = (route) => {
  router.push(route);
};
</script>

<template>
  <div class="homePage">
    <div class="header">头部</div>
    <div class="main">
      <div class="aside">
        <div @click="handleRoute('/user/1')" class="item"> user 1 </div>
        <div @click="handleRoute('/user/2')" class="item"> user 2 </div>
        <div @click="handleRoute('/manage')" class="item"> manage </div>
      </div>
      <div>
        <router-view v-slot="{ Component }">
```

```
            < Transition name = "fade" mode = "out - in">
                < component :is = "Component" />
            </Transition>
          </router - view >
        </div>
      </div>
    </div>
</template>

< style >
.header {
  height: 60px;
  background - color: antiquewhite;
}
.main {
  display: flex;
}
.aside {
  width: 120px;
  height: calc(100vh - 60px);
  background - color: aqua;
}
.item {
  height: 30px;
  text - align: center;
  line - height: 30px;
  background: blue;
  border - bottom: 1px solid;
  cursor: pointer;
}
</style >
```

Home.vue 中的< router-view >是子路由的出口，即渲染的子路由页面内容将在这里展示。在样式部分，我们定义了头部、侧边栏的样式，包括高度、背景色等属性。

（4）App.vue 是 Vue.js 应用的根组件，因此需要保持结构尽量简单。修改 App.vue，代码如下所示。

```
< template >
  < div >
    < router - view v - slot = "{ Component }">
      < Transition name = "fade" mode = "out - in">
        < component :is = "Component" />
      </Transition>
    </router - view >
  </div>
</template>

< style >
.fade - enter - active,
```

```
.fade - leave - active {
  transition: all 0.2s ease;
}

.fade - enter - from,
.fade - leave - active {
  opacity: 0;
}
</style>
```

在 App. vue 中,我们只定义了顶层路由的出口与< Transition >组件的样式过渡效果。

(5) 修改 src 目录下的 style. css 文件,代码如下所示。

```
body {
  margin: 0;
}
```

保存代码后,访问 http://127.0.0.1:5173/user/1,可以看到页面显示内容为"用户界面:1"。单击菜单栏的按钮,可以看到只有右侧区域的内容发生了变化。

6.10 路由传参

路由传参是一个很常见的业务需求。例如,在商品页面单击商品,带着商品的 id 跳转到该商品的详情页,使用路由上的 id 去查询商品的详情。

6.10.1 query 传参

(1) 修改 Manage. vue,代码如下所示。

```
< script setup >
import { reactive } from "vue";
import { useRouter } from "vue - router";

const router = useRouter();

const handleManage = (id) => {
  router.push({
    path: "/detail",
    query: {
      id,
    },
  });
};

const list = reactive([
  { name: "vue", id: "1" },
  { name: "react", id: "2" },
]);
```

```
</script>

<template>
  <div>
    <ul>
      <li v-for="item in list" :key="item.id" @click="handleManage(item.id)">
        {{ item.name }}
      </li>
    </ul>
  </div>
</template>
```

在<script setup>区块中，定义了一个名为 handleManage 的函数，它接收一个 id 参数。在函数内，使用 router.push 方法进行路由跳转，将路径设置为/detail，并附带一个名为 id 的查询参数。

（2）在 pages 文件夹下新建 Detail.vue 作为详情页，代码如下所示。

```
<script setup>
import { useRoute } from 'vue-router';
const route = useRoute();
</script>

<template>
    <div>
        获取的 id:{{ route.query.id }}
    </div>
</template>
```

在<script setup>区块中，使用 useRoute 函数获取当前路由对象，并将其赋值给 route 变量。通过 route 对象，可以获取当前路由的信息，例如查询参数、路径等。

在模板中，使用插值语法{{ route.query.id }}显示了从查询参数中获取的 id 值。通过 route.query 可以访问到路由的查询参数对象，并通过.id 获取具体的 id 值进行展示。

这段代码的功能是在模板中获取当前路由对象，并从路由的查询参数中提取并显示了一个名为 id 的值。

（3）配置路由规则，修改 routes.js，代码如下所示。

```
const routes = [
  {
    path: "/",
    redirect: "/login",
  },
  {
    path: "/login",
    component: () => import("../pages/Login.vue"),
  },
  {
    path: "/home",
```

```
        component: () => import("../pages/Home.vue"),
        children: [
            {
                path: "/user/:id",
                component: () => import("../pages/User.vue"),
            },
            {
                path: "/manage",
                component: () => import("../pages/Manage.vue"),
            },
            {
                path: "/detail", //新增/detail 规则
                component: () => import("../pages/Detail.vue"),
            },
        ],
    },
    {
        path: "/:pathMatch(. * ) * ",
        component: () => import("../pages/notFound.vue"),
    },
];

export default routes;
```

保存代码后,单击 manage 页面显示的 vue 或 react 文字,页面能跳转到对应的详情页,此时的 URL 路径如图 6-6 所示。

从 URL 可知,通过 query 传递的参数通过"?属性=值"的形式拼接在路径上。

小结:使用 query 传参,使用 query 接参。

图 6-6　URL 路径

6.10.2　动态路由匹配传参

动态路由匹配传参允许我们定义包含参数的路由,并在路由跳转时将参数值传递给路由组件。

在介绍动态路由时,其实已经用到了动态路由匹配传参。在 routes.js 中我们使用 /user/:id 定义了 user 的动态路由,在 User.vue 中我们使用 route.params.id 获取了路径上的参数 id。下面提取核心代码进行展示。

(1) 定义动态路由。

```
{
    path: '/user/:id',
    component: () => import("../pages/User.vue"),
},
```

（2）页面使用动态路由传参。

```
< script setup >
import { useRouter } from 'vue - router';
const router = useRouter();

const handleManage = () => {
  router.push('/user/1');
};
</script >
```

（3）页面使用 params 接参。

```
< script setup >
import { useRoute } from 'vue - router';
const route = useRoute();

console. log(route. params. id); //params 接参
</script >
```

小结：动态路由匹配传参，使用 params 接参。

6.11　导航守卫

通过导航守卫，我们可以在路由切换前、切换后或切换过程中执行一些逻辑，例如验证用户权限、处理登录状态。

6.11.1　全局前置守卫

全局前置守卫是在路由导航之前执行的函数，允许我们在路由跳转之前拦截导航并进行一些处理，例如检查用户是否有权限访问某个路由，验证用户身份，或者执行一些全局的前置操作。

在 Vue Router 中，我们可以通过使用 router. beforeEach 方法来注册全局前置守卫。该方法接收一个回调函数作为参数，该回调函数在每次路由跳转之前都会被调用。

修改 router 文件夹下的 index. js 文件，代码如下所示。

```
import { createRouter, createWebHistory } from "vue - router";
import routes from "./routes";

const router = createRouter({
  history: createWebHistory(),
  routes,
});

router. beforeEach((to, from) => {
  if (!localStorage. getItem("token") && to. path !== "/login") {
    //未登录且访问的不是登录页，重定向到登录页面
    return "/login";
```

```
    }
  });

  export default router;
```

在守卫函数中,通过检查 localStorage 中是否存在 token,可以判断用户是否已登录。如果用户未登录且试图访问的不是登录页(to.path 不等于/login),则会返回"/login",这将触发路由重定向到登录页面。如果守卫函数没有返回任何值,则表示继续路由导航,即允许用户访问目标页面。

总结起来,上述代码片段中的全局前置守卫用于在用户进行路由导航前进行登录验证。如果用户未登录且试图访问的不是登录页,则会被重定向到登录页面。这样可以确保只有登录用户才能访问需要登录权限的页面。

保存代码后,因为浏览器的 localStorage 中没有 token 字段,页面会跳转到登录页,我们在登录页写一些登录操作,修改 Login.vue,代码如下所示。

```
<script setup>
import { reactive } from "vue";
import { useRouter } from "vue-router";

const router = useRouter();
const user = reactive({ name: "", password: "" });
const sumbit = () => {
  //这里是一个延时操作,假设从接口中获取到了 token 的值
  setTimeout(() => {
    const token = "123456";
    localStorage.setItem("token", token);      //将值存储到 localStorage 中
    router.push("/home");
  }, 300);
};
</script>

<template>
  <div>
    <div style="height: 170px; margin-top: 60px; text-align: center">
      XXXX 管理系统
    </div>
    <div style="text-align: center">
      姓名: <input v-model="user.name" />
      <br />
      密码: <input v-model="user.password" />
      <br />
      <button @click="sumbit">提交</button>
    </div>
  </div>
</template>
```

定义一个名为 submit 的函数,该函数用于模拟登录操作。在实际场景中,可以在此处

进行与后端的交互,验证用户输入的用户名和密码,并获取到相应的 token 值用来验证用户登录信息。

localStorage 的值保存在浏览器控制台的 Application 中,如图 6-7 所示。

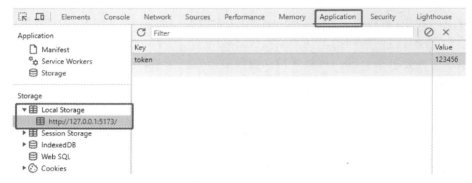

图 6-7 localStorage

拓展:token 是一种在身份验证和授权过程中用于传递信息的令牌。常见的 token 类型包括 JWT(JSON Web Token)和 OAuth 令牌(如 Access Token)。

流程:

(1)客户端向服务端发送用户登录信息,包括用户名和密码等信息。

(2)服务器生成 token 并返回给客户端,这些 token 通常包含一些关键信息,如用户 ID、角色、权限、过期时间等。

(3)客户端存储 token,并在之后的请求中将 token 添加到请求头中,发送给服务端。

token 可以简单理解为在住宿前先在前台登记个人信息,然后前台给客人一张房卡(token),之后客人便可以通过这张房卡进入房间。

6.11.2 路由独享守卫

与全局前置守卫不同,路由独享守卫是针对特定路由的守卫,只会应用于该路由的导航过程。这意味着我们可以根据需要为不同的路由配置不同的守卫逻辑。

在全局前置守卫中,实现了未登录用户重定向到登录页。权限级别可以进一步细分,例如对于登录用户,只有管理员才能访问/manage,此时我们可以使用路由独享守卫实现。

修改 routes.js,代码如下所示。

```
const auth = () => {
  if (
    !localStorage.getItem("identity") ||
    localStorage.getItem("identity") !== "Administrator"
  ) {
    return false;
  }
};
```

```
const routes = [
  {
    path: "/",
    redirect: "/login",
  },
  {
    path: "/login",
    component: () => import("../pages/Login.vue"),
  },
  {
    path: "/home",
    component: () => import("../pages/Home.vue"),
    children: [
      {
        path: "/user/:id",
        component: () => import("../pages/User.vue"),
      },
      {
        path: "/manage",
        component: () => import("../pages/Manage.vue"),
        beforeEnter: auth, //路由独享守卫
      },
      {
        path: "/detail",
        component: () => import("../pages/Detail.vue"),
      },
    ],
  },
  {
    path: "/:pathMatch(.*)*",
    component: () => import("../pages/notFound.vue"),
  },
];

export default routes;
```

auth 函数用于进行身份验证的逻辑判断,如果为非管理员用户(localStorage. getItem ("identity") !== "Administrator"),则返回 false,路由便不会继续跳转。

保存代码后,单击菜单栏中的 manage 按钮,页面不会跳转,直接访问 http://127.0.0.1: 5173/manage,页面显示空白,此时非管理员用户已不能再访问 manage 页面。

如果是管理员,在登录阶段接口会返回相关的管理员信息,修改 Login. vue 的 sumbit 函数。

```
const sumbit = () => {
  setTimeout(() => {
    const token = "123456";
    localStorage.setItem("token", token);
```

```
      localStorage.setItem("identity", "Administrator");
      router.push("/home");
   }, 300);
};
```

重新访问 http://127.0.0.1:5173/login 页面，单击提交按钮，将 identity 的值存储到 localStorage 中，如图 6-8 所示。

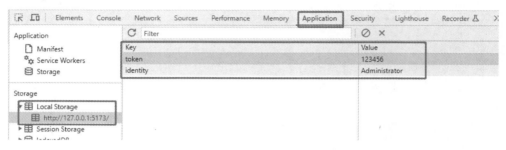

图 6-8   identity 的值

之后单击菜单栏的 manage 按钮，页面路由成功跳转到 http://127.0.0.1:5173/manage。

提示：beforeEnter 守卫只在进入路由时触发，不会在 params、query 或 hash 改变时触发。例如，从/user/1 进入/users/2 或者从/user/2♯info 进入/user/2♯projects，都不会触发 beforeEnter 守卫。

6.11.3   组件内守卫

在路由组件内直接定义路由导航守卫。使用情景：预防用户在还未保存修改前突然离开。

（1）在 pages 文件夹下新建 Form.vue，作为表单页，代码如下所示。

```
< script setup >
import { reactive } from "vue";
import { onBeforeRouteLeave } from "vue - router";

const form = reactive({ name: "", num: "" });

const sumbit = () => {
  //可以将一些表单数据提交至服务器,入库操作
  //提交后可重置表单数据
  form.name = "";
  form.num = "";
};

onBeforeRouteLeave((to, from) => {
  //如果填写了表单信息而未提交,则提示
  if (form.name || form.num) {
    const answer = window.confirm("确定离开吗");
    //取消导航并停留在同一页面上
```

```
      if (!answer) return false;
    }
  });
</script>

<template>
  <div>
    <div style="text-align: center">
      名称: <input v-model="form.name" />
      <br />
      销量: <input v-model="form.num" />
      <br />
      <button @click="sumbit">提交</button>
    </div>
  </div>
</template>
```

在<script setup>区块中,首先导入了 reactive 函数和 onBeforeRouteLeave 函数。其中,reactive 函数用于创建一个响应式的对象,onBeforeRouteLeave 函数用于定义路由离开时的守卫逻辑。接着,创建了一个名为 form 的响应式对象,其中包含了 name 和 num 两个属性,分别对应表单中的名称和销量输入框的值。定义一个名为 submit 的函数,该函数用于模拟将表单数据提交至服务器的操作,并在提交后重置表单数据。在 onBeforeRouteLeave 的守卫函数中,如果判断填写了表单信息但未提交,将弹出一个确认提示框,询问用户是否确定离开。如果用户单击取消,则返回 false,取消导航并停留在同一页面上。

在模板部分,展示了一个包含表单的页面,包括名称输入框、销量输入框和提交按钮。通过 v-model 指令将输入框与 form 对象中的属性进行双向数据绑定。当单击"提交"按钮时,调用 submit 函数进行表单数据的提交操作。

这段代码实现了一个带有表单的组件,若用户填写了表单信息但未提交,则在离开当前路由时会弹出确认提示框,询问用户是否确定离开。如果用户单击取消,则取消导航并停留在同一页面上。同时,单击"提交"按钮后会将表单数据提交至服务器,并重置表单数据。

（2）配置路由,修改 routes.js,在/detail 下新增/form 配置对象。代码如下所示。

```
const routes = [
  //...之前的配置保持不变
  {
    path: "/home",
    component: () => import("../pages/Home.vue"),
    children: [
      //...之前的配置保持不变
      {
        path: "/detail",
        component: () => import("../pages/Detail.vue"),
      },
      {
        path: "/form", //新增 form 表单页
```

```
        component: () => import("../pages/Form.vue"),
      },
    ],
  },
  //...
];

export default routes;
```

在路由配置表中，新增了表单页面，对应路由为"/form"。

（3）修改 Home.vue 的 template 区域，在 manage 按钮下新增对应 form 表单页面的按钮。

```
< div @click = "handleRoute('/form')" class = "item"> form </div>
```

单击菜单栏中的 form 按钮，在名称或销量中输入信息，然后单击 manage 按钮，浏览器会提示"确定离开吗"，如图 6-9 所示。如果表单内无数据，则浏览器不会弹出提示框。

图 6-9 确认提示框

6.12 路由元信息

路由元信息是在 Vue Router 中与路由相关的自定义数据。通过路由配置中的 meta 字段可以定义路由元信息。它是一种用于存储与路由相关的附加信息的机制，例如页面标题、访问权限、面包屑导航等。

目前浏览器 Tab 标签名为 Vite ＋ Vue，如图 6-10 所示。该值是在 index.html 文件的< title >标签中定义的（< title >Vite ＋ Vue </title >），是个固定值。我们可以通过路由元信息实现跳转到某个路由，浏览器 Tab 标签名就改为对应名称。

图 6-10 浏览器 Tab 标签名

（1）修改 routes.js。

```
const auth = () => {
  if (
    !localStorage.getItem("identity") ||
    localStorage.getItem("identity") !== "Administrator"
  ) {
    //未登录,重定向到登录页面
    return false;
```

```
    }
  };

  const routes = [
    {
      path: "/",
      redirect: "/login",
    },
    {
      path: "/login",
      component: () => import("../pages/Login.vue"),
      meta: { //新增路由元信息
        title: "登录页",
      },
    },
    {
      path: "/home",
      component: () => import("../pages/Home.vue"),
      children: [
        {
          path: "/user/:id",
          component: () => import("../pages/User.vue"),
          meta: {
            title: "用户页",
          },
        },
        {
          path: "/manage",
          component: () => import("../pages/Manage.vue"),
          beforeEnter: auth,
          meta: {
            title: "管理页",
          },
        },
        {
          path: "/detail",
          component: () => import("../pages/Detail.vue"),
          meta: {
            title: "详情页",
          },
        },
        {
          path: "/form",
          component: () => import("../pages/Form.vue"),
          meta: {
            title: "表单页",
          },
        },
      ],
```

```
    },
    {
      path: "/:pathMatch(. * ) * ",
      component: () => import("../pages/notFound.vue"),
      meta: {
        title: "404 页",
      },
    },
  ];

export default routes;
```

在路由配置中，定义了一个 meta 元信息字段，其中设置了 title 属性，用来存储当前路由额外的信息。

（2）修改 router 文件夹下的 index.js，代码如下所示。

```
import { createRouter, createWebHistory } from "vue - router";
import routes from "./routes";

const router = createRouter({
  history: createWebHistory(),
  routes,
});

router. beforeEach((to, from) => {
  if (!localStorage. getItem("token") && to. path !== "/login") {
    //未登录且访问的不是登录页，重定向到登录页面
    return "/login";
  }
  //如果路由元信息有 title 字段，则赋值给 document. title
  if (to. meta. title) {
    document. title = to. meta. title;
  }
});

export default router;
```

在全局前置守卫中，判断当前路由对象 to 的元信息中是否包含 title 字段，如果有，则将 title 的值赋给 document. title，以设置页面的标题。之后进行路由跳转时，浏览器 Tab 标签的名称都能对应上当前模块的名称。

6.13 动态路由

动态路由是根据运行条件动态地添加或删除路由。在讲路由独享守卫时，我们给 manage 页面进行了权限判断，如果不为管理员，则不进行路由跳转。除此以外，我们也可通过动态路由实现路由权限功能，只有在为管理员的情况下才添加该路由。

动态路由主要通过两个函数实现：router. addRoute()和 router. removeRoute()，即动态添加与动态删除。

（1）在 pages 文件夹下新建 Setting. vue，代码如下所示。

```
<template>
  <div>设置页</div>
</template>
```

（2）配置路由规则，在 route 文件夹下新建 dynamicRoutes. js 文件，代码如下所示。

```
export const SettingRoute = {
  path: "/setting",
  component: () => import("../pages/Setting.vue"),
  meta: {
    title: "设置页",
  },
};
```

拓展：export 和 export default 是用于导出模块的两种不同的导出方式，它们有以下区别：

① export 关键字可以用于导出多个变量、函数或对象，而 export default 只能导出一个默认的值或对象。

② 使用 export 导出的变量或函数需要使用花括号"{}"进行包裹，使用具体的名称进行导入，例如 import { foo, bar } from './module'。使用 export default 导出的默认值可以直接导入，可以使用任意名称进行导入，例如 import module from './module'。

③ 在一个模块中，export 和 export default 可以同时存在，但 export default 只能存在一次。
示例：

```
//使用 export 导出
export const foo = 'Foo';
export function bar() { /* 函数 */ }

//使用 export default 导出
const defaultExport = 'Default Export';
export default defaultExport;
```

在另一个模块中导入这些导出的值：

```
import { foo, bar } from './module';
console.log(foo); //输出 'Foo'
bar(); //调用 bar 函数

import module from './module';
console.log(module); //输出 'Default Export'
```

（3）修改 routes. js，在/home 路由中新增 name 属性，方便动态子路由进行挂载。

```
const routes = [
  //...
  {
```

```
    path: "/home",
    name:"Home", //新增 name 属性,值为 Home
    component: () => import("../pages/Home.vue"),
    children: [
      //...
    ],
  },
];


export default routes;
```

（4）修改 App.vue,新增 script 区域内容,代码如下所示。

```
<!-- 新增 -->
<script setup>
import { watch } from "vue";
import { useRouter, useRoute } from "vue-router";
import { SettingRoute } from "./router/dynamicRoutes";

const router = useRouter();
const route = useRoute();
watch(route, async (newVal) => {
  const identity = localStorage.getItem("identity");
  if (identity && identity === "Administrator") {
    router.addRoute("Home", SettingRoute);
    /* 防止页面刷新,路由丢失 */
    if ( newVal.fullPath === SettingRoute.path) {
      await router.replace(SettingRoute.path);
    }
  }
});
</script>
```

使用 watch 函数来监听 route 对象的变化。一旦 route 对象发生变化,就会执行回调函数。在回调函数中,首先通过 localStorage.getItem("identity")获取保存在本地的身份信息。

接下来,判断 identity 是否存在且等于 Administrator,如果是,表示用户具有管理员身份。在这种情况下,调用 router.addRoute("Home", SettingRoute)将 SettingRoute 挂载到名为 Home 的路由下。

然后,判断要跳转的页面是否等于设置页面的路由,如果是,则执行异步操作 await router.replace(SettingRoute.path)。这个操作的目的是在动态路由页面刷新时避免出现动态路由丢失。通过 router.replace 方法重新跳转到设置页面,确保页面正确加载。

（5）在 Home.vue 中新增菜单栏 setting 的按钮。

```
//在 form 按钮下添加
<div @click = "handleRoute('/setting')" class = "item"> setting </div>
```

此时,如果 localStorage 中的 identity 属性值为 Administrator,那么能正常访问 http://127.0.0.1:5173/setting,否则访问该地址将会返回 404 页面。

本章小结

（1）介绍了 Vue Router 路由的基本使用，包括定义路由表、创建路由实例、路由注册和定义路由出口。

（2）介绍了声明式导航和编程式导航两种路由跳转方式，分别通过< router-link >和编程方式实现了路由导航。

（3）解释了动态路由匹配的概念，通过使用占位符来实现根据参数生成不同的路由。

（4）介绍了如何配置 404 页面，用于捕获不存在的路由并提供友好的错误页面。

（5）介绍了重定向的使用，可以将某个路由重定向到另一个路由。

（6）解释了嵌套路由的概念，通过父级路由提供基本布局，实现页面的嵌套和层级结构。

（7）结合使用情景，介绍了路由传参的方法，包括查询参数和动态路由传递参数。

（8）介绍了路由守卫的概念，包括全局前置守卫、路由独享守卫和组件内守卫，用于在路由导航前后执行一些逻辑操作。

（9）介绍了路由元信息的使用，可以在路由配置中定义和访问自定义的元信息，用于存储与路由相关的附加信息。

（10）介绍了如何使用动态路由实现权限路由，根据用户身份动态添加需要的路由规则。

第 7 章

Pinia

Pinia 是一个基于 Vue.js 3 的状态管理库,它提供了一种简洁、直观的方式来管理应用程序的状态。Pinia 的设计受到了 Vuex 的启发,但与 Vuex 有一些不同之处。Pinia 在语法上更贴近 Vue.js 3 的方式,并利用了 Vue.js 3 的 Composition API 来定义和访问状态。

7.1 Pinia 的特点

(1) 完整的 TypeScript 支持:Pinia 提供了强大的 TypeScript 支持,可以享受到类型推断、类型检查和类型安全性的好处,使代码更可靠和易于维护。

(2) 三大核心概念:Pinia 包含三大核心概念,分别是 State(存储的值)、Getters(计算属性)和 Actions(改变值的方法,支持同步和异步操作)。通过这些概念,可以组织和操作应用程序的状态,使状态管理更加灵活和可控。

(3) 精简的设计:相较于 Vuex,Pinia 去除了 Mutations(使用 Actions 代替,Actions 同时支持同步和异步操作)和 Modules(只有 Store 之间的互相引用),使状态管理的结构更简单、清晰,降低了复杂性和学习成本。

7.2 Pinia 的使用

7.2.1 安装

在终端中运行以下命令进行 Pinia 的安装。

```
yarn add pinia
```

7.2.2 创建 Pinia 实例

在项目根目录下新建 store 文件夹,并创建 index.js 文件,代码如下所示。

```
import { createPinia } from 'pinia';

const store = createPinia();
```

```
export default store;
```

以上代码使用 import 从 Pinia 库中导入 createPinia 函数,调用 createPinia 函数创建一个 Pinia 实例,并将其赋值给 store 变量,最后通过 export default store 将该实例作为默认导出。

7.2.3 在 main.js 中引用

修改 main.js,代码如下所示。

```
import { createApp } from 'vue'
import './style.css'
import App from './App.vue'
import router from "./router/index";
import store from './store';        //Pinia 实例
const app = createApp(App);

app.use(router).use(store);         //注册 Pinia 实例

app.mount('#app')
```

通过 import store from './store'导入了 Pinia 实例。随后,在 app.use(store)中使用了链式调用,将 Pinia 实例注册到 Vue 应用程序实例上。

在 Vue.js 3 中,许多插件和库都支持链式调用的方式进行注册和配置。这种链式调用的方式使得代码更加清晰和易于阅读,同时提供了灵活性和可扩展性。

7.2.4 创建 store

在 Pinia 中,store 是状态管理的核心概念。store 是一个容器,用于存储和管理应用程序的状态。

通过 defineStore 函数来创建 store,该函数接收一个唯一的标识符(如名称)和一个配置对象,用于定义 store 的状态 state、计算属性 getters 和修改状态的方法 actions。

在 store 文件夹下新建 user.js,专门用于存储用户有关的信息,代码如下所示。

```
import { defineStore } from 'pinia';

//defineStore 的第一个参数是 id,其值必需唯一
export const useUserStore = defineStore('user', {
  //state 返回一个函数,防止作用域污染
  state: () => {
    return {
      userInfo: {
        name: 'qinghua',
        age: 23,
      },
      token: 'S1',
```

```
      };
    },
    getters: {
      newName: (state) => state.userInfo.name + 'vip',
    },
    actions: {
      //更新整个对象
      updateUserInfo(userInfo) {
        this.userInfo = userInfo;
      },
      //更新对象中某个属性
      updateAge(age) {
        this.userInfo.age = age;
      },
      //更新原始数据类型
      updateToken(token) {
        this.token = token;
      },
    },
});
```

这段代码使用了 Pinia 的 defineStore 函数来创建一个名为 user 的 store。这个 store 包含了一些状态、计算属性和操作。

在 state 部分，通过返回一个函数的方式定义了初始的状态。状态对象包括 userInfo 和 token 两个属性，分别表示用户信息和令牌。

在 getters 部分，定义了一个计算属性 newName，它基于 userInfo.name 的值返回了一个新的字符串。

在 actions 部分，定义了三个操作。其中，updateUserInfo 用于更新整个 userInfo 对象，接收一个新的 userInfo 参数；updateAge 用于更新 userInfo 对象中的 age 属性，接收一个新的 age 参数；updateToken 用于更新 token 属性，接收一个新的 token 参数。

拓展：命名 Vue.js 的自定义 Hook 时，我们需遵循以下几个常见的约定。

（1）使用 use 前缀：为了表示这是一个自定义 Hook，通常我们会在命名时加上 use 前缀，例如 useUserStore。

（2）使用驼峰命名法：按照 JavaScript 的命名惯例，我们应该使用驼峰命名法来命名 Hook。

（3）描述性命名：为了使其他开发人员能够轻松理解 Hook 的用途，我们应该选择一个能清晰表达功能的描述性名称，如 useLocalStorage 用于处理 localStorage 操作。

7.2.5 使用 store

（1）在 pages 文件夹下，新建 UserInfo.vue，展示如何使用 hook，代码如下所示。

```
<script setup>
import { storeToRefs } from "pinia";
```

```
import { useUserStore } from "../store/user";

const userStore = useUserStore(); //调用 hook

//storeToRefs 会跳过所有的 action 属性
const { userInfo, token, newName } = storeToRefs(userStore);

//action 属性直接解构
const { updateUserInfo, updateAge, updateToken } = userStore;

const handleUser = () => {
  updateUserInfo({ name: "lisi", age: 24 });
};

const handleAge = () => {
  //userInfo 是一个 ref 响应式引用,需通过.value 取值
  updateAge(userInfo.value.age + 1);
};

const handleToken = () => {
  updateToken("23234");
};
</script>

<template>
  <div>
    <div>姓名: {{ userInfo.name }} 年龄: {{ userInfo.age }}</div>
    <div>token: {{ token }}</div>
    <div>getter 值: {{ newName }}</div>
    <button @click="handleUser">更新用户</button>
    <button @click="handleAge">更新年龄</button>
    <button @click="handleToken">更新 token</button>
  </div>
</template>
```

store 是一个用 reactive 包装的对象,直接解构读取 state 会失去响应式,因此需要 storeToRefs 函数,它将为每一个响应式属性创建引用,解构后在 script 区域通过. value 的方式读取解构出来的值,例如 userInfo. value. age。在 template 模板中不需要加. value,模板会自动处理,例如 userInfo. age。在 actions 中定义的函数可以直接解构,不影响使用。

(2) 新建完页面文件后,配置路由,修改 routes. js,在 children 中新增路由/userInfo。代码如下所示。

```
{
  path: "/home",
  name:'Home',
  component: () => import("../pages/Home.vue"),
  children: [
    //...之前配置的路由
```

```
      {
        path: "/userInfo", //配置/userInfo路由,对应 UserInfo.vue 页面文件
        component: () => import("../pages/UserInfo.vue"),
        meta: {
          title: "用户信息页",
        },
      },
    ],
  },
```

（3）新增菜单栏按钮。在 Home.vue 中,新增按钮。

```
< div @click = "handleRoute('/userInfo')" class = "item"> userInfo </div>
```

保存代码后,单击 userInfo 按钮,将跳转到 userInfo 路由页面。在该页面上,可看到用户信息以及"更新用户""更新年龄"和"更新 token"三个按钮。

当分别单击这三个按钮时,页面中的用户信息和 token 将会相应地更新。单击"更新用户"按钮会将用户名更新为 lisi,年龄更新为 24 岁;单击"更新年龄"按钮会将当前年龄加 1;单击"更新 token"按钮会将 token 值更新为 23234。

7.2.6 异步 actions

除了上面展示的同步 actions,actions 也可以是异步的。

（1）在 store 文件夹下新建 list.js,代码如下所示。

```
import { defineStore } from "pinia";

//模拟网络请求
const getData = () => {
  return new Promise((resolve) => {
    setTimeout(() => {
      resolve(Math.random() * 100);
    }, 200);
  });
};

export const useListStore = defineStore("list", {
  state: () => {
    return {
      list: [ ],
    };
  },
  actions: {
    async updateList() {
      try {
        const data = await getData();
        this.list.push(data);
      } catch {
```

```
        /* empty */
      }
    },
  },
});
```

我们定义了一个名为 useListStore 的自定义状态仓库,并将其导出。该仓库初始状态下包含一个空的 list 数组。在 actions 部分,定义了一个名为 updateList 的异步操作。在 updateList 函数中,我们使用了 await 关键字来等待异步请求 getData 的结果。getData 函数将在 200ms 后返回一个随机数作为数据。一旦我们获取到数据,就将其推入 list 数组中。如果在请求过程中发生错误,则通过空的 catch 块捕获错误。

(2)在 pages 文件夹下新建 List.vue 页面文件,代码如下所示。

```
<script setup>
import { storeToRefs } from "pinia";
import { useListStore } from "../store/list";

const listStore = useListStore();

//storeToRefs 会跳过所有的 action 属性
const { list } = storeToRefs(listStore);

//action 属性直接解构
const { updateList } = listStore;
</script>

<template>
  <div>
    <div v-for="item in list">{{ item }}</div>
    <button @click="updateList">按钮</button>
  </div>
</template>
```

在<script setup>部分,调用 useListStore 函数创建了一个 list store 的实例,并将其赋值给 listStore 变量。使用 storeToRefs 函数从 listStore 中提取出响应式的状态属性,并将其赋值给 list 变量。这个函数会跳过所有的 action 属性。然后,直接从 listStore 对象解构出 action 属性 updateList。

在<template>部分,使用 v-for 指令为 list 中的每一项创建一个<div>元素,并将值显示在<div>内。添加一个<button>,并为其添加了一个单击事件监听器,单击按钮会触发 updateList。

总体而言,该示例使用 Pinia store 设置了一个响应式的列表,并在模板中显示列表的项。单击按钮会触发一个 action 来更新列表。

(3)配置相应路由。修改 routes.js,在 children 中新增路由/list,代码如下所示。

```
    {
      path: "/home",
      name: "Home",
      component: () => import("../pages/Home.vue"),
      children: [
        //...之前示例配置的路由
        {
          path: "/list", //配置/list路由,对应List.vue页面文件
          component: () => import("../pages/List.vue"),
          meta: {
            title: "列表页",
          },
        },
      ],
    },
```

（4）新增菜单栏按钮。在 Home.vue 中新增按钮,代码如下所示。

```
< div @click = "handleRoute('/list')" class = "item"> list </div >
```

保存代码后,单击 list 按钮,页面跳转到 list 路由页面。在该页面上,会看到一个按钮。单击该按钮,过 200ms,页面会新增一个随机数。这是通过调用 updateList 异步 action 实现的,该异步 action 会在单击按钮时生成一个随机数并将其添加到 list 数组中。

7.2.7　store 的相互引用

store 除了在单文件组件中使用,还可以在定义其他 store 时使用。在 store 文件夹下新建 userSex.js,代码如下所示。

```
import { defineStore } from "pinia";
import { useUserStore } from "./user";

export const useSexStore = defineStore("user2", {
  state: () => {
    return {
      sex: "男",
    };
  },
  actions: {
    updateSex() {
      const userStore = useUserStore(); //引用其他 store
      if (userStore.userInfo.name !== "qinghua") this.sex = "女";
    },
  },
});
```

通过 import { useUserStore } from "./user"; 我们引入了名为 useUserStore 的函数。在 updateSex 函数中,我们通过调用 useUserStore()函数获取了 userStore 的实例,并将其赋值给 userStore 变量。然后,我们可以通过 userStore 来访问 userStore 中定义的属性和

方法。根据条件,如果 userStore.userInfo.name 不等于"qinghua",我们将 userSexStore 中的 sex 属性设置为"女"。

通过这种方式,我们可以在一个 store 中引用另一个 store,并进行相应的操作。这样可以实现不同 store 之间的数据交互和共享。

修改 UserInfo.vue,代码如下所示。

```
<script setup>
import { storeToRefs } from "pinia";
import { useUserStore } from "../store/user";
import { useSexStore } from "../store/userSex";          //新增引用

const userStore = useUserStore();

const sexStore = useSexStore();                          //调用 useSexStore

const { userInfo, token, newName } = storeToRefs(userStore);

const { sex } = storeToRefs(sexStore);                   //借助 storeToRefs 解构出 sex 属性

const { updateUserInfo, updateAge, updateToken } = userStore;

const { updateSex } = sexStore;                          //改变 sex 属性的方法

const handleUser = () => {
  updateUserInfo({ name: "lisi", age: 24 });
};

const handleAge = () => {
  updateAge(userInfo.value.age + 1);
};

const handleToken = () => {
  updateToken("23234");
};
</script>

<template>
  <div>
    <div>
      姓名: {{ userInfo.name }} 年龄: {{ userInfo.age }} 性别: {{ sex }}
    </div>
    <div>token: {{ token }}</div>
    <div>getter 值: {{ newName }}</div>
    <button @click="handleUser">更新用户</button>
    <button @click="handleAge">更新年龄</button>
    <button @click="handleToken">更新 token</button>
    <button @click="updateSex">更新性别</button>
  </div>
</template>
```

单击 userInfo 页面的"更新用户"按钮，再单击"更新性别"按钮，性别从"男"更新为"女"。

7.2.8 路由钩子中使用 store

使用 store 的前提是保证 Pinia 已被注册。修改 router 文件夹下的 index.js 文件，代码如下所示。

```
import { createRouter, createWebHistory } from "vue-router";
import routes from "./routes";
import { useUserStore } from "../store/user";

const router = createRouter({
  history: createWebHistory(),        //启用 history 模式
  routes,
});

router.beforeEach((to, from) => {
  if (!localStorage.getItem("token") && to.path !== "/login") {
    return "/login";
  }
  if (to.meta.title) {
    document.title = to.meta.title;
  }
  //这样做是可行的,因为路由器是在其被安装之后开始导航的
  //而此时 Pinia 也已经被安装
  const userStore = useUserStore();
  if (!userStore.token && to.path !== "/login") {
    return "/login";                  //如果 userStore 的 token 没有值,则跳转到登录页
  }
});

export default router;
```

在路由的全局守卫 router.beforeEach 中，使用两种方式来判断是否存在 token，并在没有 token 时进行登录页面的跳转。一种方式是将 token 存储在 localStorage 中，通过 localStorage.getItem 方法来获取其值；另一种方式是将 token 存储在 Pinia 全局状态管理仓库中，通过调用相应的 hook 来获取其值。

虽然两种方式都可以实现获取 token 的目的，但是需要注意 Pinia 全局状态管理仓库在页面刷新时会重置其值，恢复到初始状态。因此，对于 token 这种需要长久存储的值，建议将其存储在 localStorage 中，以保证其持久性。而对于其他临时状态的管理，可以选择使用 Pinia 全局状态管理仓库。

例如，在"/userInfo"路由页面，单击"更新用户"按钮，用户姓名改变之后，刷新浏览器，用户姓名会重置到初始值"qinghua"，说明 Pinia 并不能长久存储值。如果希望 Pinia 长久存储值，可以借助第三方插件 pinia-plugin-persistedstate。

7.3　数据持久化 pinia-plugin-persistedstate

pinia-plugin-persistedstate 是一个 Pinia 的插件,用于在应用中实现状态的持久化存储。它基于浏览器的本地存储(如 localStorage)机制,可以将指定的状态自动保存到本地存储中,并在页面刷新或重新加载后恢复之前保存的状态。

7.3.1　安装插件

在终端中运行以下命令安装 pinia-plugin-persistedstate 插件。

```
yarn add pinia - plugin - persistedstate
```

7.3.2　引用插件

修改 store 文件夹下的 index.js,代码如下所示。

```
import { createPinia } from "pinia";
import piniaPluginPersistedstate from "pinia - plugin - persistedstate";

const store = createPinia();

store.use(piniaPluginPersistedstate); //使用持久化插件

export default store;
```

7.3.3　在 store 模块中启用持久化

在 user.js 中启用持久化缓存,修改 store 文件夹下的 user.js 文件,代码如下所示。

```
import { defineStore } from 'pinia'
export const useUserStore = defineStore('user', {
  //之前相关的配置
  state: () => ({
    ...
  }),
  getters: { ... },
  actions: { ... },

  //开始数据持久化
  persist: true,
})
```

在 store 中添加 persist:true 即可开启持久化缓存。在/userInfo 路由页面,单击"更新用户"按钮,姓名更新为 lisi,刷新浏览器,页面姓名依旧是 lisi,说明持久化成功。

在浏览器控制台 Application 的 Local Storage 中可以看到 user 存储的信息,如图 7-1 所示。

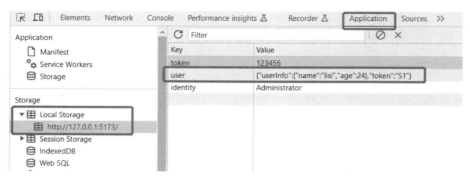

图 7-1　user 存储的信息

7.3.4　修改 key 值

在上面示例中，存储的 key 值为 user，也是 defineStore 函数的第一个参数值。可以通过修改 persist 配置更改存储的 key 值。修改 store 文件夹下的 user.js 文件，将 persist 为 true 改为对象形式，代码如下所示。

```
//persist: true 改为
persist: { key: "storekey" },
```

配置好后，保存代码。在/userInfo 路由页面刷新下浏览器，单击"更新用户"按钮，触发持久化存储，在浏览器控制台 Application 的 Local Storage 中可以看到 storekey 存储的信息，如图 7-2 所示。

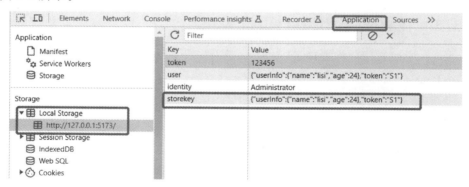

图 7-2　storekey 存储的信息

之后单击"更新年龄"按钮，会发现 storekey 对应的存储信息进行了更新，age 的值变为 25。

7.3.5　修改存储位置

默认存储位置为 localStorage，但可以给 persist 属性传递 storage 值更改配置，存储到 sessionStorage。修改 store 文件夹下的 user.js 文件，代码如下所示。

```
persist: {
  key: "storekey",                //修改存储的键名,默认为当前 Store 的 id
  storage: window.sessionStorage, //存储位置修改为 sessionStorage
},
```

配置好后,保存代码。在/userInfo 路由页面刷新下浏览器,单击"更新用户"按钮,触发持久化存储,在浏览器控制台 Application 的 Session Storage 中可以看到 storekey 存储的信息,如图 7-3 所示。

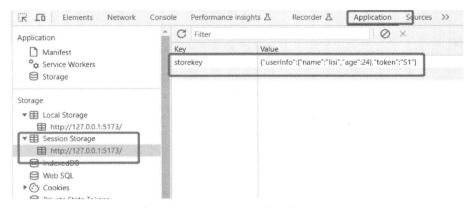

图 7-3　storekey 存储的信息

拓展 1：localStorage 与 sessionStorage 的区别。

localStorage 和 sessionStorage 是 Web Storage API 提供的两个功能,均用于在浏览器中存储数据。它们的主要区别在于数据的生命周期和作用域。

（1）生命周期。

localStorage：存储在 localStorage 中的数据没有过期时间,除非被主动清除或被用户手动删除,否则数据将一直保留在浏览器中。

sessionStorage：关闭对应浏览器标签或窗口,会清除对应的 sessionStorage。

（2）作用域。

localStorage：同一个浏览器,打开多个相同的 URL 页面,会共用一个值。

sessionStorage：打开多个相同的 URL 页面,会创建各自的 sessionStorage。

在同一个浏览器中,新开一个标签页,输入访问地址 http://127.0.0.1:5173/userInfo。在新开的标签页中,打开浏览器控制台,在 Application 选项中,可以看到 Local Storage 中有值,说明 localStorage 的值在同一个浏览器的同一个域名下共享;而 Session Storage 中没有值,说明 sessionStorage 的值不共享。

关于两种方式的存储需结合具体的业务需求来决定。例如,我们这里存储的是用户信息,用户希望的是在一定时间内下次打开浏览器的时候不需要再输入用户信息,以提高用户的体验,因此一般采用 localStorage 的方式存储用户信息。

拓展 2：localStorage 与 sessionStorage 的存储大小。

　　localStorage 与 sessionStorage 的存储大小一般为 5MB,不同浏览器之间可能有差别, 这也意味着我们不能随意地通过 localStorage 将值存储在浏览器中,需要结合 Pinia 存储一些临时数据。如果确实有存储大量数据的需要,可使用 IndexedDB。

7.3.6　自定义要持久化的字段

　　上面的例子中,都是将整个 store 的值存储下来,如 user.js 中的 userInfo 与 token。因为 localStorage 与 sessionStorage 的存储大小是有限的,所以需要合理地存储我们需要的值。例如,只存储 userInfo 的 name 信息。这里将修改 user.js,完整的代码示例如下所示。

```javascript
import { defineStore } from "pinia";

//defineStore 第一个参数是 id,必需且值唯一
export const useUserStore = defineStore("user", {
  //state 返回一个函数,防止作用域污染
  state: () => {
    return {
      userInfo: {
        name: "zhangsan",
        age: 23,
      },
      token: "S1",
    };
  },
  getters: {
    newName: (state) => state.userInfo.name + "vip",
  },
  actions: {
    //更新整个对象
    updateUserInfo(userInfo) {
      this.userInfo = userInfo;
    },
    //更新对象中某个属性
    updateAge(age) {
      this.userInfo.age = age;
    },
    //更新原始数据类型
    updateToken(token) {
      this.token = token;
    },
  },
  persist: {
    key: "storekey",
    paths: ["userInfo.name"], //存储 userInfo 的 name
  },
});
```

　　保存代码后,刷新浏览器,单击"更新用户"按钮,可以看到 storekey 存储的值为

{"userInfo":{"name":"lisi"}},如图 7-4 所示。说明实现了按需存储,没有把 age 等信息存储进来。如果想再存储一个 token,则在 paths 数组中新增一个 token,例如 paths:["userInfo.name","token"]。

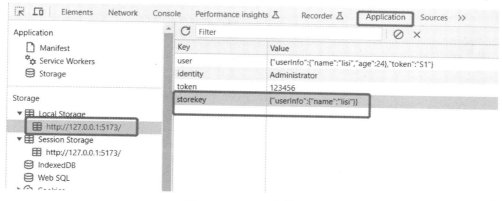

图 7-4　storekey 存储信息

本章小结

(1) Pinia 是一款用于 Vue.js 的状态管理库,旨在简化应用程序状态的管理。通过 Pinia,我们可以轻松组织、访问和修改应用程序的状态数据,它提供了强大且易于使用的方式来处理状态管理。

(2) 在 Pinia 中,核心概念包括 state、getters 和 actions。state 用于存储应用程序数据,getters 用于定义计算属性,actions 用于修改状态并支持异步操作。

(3) 学会使用 Pinia。首先,创建一个 Pinia 的 store 实例,并在其中定义 state、getters 和 actions 来组织应用程序的状态和逻辑。随后,在组件中引入并使用这个 store 实例。在组件中可以轻松地访问状态,以及调用 actions 进行状态的更改。

(4) 学习使用 pinia-plugin-persistedstate 插件,它允许我们在 Pinia 中实现状态的持久化缓存。通过这个插件,可以在页面刷新后保持应用程序的状态,从而提供更好的用户体验。

第 8 章

SCSS

SCSS(Sassy CSS)是 Sass(Syntactically Awesome Stylesheets,层叠样式表语言)的一种扩展语法。它为 CSS 提供了一些额外的功能和增强的语法,使得样式表的编写更加灵活、模块化和易于维护。

SCSS 作为 CSS 的扩展语言,具有许多特点和优点,如下所述:

(1)变量和计算:SCSS 允许使用变量来存储和重用 CSS 值,这样可以更方便地管理和更新样式。此外,SCSS 还支持数学运算,可以在样式中执行简单的数学计算。

(2)嵌套规则:SCSS 允许嵌套 CSS 规则,使得样式的结构更加清晰和易读。通过嵌套,可以更直观地表示元素之间的层次关系,减少样式冗余并提高代码可维护性。

(3)混合宏:SCSS 的混合宏允许将一组样式规则定义为可重用的代码块,并在需要时进行调用。这样可以减少重复的样式代码,提高代码的复用性和可维护性。

(4)继承:SCSS 的继承功能允许一个选择器从另一个选择器继承样式规则。通过继承,可以实现样式的复用和扩展,减少代码冗余。

(5)导入和模块化:SCSS 支持将样式文件分割成多个模块,并通过导入语句将它们组合在一起。这样可以更好地组织和管理样式代码,提高代码的可维护性和可扩展性。

(6)注释:SCSS 提供了更灵活的注释语法,可以添加注释来解释样式的用途和特点。注释可以帮助其他开发者更好地理解和修改样式代码。

(7)生态系统和工具支持:SCSS 拥有广泛的生态系统和强大的工具支持。有许多第三方工具和框架可以帮助开发者更好地使用和管理 SCSS 样式,如预处理器、自动化构建工具和编辑器插件等。

8.1 安装

使用以下命令安装 Sass:

```
yarn add sass -D
```

拓展:node-sass 与 sass 的区别。

在介绍安装 Sass 时,通常会涉及两种不同的方式:node-sass 和 sass。以下是它们的区别：

（1）node-sass。

node-sass 是一个 Node.js 模块，它用于将 Sass 文件编译为 CSS。

node-sass 是通过 C++ 实现的二进制绑定，将 LibSass（Sass 的 C/C++ 实现）嵌入 Node.js 环境中。由于其底层依赖 LibSass，因此在性能上比纯 JavaScript 实现的 Sass 更高效。

（2）sass。

sass 是一个纯 JavaScript 实现的 Sass 编译器。

sass 提供了类似于 node-sass 的功能，可以将 Sass 文件编译为 CSS，但它不需要依赖 Node.js 环境。

总的来说，node-sass 在性能上比 sass 更好，但 node-sass 是 CommonJS 模块，而 Vite 默认使用 ES Modules（ESM）模块。为了避免兼容性问题，推荐使用 sass 作为 Sass 编译器。

8.2　嵌套规则

SCSS 允许在样式规则中嵌套其他规则，使得样式层级结构更清晰、易读。这样可以减少样式选择器的重复书写，简化样式表的编写。SCSS 嵌套也是我们使用 SCSS 最常用到的功能。

在 Vue.js 组件中，在 < style > 标签中使用 lang＝"scss"属性指定样式的语言为 SCSS。在 Home.vue 中，我们定义了 header、main、aside 等类名，并且由 DOM 结构可知 aside 是在 main 的内部。可以使用 SCSS 的嵌套规则改进，修改 Home.vue 的样式 style 区域，代码如下所示。

```
< style lang = "scss" scoped >
.header {
  height: 60px;
  background - color: antiquewhite;
}
.main {
  display: flex;
  .aside {
    width: 120px;
    height: calc(100vh – 60px);
    background - color: aqua;
    .item {
      height: 30px;
      text - align: center;
      line - height: 30px;
      background: blue;
      border - bottom: 1px solid;
      cursor: pointer;
    }
  }
```

```
    }
  </style>
```

保存代码后，刷新页面，页面样式与原先保持不变。

使用 SCSS 嵌套规则除了样式层级更清晰外，嵌套语法还避免了重复书写父选择器。在上述示例中，.aside 类选择器只在.main 类选择器的范围内生效。如果将< div class = "aside">移动到与< div class = "main">同级或之外的位置，在样式区域中定义的.aside 样式将不会对< div class = "aside">生效。这样可以提供更好的样式封装和组件化，使得样式定义更加精确和可控。

将上面的代码换成 CSS 实现该效果，需要写成：

```
.header {
  height: 60px;
  background-color: antiquewhite;
}

.main {
  display: flex;
}

.main .aside {
  width: 120px;
  height: calc(100vh - 60px);
  background-color: aqua;
}

.main .aside .item {
  height: 30px;
  text-align: center;
  line-height: 30px;
  background: blue;
  border-bottom: 1px solid;
  cursor: pointer;
}
```

从代码结构可以看出，使用 SCSS 嵌套规则代码精简不少。在大型项目中，使用嵌套规则能节省大量的代码，而且样式代码结构更加清晰，便于后期的维护。

8.3 变量

SCSS 变量允许我们定义一次性的或可重复使用的值，并在整个样式表中进行引用和修改。通过使用变量，我们可以：

（1）提高样式表的维护性：通过在变量中定义颜色、字体、尺寸等常用值，可以方便地在整个样式表中进行统一的修改和更新。

（2）增加样式表的灵活性：通过定义可配置的变量，可以轻松地在不同环境或不同主题之间切换样式。

（3）提高样式表的可读性：通过使用有意义的变量名，可以使样式表更加易读和易理解。

8.3.1　变量 $

在 SCSS 中，我们可以使用符号 $ 定义变量。修改 Home. vue 的样式 style 区域，代码如下所示。

```
< style lang = "scss" scoped >
$height: calc(100vh - 60px);
$width: 120px;
. header {
  height: 60px;
  background - color: antiquewhite;
}
. main {
  display: flex;
  . aside {
    width: $width;
    height: $height;
    background - color: aqua;
    . item {
      height: 30px;
      text - align: center;
      line - height: 30px;
      background: blue;
      border - bottom: 1px solid;
      cursor: pointer;
    }
  }
}
</style>
```

首先，定义了两个变量：$height 和 $width。变量以符号 $ 开头，可以存储任何有效的 CSS 值，如高度、宽度、颜色、字体等。然后，在样式选择器中使用这些变量。例如，. aside 类选择器使用了变量 $height 和 $width 分别设置区域的高和宽，编译后得到. aside 的高为 calc(100vh-60px)，宽为 120px。

使用变量可以使样式更加灵活和易于维护。如果需要更改宽度与高度，只需修改变量的值即可，无须在整个样式表中搜索并替换多个地方。

8.3.2　变量默认值!default

!default 是 SCSS 中的一个标志，用于在变量声明中设置默认值。如果在这之前已经定义了变量的值，那么默认值将被忽略。以下是一个示例，展示了如何使用!default 标志设置变量的默认值：

```
$content: "First content";
$content: "Second content?" !default;
$new_content: "First time reference" !default;

#main {
  content: $content;
  new-content: $new_content;
}
```

在这个示例中，我们定义了变量 $content 和 $new_content。首先，我们给 $content 赋值为"First content"，然后在下一行使用!default 标志进行重新赋值，将其设为"Second content?"。然而，由于在此之前已经定义了 $content 的值，这里的默认值将失效。

另外，我们也对 $new_content 使用了!default 标志进行赋值，将其设为"First time reference"。由于在此之前没有定义过 $new_content 的值，这里的默认值将生效。

最后，在#main 的选择器中，我们使用变量 $content 和 $new_content 的值分别设置了 content 和 new-content 属性。

最终生成的 CSS 如下所示：

```
#main {
  content: "First content";
  new-content: "First time reference";
}
```

8.4　混合指令

混合指令(mixin directives)是一种用于定义可重用样式块的方式。它类似于函数，可以在样式表中定义一组样式规则，然后在需要的地方调用。

8.4.1　不带参数的混合指令

修改 List.vue，新增样式 style 区域，并在按钮上新增类名 button，代码如下所示。

```
<script setup>
import { storeToRefs } from "pinia";
import { useListStore } from "../store/list";

const listStore = useListStore();

const { list } = storeToRefs(listStore);

const { updateList } = listStore;
</script>

<template>
  <div>
    <div v-for="item in list">{{ item }}</div>
```

```
      <!-- 按钮增加类名 button -->
      <button @click="updateList" class="button">按钮</button>
   </div>
</template>

<style lang="scss" scoped>
@mixin button-style {
  background-color: #007bff;
  color: #fff;
  padding: 10px 20px;
  border-radius: 4px;
  text-decoration: none;
}

.button {
  @include button-style;
}
</style>
```

以上代码使用@mixin定义了一个名为button-style的混合指令。该混合指令包含了一组按钮样式规则，如背景颜色、文字颜色、内边距、边框半径和文本装饰等。

随后，在.button类选择器中，使用@include关键字调用了button-style混合指令，将其中的样式规则应用于该选择器。

通过这种方式，我们可以将一组样式规则封装为一个混合指令，然后在需要的地方调用。这样可以实现样式的重用，避免了重复书写相同的样式代码。

上面的样式代码被编译为：

```
.button {
  background-color: #007bff;
  color: #fff;
  padding: 10px 20px;
  border-radius: 4px;
  text-decoration: none;
}
```

8.4.2　带参数的混合指令

在SCSS中，可以创建带参数的混合指令，使其更加灵活和通用。通过在混合指令定义中添加参数，并在调用时传递具体的值，可以根据需要生成不同的样式效果。

修改List.vue的样式style区域，代码如下所示。

```
<style lang="scss" scoped>
@mixin button-style($background-color, $text-color) {
  background-color: $background-color;
  color: $text-color;
  padding: 10px 20px;
```

```
    border - radius: 4px;
    text - decoration: none;
  }

  .button {
    @include button - style( #007bff, #fff);
  }
</style>
```

在上述示例中,定义了一个名为 button-style 的混合指令,并在混合指令的括号中添加了两个参数: $background-color 和 $text-color。这样可以根据需要灵活地设置按钮的背景颜色和文本颜色。

然后,在 .button 类选择器中调用 button-style 混合指令,并分别传递具体的值 #007bff 和 #fff 给参数 $background-color 和 $text-color。上面的代码将被编译为:

```
< style lang = "scss" scoped >
.button {
    background - color: #007bff;
    color: #fff;
    padding: 10px 20px;
    border - radius: 4px;
    text - decoration: none;
}
</style>
```

通过使用带参数的混合指令,我们可以根据需要生成不同样式的按钮,而无须编写多个重复的样式规则。

8.4.3　带参数有默认值的混合指令

在 SCSS 中,可以创建带有默认值的带参数混合指令,以提供默认样式值并允许根据需要进行自定义。

修改 List.vue 的样式 style 区域,代码如下所示。

```
< style lang = "scss" scoped >
@mixin button - style( $background - color: #007bff, $text - color: #fff) {
    background - color: $background - color;
    color: $text - color;
    padding: 10px 20px;
    border - radius: 4px;
    text - decoration: none;
}

.button {
    @include button - style;
}
</style>
```

以上代码定义了一个名为 button-style 的混合指令,并在混合指令的参数中为 $background-color 和 $text-color 设置了默认值。

在.button 类选择器中,我们使用@include 关键字调用 button-style 混合指令,并没有传递任何值。因此,默认的背景颜色为♯007bff,默认的文本颜色为♯fff。

8.4.4　带有逻辑关系的混合指令@if 和@else

在 SCSS 中,可以在混合指令中使用逻辑关系,如@if 和@else,以根据条件执行不同的样式规则。

```scss
@mixin text - color( $color) {
  @if   $color == "red" {
    color: red;
  } @else if   $color == "blue" {
    color: blue;
  } @else if   $color == "green" {
    color: green;
  } @else {
    color: black;
  }
}

.selector {
  @include text - color("blue");
}
```

在上述示例中,定义了一个名为 text-color 的混合指令,并接收一个参数 $color。

在混合指令的定义中,使用@if 和@else if 等条件语句来判断 $color 的值,并根据不同的条件执行相应的样式规则。

在.selector 类选择器中,使用关键字@include 调用了 text-color 混合指令,并传递了值 blue 给参数 $color。根据条件判断,样式规则中的 color 被设置为蓝色。

上述示例的代码将被编译为:

```scss
.selector {
  color: blue;
}
```

通过在混合指令中使用@if 和@else,可以根据不同的条件为混合指令提供不同的样式规则,使其更加灵活和可定制。

8.5　扩展/继承指令@extend

在 SCSS 中,可以使用@extend 指令来实现样式的扩展和继承。@extend 允许一个选择器继承另一个选择器的样式规则,从而减少重复的样式定义。

```scss
.btn {
  border: 1px solid #ccc;
  padding: 6px 10px;
  font-size: 14px;
}

.btn-primary {
  background-color: #f36;
  color: #fff;
  @extend .btn;
}

.btn-second {
  background-color: orange;
  color: #fff;
  @extend .btn;
}
```

.btn类选择器定义了按钮的基本样式规则，包括边框、内边距和字体大小。在.btn-primary类选择器中，使用@extend指令将.btn的样式规则应用于.btn-primary。这样，.btn-primary继承了.btn的样式，并添加了自己的背景颜色和字体颜色。.btn-second类选择器同样如此定义了自己的背景颜色和字体颜色，然后使用扩展，继承了.btn的样式规则。

上面的代码会被编译为：

```css
.btn, .btn-primary, .btn-second {
  border: 1px solid #ccc;
  padding: 6px 10px;
  font-size: 14px;
}

.btn-primary {
  background-color: #f36;
  color: #fff;
}

.btn-second {
  background-color: orange;
  color: #fff;
}
```

通过使用@extend，我们可以避免重复编写基本样式规则，并实现样式的扩展和继承，提高代码的可维护性和重用性。

8.6 占位符%

在SCSS中，占位符%是一种特殊的选择器，用于定义可重用的样式规则，但不会生成实际的CSS规则。它类似于混合指令，但是在编译为CSS时，占位符不会生成任何样式输出,只会被继承的选择器使用。

```scss
%button {
  border: 1px solid #ccc;
  padding: 6px 10px;
  font-size: 14px;
}

.btn-primary {
  @extend %button;
  background-color: #f36;
  color: #fff;
}

.btn-second {
  @extend %button;
  background-color: orange;
  color: #fff;
}
```

在上述示例中,使用%button 定义了一个占位符选择器,表示按钮的基本样式规则。占位符选择器以%开头,后面跟选择器的名称。

然后,在.btn-primary 类选择器和.btn-second 类选择器中,使用@extend 指令将%button 的样式规则应用于这些选择器。通过这种方式,.btn-primary 和.btn-second 都继承了%button 的样式规则。

上面的代码会被编译为:

```css
.btn-primary,
.btn-second {
  border: 1px solid #ccc;
  padding: 6px 10px;
  font-size: 14px;
}

.btn-primary {
  background-color: #f36;
  color: #fff;
}

.btn-second {
  background-color: orange;
  color: #fff;
}
```

占位符不会生成任何样式输出,只有被继承了才会编译出相应的代码,避免了无用代码被打包。例如,这里如果没有使用%button,只会编译成:

```css
.btn-primary {
  background-color: #f36;
```

```
    color: #fff;
  }

  .btn - second {
    background - color: orange;
    color: #fff;
  }
```

因此，通常情况下，将占位符与继承结合使用。

拓展：混合指令与占位符/继承的优点与缺点。

1）混合指令的优点

（1）参数传递：混合指令可以接收参数，根据需要定制样式。通过传递不同的参数值，可以在调用混合指令时生成不同的样式效果。

（2）动态生成样式：混合指令允许在其定义中使用 SCSS 的逻辑和运算符，根据条件动态生成样式。这样可以根据不同的情况生成不同的样式规则，提供更大的灵活性。

2）混合指令的缺点

样式重复：使用混合指令可能导致生成重复的样式规则。每次调用混合指令时，其中定义的样式规则都会复制到调用处。这可能导致生成的 CSS 文件大小增加。

3）占位符/继承的优点

代码精简：使用继承/占位符可以避免重复编写相同的样式规则，从而生成更精简的 CSS 输出。被继承的选择器会直接继承占位符的样式规则，减少了重复代码的存在。

4）占位符/继承的缺点

继承限制：无法传递参数，无法动态生成样式，可扩展性与混合指令相比差一点。

8.7 父选择器&

在 SCSS 中，父选择器 & 是一个特殊的占位符，用于引用当前选择器的父级选择器。它允许在嵌套的规则中引用父选择器，从而更方便地生成特定的样式。

```
  .a {
    font - weight: bold;
    text - decoration: none;
    &:hover { text - decoration: underline; }
  }
```

在上述示例中，定义了一个名为.a 的样式规则，并在嵌套的规则中使用了父选择器 &。&:hover 表示.a 被悬停时的样式。

被编译后，生成的 CSS 规则为：

```
  .a {
    font - weight: bold;
    text - decoration: none;
```

```
  }

  .a:hover {
    text-decoration: underline;
  }
```

通过使用父选择器 &，我们可以在嵌套规则中引用父选择器，生成特定的样式规则，避免了重复书写选择器的名称。

父选择器 & 除了在后面定义类名，还可以在前面定义类名，生成的效果与之相反。

& + 类名的形式：

```
.a {
  & .b {
    color: #fff;
  }
}
```

生成的 CSS 的规则为：

```
.a .b {
  color: #fff;
}
```

类名 + & 的形式：

```
.a {
  .b & {
    color: #fff;
  }
}
```

生成的 CSS 的规则为：

```
.b .a {
  color: #fff;
}
```

8.8　数据类型

JavaScript 的数据类型有 number、string、object 等。SCSS 也有自己的数据类型，主要支持 7 种数据类型：

（1）数字（number）：数值，可以是整数或浮点数，例如 1、2、13 和 10px。

（2）字符串（string）：一串文本，可以使用单引号或双引号括起，例如 "foo"、'bar' 和 baz。

（3）颜色（color）：颜色值，可以使用颜色名称、十六进制、RGB、RGBA、HSL 或 HSLA 表示，例如 blue、#04a3f9 和 rgba(255,0,0,0.5)。

（4）布尔型（boolean）：真（true）或假（false）。

（5）空值（null）：空值，用关键字 null 表示。

（6）数组（list）：多个数值、字符串或其他数据类型的集合，使用空格或逗号作为分隔符，例如 1.5em 1em 0 2em 和 Helvetica，Arial，sans-serif。

（7）映射（map）：键值对的集合，类似于 JavaScript 的对象，使用键值对的形式，例如（key1：value1，key2：value2）。

8.9　运算

SCSS 支持数字的加、减、乘、除和取整等运算（＋，－，＊，/，％），如果有必要，会在不同单位间转换值。以下是一些示例：

```
$number1: 10px;
$number2: 5;
$number3: 10;

//加法
$result1: $number1 + $number2;      //结果为15px

//减法
$result2: $number3 - $number2;      //结果为5
```

拓展：calc。

calc 是 CSS 中的一个计算函数，用于在 CSS 属性值中执行数学运算。calc 函数在功能上比 SCSS 的数学运算更强大。

SCSS 中的数学运算主要用于在样式表中进行静态计算，例如对数字变量进行简单的加减乘除等运算。它在编译时计算出最终的数值，并将结果生成为 CSS。而 calc 函数是 CSS 的一部分，它可以在运行时执行动态计算，而不仅仅限于样式表的编译阶段。

calc 函数支持更多的数学表达式和单位，可以使用各种运算符、函数和数值单位，例如加减乘除、百分比、像素、视窗单位等。它还可以与 CSS 属性的其他值进行混合使用，实现更灵活和动态的样式计算。

例如，之前在 Home.vue 文件中，定义的.aside 的高度为 calc(100vh-60px)，100vh 是当前视口（浏览器显示内容）的高度，视口的高度减去头部.header 类的高度 60px，剩下的高度就是.aside 类的高度。当调整浏览器窗口大小时，.aside 的高度能实时的进行动态计算，这是 SCSS 实现不了的，并且 SCSS 也不支持 100vh-60px 这种复杂运算。

8.10　插值#{}

在 SCSS 中，#{}是一种字符串插值语法，它能够动态地将值嵌入字符串中。

```
$width: 100;
```

```scss
.box {
  width: #{$width + 50}px;
}
```

将会被编译为

```scss
.box {
  width: 150px;
}
```

8.11　指令

SCSS 通过一系列指令来扩展 CSS 的功能和增强样式表的编写过程。指令是以特殊符号@开头的命令，告诉 SCSS 编译器执行特定的操作或应用特定的规则。

8.11.1　@if、@else if 和@else

之前讲混合指令时，已使用到这三个控制指令，这里举个例子，加深理解。

```scss
$color: red;

.element {
  @if $color == red {
    color: $color;
  }
  @else if $color == blue {
    color: $color;
  }
  @else {
    color: black;
  }
}
```

在上述示例中，定义了一个变量 $color，并在 .element 类选择器中使用条件语句进行样式控制。通过使用条件语句，可以根据不同的条件设置不同的样式规则，从而实现样式的灵活控制。

请注意，条件语句中使用的是 SCSS 的语法，例如使用双等号"=="进行值的比较。可以根据需要进行适当的条件判断和样式规则的定义，例如使用大于号：

```scss
$width: 200px;

.element {
  @if $width > 300px {
    font - size: 24px;
  }
  @else if $width > 200px {
    font - size: 18px;
  }
```

```
@else {
    font - size: 14px;
  }
}
```

8.11.2 @for

在 SCSS 中，@for 指令用于创建循环，并在每次迭代中执行一系列操作。@for 指令使用格式为：

```
@for $i from < start > through < end >
@for $i from < start > to < end >
```

$i 表示变量；through 表示包含 end 这个数；to 表示不包含 end 这个数。

以下是一个示例，展示了在 SCSS 中使用@for 创建循环：

```
.container {
  @for $i from 1 through 5 {
    .item - #{ $i } {
      width: 100px *  $i;
      height: 50px;
    }
  }
}
```

在上述示例中，使用@for 指令创建了一个循环，迭代变量 $i 的值从 1 到 5。在每次迭代中，生成一个类选择器.item-#{ $i}，其中#{ $i}是插值语法，用于将迭代变量的值插入字符串中。在.item-#{ $i}类选择器的规则中，使用了 $i 的值计算宽度，并设置固定的高度。这将生成以下 CSS 规则：

```
.container .item - 1 {
  width: 100px;
  height: 50px;
}

.container .item - 2 {
  width: 200px;
  height: 50px;
}

.container .item - 3 {
  width: 300px;
  height: 50px;
}

.container .item - 4 {
  width: 400px;
  height: 50px;
```

```
}

.container .item - 5 {
  width: 500px;
  height: 50px;
}
```

通过@for循环,我们可以根据迭代变量的值生成一系列重复的样式规则,实现更高效和可维护的样式定义。

8.11.3　@while

在SCSS中,@while指令用于创建一个基于条件的循环。它会在每次循环迭代时检查条件是否满足,只有在条件为真时才执行一系列操作。

以下是一个示例,展示了在SCSS中使用@while创建循环:

```
$counter: 1;

@while $counter <= 5 {
  .item - #{ $counter} {
    width: 100px *  $counter;
    height: 50px;
  }

  $counter: $counter + 1;
}
```

在上述示例中,使用@while指令创建了一个循环。初始时,定义了一个变量 $counter 并赋值为1。在每次循环迭代时,检查 $counter <= 5 的条件是否为真。如果条件为真,则执行循环内的操作。

在循环内部,生成一个类选择器.item-#{ $counter},其中#{ $counter}是插值语法,用于将 $counter 的值插入字符串中。然后,根据 $counter 的值计算宽度,并设置固定的高度。

循环体中的代码" $counter: $counter + 1;"是为了更新循环变量 $counter,使其增加1,以便在下次迭代中满足终止条件。

注意:在使用@while循环时,务必确保循环有一个终止条件,以避免无限循环。

这将生成以下CSS规则:

```
.item - 1 {
  width: 100px;
  height: 50px;
}

.item - 2 {
  width: 200px;
  height: 50px;
```

```
}

.item - 3 {
  width: 300px;
  height: 50px;
}

.item - 4 {
  width: 400px;
  height: 50px;
}

.item - 5 {
  width: 500px;
  height: 50px;
}
```

这些规则会被应用于具有相应类选择器（例如.item-1、.item-2 等）的 HTML 元素上。每个类选择器都有不同的宽度和高度值，通过乘以 $counter 的值来计算宽度。通过 @while 循环，生成了一系列的 CSS 规则，每个规则对应一个不同的类选择器。

8.11.4　@each

在 SCSS 中，@each 指令用于遍历列表或映射，并在每次迭代中执行一系列操作。它可用于对集合中的每个元素执行相同的操作或生成重复的样式规则。

以下是一个示例，展示了在 SCSS 中使用@each 遍历列表的用法：

```
$colors: red, green, blue;

@each $color in $colors {
  .box - #{ $color} {
    background - color: $color;
  }
}
```

在上述示例中，定义了一个列表变量 $colors，其中包含了 red、green 和 blue 三个颜色值。然后，使用@each 指令遍历 $colors 列表，并将每个颜色值赋给变量 $color。

在每次迭代中，生成一个类选择器.box-#{ $color}，其中#{ $color}是插值语法，用于将颜色值插入字符串中。然后，根据颜色值设置对应的背景颜色。这将生成以下的 CSS 规则：

```
.box - red {
  background - color: red;
}

.box - green {
  background - color: green;
}
```

```scss
.box - blue {
  background - color: blue;
}
```

除了遍历列表，@each 指令也可被用于遍历映射，以类似的方式执行操作。

```scss
$font - sizes: (
  small: 12px,
  medium: 16px,
  large: 20px
);

@each $size, $value in $font - sizes {
  .text - #{ $size} {
    font - size: $value;
  }
}
```

在上述示例中，定义了一个映射变量 $font-sizes，其中包含了三个键值对，分别表示不同字体大小的名称和对应的数值。

然后，使用@each 指令遍历 $font-sizes 映射，并将每个键值对的键赋给变量 $size，将值赋给变量 $value。

在每次迭代中，生成一个类选择器.text-#{ $size}，其中#{ $size}是插值语法，用于将字体大小名称插入字符串中。然后，根据映射中对应的值设置相应的字体大小。这将生成以下的 CSS 规则：

```css
.text - small {
  font - size: 12px;
}

.text - medium {
  font - size: 16px;
}

.text - large {
  font - size: 20px;
}
```

通过@each 遍历映射，我们可以根据映射中的每个键值对生成重复的样式规则，实现更高效和可维护的样式定义。

8.11.5 @import

@import 是 SCSS 中的一个指令，用于导入其他 SCSS 文件或 CSS 文件。它允许将外部文件的样式定义引入当前的 SCSS 文件中，以便在编译时合并并生成最终的 CSS 文件。

在 assets 文件夹下新建 styles 文件夹，用来存放样式文件，在 styles 文件夹下新建

button.scss 文件，代码如下所示。

```scss
.button {
  background - color: #007bff;
  color: #fff;
  padding: 10px 20px;
  border - radius: 4px;
  text - decoration: none;
}
```

使用@import 指令引入当前样式文件，修改 List.vue 的样式区域，代码如下所示。

```scss
<style lang = "scss" scoped>
@import "../assets/styles/button.scss";
</style>
```

8.11.6 @debug

@debug 是 SCSS 中的一个调试指令，用于在编译过程中输出调试信息。它可以用于输出变量的值、表达式的计算结果或任何其他调试信息，以帮助开发者调试和验证代码。

以下是一个示例，展示了如何使用@debug 输出调试信息：

```scss
$primary - color: blue;
$secondary - color: lighten( $primary - color, 20 % );

@debug "Primary color: #{ $primary - color}";
@debug "Secondary color: #{ $secondary - color}";

body {
  color: $secondary - color;
}
```

在上述示例中，定义了 $primary-color 和 $secondary-color 两个变量。然后，使用@debug 指令输出了这两个变量的值。

在编译过程中，@debug 输出的调试信息将显示在终端或开发者工具的控制台中，以帮助我们验证变量的值是否正确。

最终生成的 CSS 中不会包含@debug 输出的调试信息。它们只在编译时用于调试和验证代码。通过使用@debug 指令，我们可以在编译过程中输出调试信息，以便更好地理解和调试 SCSS 代码。

8.11.7 @content

@content 是 SCSS 中的一个特殊指令，用于在混合指令中插入内容块。它允许我们在使用混合指令时传递额外的样式规则，并将其插入混合指令所在的位置。

以下是一个示例，展示了如何使用@content：

```scss
@mixin button( $background-color) {
  background-color: $background-color;
  color: #fff;
  padding: 10px 20px;
  border-radius: 4px;

  @content;
}

.button-primary {
  @include button( #007bff) {
    font-weight: bold;
  }
}

.button-secondary {
  @include button(orange) {
    font-style: italic;
  }
}
```

在上述示例中,定义了一个名为 button 的混合指令,接收一个 $background-color 参数。在混合指令内部,设置了按钮的基本样式规则,并使用@content 插入额外的样式规则。

然后,使用@include 关键字调用 button 混合指令,并传递不同的背景颜色参数。在每个混合指令调用中,通过大括号包裹的方式插入了额外的样式规则。最终生成的 CSS 将根据不同的调用位置插入相应的样式规则。这将生成以下的 CSS 规则:

```css
.button-primary {
  background-color: #007bff;
  color: #fff;
  padding: 10px 20px;
  border-radius: 4px;
  font-weight: bold;
}

.button-secondary {
  background-color: orange;
  color: #fff;
  padding: 10px 20px;
  border-radius: 4px;
  font-style: italic;
}
```

8.11.8 @function 和@return

@function 是用于定义函数的关键字,@return 是用于返回函数值的关键字。以下是一个示例,展示了如何定义和使用函数:

```
@function add( $a, $b) {
  @return $a + $b;
}

$sum: add(2, 3);                //调用函数并将返回值赋给变量

.element {
  width: $sum + 10px;           //在样式规则中使用函数的返回值
}
```

在上述示例中，我们使用@function 定义了一个名为 add 的函数。这个函数接收 $a 和 $b 两个参数，并返回它们的和。

然后，我们调用 add 函数并将返回值赋给变量 $sum。在样式规则中，我们使用 $sum 的值进行计算，将其加上 10px 作为元素的宽度。最终生成的 CSS 规则为：

```
.element {
  width: 15px;
}
```

8.12 SCSS 函数

在 SCSS 中，函数是一种用于处理值并返回结果的可重用代码块。SCSS 提供了一些内置的函数，同时也支持自定义函数，用于在样式表中执行各种计算、转换和操作。

8.12.1 map-get（$map，$key）

map-get($map， $key)是 SCSS 中的一个函数，用于从映射(map)中获取指定键(key)对应的值(value)。它接收两个参数：$map 表示要获取值的映射，$key 表示要获取值的键。

以下是一个示例，展示了如何使用 map-get()函数获取映射中的值：

```
$colors: (
  red: #ff0000,
  green: #00ff00,
  blue: #0000ff
);

$color: map-get( $colors, red);        //从映射中获取 red 键对应的值

.box {
  background-color: $color;
}
```

在上述示例中，定义了一个映射变量 $colors，其中包含了 3 个键值对，分别表示不同颜色的名称和对应的颜色值。然后，使用 map-get()函数从 $colors 映射中获取键为 red 的

值,并将其赋给变量 $color。最后,将获取到的颜色值应用于.box 类选择器的背景颜色属性。这将生成以下的 CSS 规则:

```
.box {
  background-color: #ff0000;
}
```

通过 map-get()函数,我们可以根据键从映射中获取相应的值,实现更灵活和可维护的样式定义。

8.12.2　map-merge($map1,$map2)

map-merge($map1,$map2)是 SCSS 中的一个函数,用于合并两个映射。它接收两个参数: $map1 和 $map2,表示要合并的两个映射。

以下是一个示例,展示了如何使用 map-merge()函数合并映射:

```
$map1: (
  color: red,
);

$map2: (
  background: blue,
  weight: bold
);

$merged-map: map-merge($map1, $map2);        //合并两个映射

.box {
  @each $key, $value in $merged-map {
    #{$key}: $value;
  }
}
```

在上述示例中,定义了 $map1 和 $map2 两个映射变量,分别包含了不同的键值对。然后,使用 map-merge()函数将 $map1 和 $map2 合并为一个新的映射,并将合并结果赋给变量 $merged-map。最后,通过@each 遍历 $merged-map 映射,并将键和对应的值应用于.box 类选择器的样式规则。这将生成以下的 CSS 规则:

```
.box {
  color: red;
  background: blue;
  weight: bold;
}
```

通过 map-merge()函数,我们可以将两个映射合并为一个新的映射,以便管理和使用样式定义。

8.13　使用 SCSS 完成主题色切换

1. 定义一个名为 $themes 的映射

$themes 包含两个主题：theme-blue 和 theme-gray。在 styles 文件夹下，新建 variate. scss，代码如下所示。

```
$themes: (
  theme - blue: (
    font - color: #fff,
    header - background: #0678be,
    aside - background: #336ea9,
  ),
  theme - gray: (
    font - color: #fff,
    header - background: #2f3542,
    aside - background: #545c64,
  ),
);
```

每个主题都是一个嵌套的映射，包含了不同的属性和值。这样的映射可以用于管理多个主题的样式规则，使得样式定义更具有结构性和可维护性。通过修改映射中的属性值，我们可以轻松地切换和定制不同的主题样式。

2. 为每个主题生成对应的样式规则

在 styles 文件夹下，新建 theme. scss，代码如下所示。

```
@mixin themify( $themes) {
  @each $theme, $map in $themes {
    .#{ $theme} & {
      $theme - map: () !global;

      @each $key, $value in $map {
        $theme - map: map - merge(
          $theme - map,
          (
            $key: $value,
          )
        ) !global;
      }

      @content;

      $theme - map: null !global;
    }
  }
}
```

```scss
@function themed( $key) {
  @return map - get( $theme - map, $key);
}
```

混合指令@mixin themify 接收一个名为 $themes 的参数,表示主题样式的映射。在混合指令的代码块内部,使用@each $theme, $map in $themes { ... } 遍历 $themes 中的每个元素,其中 $theme 是主题名称,$map 是该主题的样式映射。

. #{ $theme} & { ... } 使用了嵌套规则和插值语法。它将当前主题名称 $theme 与父级选择器进行组合,生成一个新的样式规则,为每个主题生成对应的样式规则。

在嵌套规则的代码块内部,首先创建了一个空的映射变量 $theme-map,然后使用 @each $key, $value in $map { ... } 遍历主题样式映射 $map 中的键值对,将其逐个添加到 $theme-map 中。使用@content 关键字,表示将调用混合指令时传入的代码块插入此处。最后将 $theme-map 变量重置为 null,以避免变量的影响超出当前作用域。

@function themed($key) { ... } 定义了函数 themed,它接收一个名为 $key 的参数,用于获取指定键对应的样式值。在函数体内部,使用 map-get($theme-map, $key) 从 $theme-map 中获取指定键 $key 对应的值,并通过@return 返回该值。

3. 定制主题样式

修改 Home. vue 的样式区域,代码如下所示。

```scss
< style lang = "scss" scoped >
@import "../assets/styles/variate. scss";
@import "../assets/styles/theme. scss";
$height: calc(100vh - 60px);
$width: 120px;
. header {
  height: 60px;
  display: flex;
  @include themify( $themes) {
    background - color: themed("header - background");
  }
}
. main {
  display: flex;
  .aside {
    width: $width;
    height: $height;
    background - color: aqua;
    . item {
      height: 30px;
      text - align: center;
      line - height: 30px;
      background: blue;
      border - bottom: 1px solid;
      cursor: pointer;
    }
```

```
      }
    }
  </style>
```

使用@import 引入了 SCSS 变量文件与 SCSS 主题文件。使用@include 指令调用之前定义的混合指令 themify，并传入了 $themes 变量作为参数。在混合指令的代码块内部，根据传入的 $themes 主题样式映射，会生成一系列主题相关的样式规则。

图 8-1　header 样式规则

通过使用 themed("header-background")获取主题样式映射中键为 header-background 的值，然后将其应用到 background-color 属性上。生成的 header 样式规则如图 8-1 所示。

4. 修改 Home.vue 的 script 与 template，使其具有交互性

```html
<script setup>
import { ref, computed } from "vue";
import { useRouter } from "vue-router";

const router = useRouter();

const handleRoute = (route) => {
  router.push(route);
};

const msg = ref("Dynamic Themes");
const theme = ref("gray");

const themeClass = computed(() => `theme-${theme.value}`);
</script>

<template>
  <div class="homePage" :class="themeClass">
    <div class="header">
      头部
      <p>{{ msg }}</p>
      <select v-model="theme">
        <option value="gray">gray</option>
        <option value="blue">Blue</option>
      </select>
    </div>
    <div class="main">
      <div class="aside">
        <div @click="handleRoute('/user/1')" class="item">user 1</div>
        <div @click="handleRoute('/user/2')" class="item">user 2</div>
        <div @click="handleRoute('/manage')" class="item">manage</div>
        <div @click="handleRoute('/form')" class="item">form</div>
        <div @click="handleRoute('/setting')" class="item">setting</div>
```

```
          < div @click = "handleRoute('/userInfo')" class = "item"> userInfo </div>
          < div @click = "handleRoute('/list')" class = "item"> list </div>
        </div>
        < div >
          < router - view v - slot = "{ Component }">
            < Transition name = "fade" mode = "out - in">
              < component :is = "Component" />
            </Transition>
          </router - view >
        </div>
      </div>
    </div>
  </template>
```

在 script 区域通过 ref 创建了 msg 和 theme 两个响应式变量,初始值分别为"Dynamic Themes"和"gray"。使用 computed 创建了一个计算属性 themeClass,它根据 theme 的值动态生成一个类名字符串。

在 template 区域,在最外层 div 上,通过 :class 来动态设置类名,这里的默认类名为 theme-gray。并新增 select 标签,用于动态选择主题。

保存代码后,刷新浏览器,在 select 标签中选择 Blue 选项,可以看到头部背景样式更改为蓝色,至此一个简易的主题色切换功能已完成。

要实现主题色切换,也可使用 CSS 变量等其他方式。我们需要根据业务的需求,选择相应的实现方式。

本章小结

(1) 学会使用 SCSS 的嵌套规则,可以更方便地组织和管理样式代码,避免重复书写选择器。

(2) 学会使用 SCSS 变量,可以定义并重复使用颜色、尺寸等数值,提高样式的可维护性和灵活性。

(3) 学会使用 SCSS 混合指令,可以将一组样式属性定义为一个混合器,并在需要的地方进行调用,实现代码复用。

(4) 学会使用 SCSS 的扩展/继承功能,可以通过继承现有样式块来快速创建新的样式,并与混合指令的使用情景进行区分。

(5) 学会使用 SCSS 占位符,可以定义一组样式,只有在被调用时才会被编译。

(6) 学会使用 SCSS 中的父选择器 &,可以在嵌套规则中引用父级选择器,简化样式书写。

(7) 学会使用 SCSS 中的数据类型,包括数字、字符串、颜色、布尔值等,可以更灵活地处理样式中的数据。

(8) 学会在 SCSS 中进行运算,可以对数值进行加减乘除等运算,方便进行样式计算。

（9）学会使用 SCSS 的插值语法，可以在样式中动态插入变量或表达式，实现更灵活的样式生成。

（10）学会使用 SCSS 指令，如@import 可以导入样式。

（11）学会使用 SCSS 函数，如 map-get、map-merge 等，可以对样式进行计算和转换，实现更复杂的样式效果。

（12）通过案例使用 SCSS 完成主题色的切换，将所学的 SCSS 知识应用到实际项目中。

第 9 章

Element Plus

Element Plus 是一套基于 Vue.js 的 UI 组件库,提供丰富的可复用组件,帮助开发者快速构建现代化的 Web 应用程序。

Element Plus 是 Element UI 的升级版本,保留了 Element UI 的优点,并在功能和性能上进行了改进和优化。它采用 Vue 3 的语法和特性,并完全支持 TypeScript。Element Plus 的设计风格简洁、现代,提供众多常用的 UI 组件,如按钮、表单、表格、对话框、菜单等,能够满足各种界面需求。

9.1 Element Plus 的特点

(1) 丰富多样的组件:Element Plus 提供了大量的组件,涵盖了常见的 UI 需求,让开发者能够轻松选择并灵活使用这些组件,从而加速项目的开发进程。

(2) 响应式设计:组件在 Element Plus 中都经过精心设计,能够很好地适应不同的设备和屏幕尺寸,确保用户在不同终端上都能获得一致的流畅体验。

(3) 强大的可定制性:Element Plus 为开发者提供丰富的主题和样式变量,这意味着开发者可以根据项目的需要进行定制,确保组件与项目的整体风格保持一致。

(4) 完善的文档和示例:Element Plus 官方提供详尽的文档和示例,这为开发者提供了学习和使用组件的有力支持。通过这些资源,开发者可以快速上手并高效地使用 Element Plus。

(5) 活跃的社区支持:Element Plus 是一个受欢迎且活跃的开源项目,拥有庞大的社区支持和贡献。在社区中,开发者可以交流经验、解决问题,从中获得更多的技术支持和启发。

Element Plus 是一个值得信赖和选择的 UI 框架,它的特性使得开发者(无论是初学者还是有经验的开发者)在构建现代化、高质量的 Web 应用程序时能够事半功倍,提升开发效率和用户体验。

9.2　Element Plus 的安装

使用包管理器安装 Element Plus，在终端中运行：

```
yarn add element - plus
```

9.3　完整引入

如果对打包后的文件大小不是很在意，那么使用完整导入会更方便。修改 main.js，代码如下所示。

```
import { createApp } from 'vue'
import ElementPlus from 'element - plus'          //引入 element - plus
import 'element - plus/dist/index.css'            //引入 element - plus 样式文件
import App from './App.vue'

const app = createApp(App)

app.use(ElementPlus)                              //将 Element Plus 注册为 Vue 应用程序的插件
app.mount('#app')
```

9.4　按需引入

按需引入是指只引入需要使用的组件或功能，而不是将整个组件库的代码都打包到项目中。这样可以减少项目的代码体积，提升页面加载速度和性能。

（1）安装相应插件。

```
yarn add unplugin - vue - components unplugin - auto - import - D
```

（2）配置 vite.config.js。

```
import { defineConfig } from "vite";
import vue from "@vitejs/plugin - vue";
import AutoImport from "unplugin - auto - import/vite";
import Components from "unplugin - vue - components/vite";
import { ElementPlusResolver } from "unplugin - vue - components/resolvers";

//https://vitejs.dev/config/
export default defineConfig({
  plugins: [
    vue(),
    AutoImport({
      resolvers: [ElementPlusResolver()],
    }),
    Components({
```

```
        resolvers: [ElementPlusResolver()],
    }),
  ],
});
```

（3）在 main.js 中引入 Element Plus 的样式文件。

```
import "element-plus/dist/index.css"; //引入样式
```

根据项目的实际需求选择合适的引入方式,完整引用与按需引入选择一个即可。

9.5 常用组件

Element Plus 提供了丰富的 UI 控件和功能。如果想了解更多组件的用法和详细说明,建议访问 Element Plus 的官方网站。这里只展示 Element Plus 部分组件的最基本用法。

在实际开发过程中,根据具体需求选择对应的组件,并参考官方文档中的使用说明进行配置和调用。随着经验的积累,常用的组件用法会逐渐记住,无须强求全部记住。

9.5.1 Button 按钮

常用的操作按钮,type 属性用于指定按钮的类型,不同类型有不同的背景颜色。

```
<template>
  <el-button>Default</el-button>
  <el-button type="primary">Primary</el-button>
  <el-button type="success">Success</el-button>
  <el-button type="info">Info</el-button>
  <el-button type="warning">Warning</el-button>
  <el-button type="danger">Danger</el-button>
</template>
```

9.5.2 Input 输入框

通过鼠标或键盘输入字符。

```
<template>
  <el-input v-model="input" placeholder="Please input" />
</template>

<script setup>
import { ref } from "vue";
const input = ref("");
</script>
```

以上代码使用 Element Plus 的<el-input>组件创建了一个输入框。我们将输入框的值与 input 变量进行了双向绑定,这意味着输入框中的内容会自动同步到 input 变量中,反之亦然。

9.5.3　Form 表单

表单包含输入框、单选框、下拉选择和多选框等用户输入的组件。例如,最常用的登录表单,内容如下所示。

```
< template >
  < el - form :model = "formInline" class = "demo - form - inline">
    < el - form - item label = "姓名">
      < el - input v - model = "formInline.name" placeholder = "请输入姓名" clearable />
    </el - form - item >
    < el - form - item label = "密码">
      < el - input v - model = "formInline.pass" placeholder = "请输入密码" show - password />
    </el - form - item >
    < el - form - item >
      < el - button type = "primary" @click = "onSubmit">提交</el - button >
    </el - form - item >
  </el - form >
</template >

< script setup >
import { reactive } from 'vue'

const formInline = reactive({
  name: '',
  pass:''
})

const onSubmit = () = > {
  console.log('submit!',formInline)
}
</script >

< style >
.demo - form - inline .el - input {
  -- el - input - width: 220px;
}
</style >
```

该表单使用了 Element Plus 组件库提供的样式和功能,实现了一个简单的表单(包含姓名和密码两个输入框),当用户在输入框中输入内容时,formInline 对象会自动更新。当用户单击"提交"按钮时,会调用 onSubmit 函数,输出 formInline 对象的值。

9.5.4　Select 选择器

当选项过多时,使用下拉菜单展示并选择内容。

```
< template >
  < el - select v - model = "value" class = "m - 2" placeholder = "Select">
```

```
      < el - option
        v - for = "item in options"
        :key = "item.value"
        :label = "item.label"
        :value = "item.value"
      />
    </el - select >
</template >

< script setup >
import { ref } from "vue";

const value = ref("");

const options = [
  {
    value: "Option1",
    label: "Option1",
  },
  {
    value: "Option2",
    label: "Option2",
  },
  {
    value: "Option3",
    label: "Option3",
  },
  {
    value: "Option4",
    label: "Option4",
  },
  {
    value: "Option5",
    label: "Option5",
  },
];
</script >
```

该下拉选择框使用了 Element Plus 组件库提供的样式和功能,是一个简单的下拉选择框。当用户选择选项时,value 变量会自动更新。

9.5.5　Table 表格

当 el-table 元素中注入 data 对象数组后,在 el-table-column 中,用 prop 属性对应对象中的键名即可填入数据,用 label 属性可定义表格的列名,用 width 属性可定义列宽。

```
< template >
  < el - table :data = "tableData" style = "width: 100 % ">
    < el - table - column prop = "date" label = "Date" width = "180" />
```

```
      <el-table-column prop = "name" label = "Name" width = "180" />
      <el-table-column prop = "address" label = "Address" />
  </el-table>
</template>

<script setup>
const tableData = [
  {
    date: '2016-05-03',
    name: 'Tom',
    address: 'No. 189, Grove St, Los Angeles',
  },
  {
    date: '2016-05-02',
    name: 'Tom',
    address: 'No. 189, Grove St, Los Angeles',
  },
  {
    date: '2016-05-04',
    name: 'Tom',
    address: 'No. 189, Grove St, Los Angeles',
  },
  {
    date: '2016-05-01',
    name: 'Tom',
    address: 'No. 189, Grove St, Los Angeles',
  },
]
</script>
```

第 10 章

TypeScript

TypeScript 是一种静态类型检查的编程语言，它是 JavaScript 的超集。TypeScript 在 JavaScript 的基础上添加了类型注解和编译时类型检查的功能，使开发者可以在编码阶段捕捉到潜在的类型错误，提高了代码的可靠性和可维护性。

10.1　TypeScript 概述

TypeScript 可以在任何支持 JavaScript 的环境中使用，并且可以无缝地与现有的 JavaScript 代码进行集成。它提供了一系列的语法扩展、类型注解和静态类型检查功能，开发者可以使用这些特性来编写更可靠、更易于理解和维护的代码。

以下是 TypeScript 的一些主要特点和功能：

（1）类型系统：TypeScript 提供了丰富的类型系统，包括原始类型（如数字、字符串、布尔值）、数组、元组、对象、枚举、接口、类、泛型等，可以更准确地描述和约束数据结构和函数签名。

（2）类型推断：TypeScript 可以根据上下文自动推断变量的类型，减少了显式类型注解的需求，同时提供了更好的代码可读性和简洁性。

（3）类型注解：开发者可以显式地为变量、函数参数、返回值等添加类型注解，以增强代码的可读性和可理解性。类型注解还可以提供更好的代码提示和文档生成。

（4）ECMAScript 兼容性：TypeScript 是基于 ECMAScript 标准的扩展，支持最新的 ECMAScript 版本，并且可以逐步采用新特性，兼容现有的 JavaScript 代码。

（5）工具支持：TypeScript 可以与各种主流的集成开发环境（IDE）进行良好的集成，例如 Visual Studio Code、WebStorm 等，提供智能的代码补全、错误提示、重构等功能，提升开发效率。

（6）第三方库支持：TypeScript 兼容 JavaScript 生态系统中的第三方库和工具，开发者可以使用现有的 JavaScript 库，并通过类型声明文件获得类型检查和智能提示的支持。

10.2　TypeScript 的安装和编译

第一步：新建文件夹，例如新建一个名为 ts 的文件夹。

第二步：安装 typescript。

使用 VS Code 打开 ts 文件夹，并新建终端，在终端运行以下命令安装 typescript。

```
//全局安装 ts
npm i typescript - g
```

第三步：生成 tsconfig.js 配置文件，在终端运行以下命令。

```
tsc -- init
```

"tsc --init"是用于初始化 TypeScript 项目的命令。它会在当前目录下生成一个名为 tsconfig.json 的配置文件，用于指定 TypeScript 编译器的选项和项目配置。配置完成后，可以使用"tsc"命令编译 TypeScript 代码。默认情况下，它会根据当前目录下的 tsconfig.json 文件进行编译。

生成的 tsconfig.json 开启了以下配置：

```
"target":指定编译生成的 JavaScript 代码的目标 ECMAScript 版本。
"module":指定模块系统。
"strict":是否启用严格类型检查。
"esModuleInterop":当设置为 true 时，TypeScript 编译器将使用 import 和 export 语法。
"skipLibCheck":当设置为 true 时，TypeScript 编译器将跳过对声明文件(.d.ts 文件)的检查。
"forceConsistentCasingInFileNames":当设置为 true 时，TypeScript 编译器会强制文件名的大小写
    一致性。
```

第四步：通常使用.ts 作为 TypeScript 代码文件的扩展名。在项目下新建 index.ts 文件，内容如下所示。

```
const a: string = "hello ts";
console.log(a);
```

第五步：编译 ts 为 js。在终端输入命令：

```
tsc
```

运行之后，项目下会生成一个同名的 index.js 文件。生成的 index.js 文件是经过 TypeScript 编译器转换后的 JavaScript 代码，它包含了与 TypeScript 文件相对应的逻辑和功能。这里生成的 index.js 文件内容为

```
var a = "hello ts";
console.log(a);
```

第六步：自动编译。

每次进行代码更改后都需要手动执行编译，这样的流程可能会有些烦琐。我们可以通过一些参数的设置来实现在文件变动时自动编译 TypeScript 代码为 JavaScript 代码的效果。

TypeScript 提供了一个常用的参数"--watch"，它能够监视文件的变动，并在每次文件保存后自动重新编译相关的 TypeScript 文件。我们可以在执行编译命令时加上"--watch"参数，让 TypeScript 编译器自动监听文件变化并进行编译。

```
tsc -- watch
```

这样，当我们对 TypeScript 文件进行修改并保存时，编译器会自动检测到变化并重新编译相关的文件。例如，将 index.ts 的"hello ts"改为"hello"，代码保存之后，生成的 index.js 文件内容自动更新为最新的"hello"。这样一来，我们就不需要手动执行编译命令了，TypeScript 编译器会在后台持续地监视文件变动并进行编译。

此时环境已经安装完毕，接下来学习 TypeScript 的核心内容。

10.3　TypeScript 数据类型

TypeScript 提供了丰富的数据类型，用于定义变量、函数参数和返回值的类型。通过使用数据类型，我们可以明确变量的数据结构和取值范围，提高代码的可读性和可维护性，并在编译阶段捕获潜在的类型错误。

10.3.1　number

number 用于表示数字值。number 类型可以包括整数、浮点数和二进制等数字。下面是一些 number 类型的示例：

```
let num1: number = 10;          //整数
let num2: number = 3.14;        //浮点数
let num3: number = 0b1010;      //二进制表示的数字 10
let num4: number = 0o12;        //八进制表示的数字 10
let num5: number = 0xA;         //十六进制表示的数字 10
```

10.3.2　string

string 用于表示字符串值。string 类型用于存储文本数据，可以包含任意字符序列，如字母、数字、特殊字符等。下面是一些 string 类型的示例：

```
let str1: string = "Hello";         //普通字符串
let str2: string = 'World';         //单引号字符串
let str3: string = `Hello, ${str2}`;  //es6 的模板字符串
```

string 类型可以使用双引号、单引号或反引号（模板字符串）来表示字符串字面量。

10.3.3　boolean

boolean 用于表示逻辑值 true 和 false。在 TypeScript 中，你可以声明 boolean 类型的变量，赋予它们相应的值，进行布尔运算，并在条件语句中使用它们进行逻辑判断。下面是一些 boolean 类型的示例：

```
//定义逻辑值
let result1: boolean = true;
let result2: boolean = false;

//布尔运算
```

```
let result3: boolean = true && false;          //false
let result4: boolean = true || false;          //true
let result5: boolean = !true;                  //false

//条件语句
let age: number = 18;
let result: boolean = age >= 18;

if (result) {
  console.log("成年");
} else {
  console.log("未成年");
}
```

10.3.4　null

null 用于表示一个空值或缺少值。下面是 null 类型的示例：

```
let nullValue: null = null;                    //声明一个 null 类型的变量并赋值为 null
```

10.3.5　undefined

undefined 用于初始化变量为一个未定义的值。下面是 undefined 类型的示例：

```
//声明一个 undefined 类型的变量并赋值为 undefined
let undefinedValue: undefined = undefined;
```

10.3.6　symbol

symbol 用于表示唯一且不可变的标识符，它是 ECMAScript 6（ES6）引入的功能，在 TypeScript 中也得到了支持。下面是一些 symbol 类型的示例：

```
const sym1: symbol = Symbol("hello");
const sym2: symbol = Symbol("hello");
console.log(Symbol("hello") === Symbol("hello"));     //false
```

10.3.7　BigInt

BigInt 用于表示任意大的整数。BigInt 是 ES2020（或称为 ES11）引入的特性，使用之前需配置 tsconfig.json。

```
"target": "ESNext",
"lib": ["ESNext","DOM"]
```

将"target"设置为"ESNext"，表示目标环境是支持最新 ECMAScript（ES）标准的环境。下面是一些 BigInt 类型的示例：

```
const bigIntValue: bigint = BigInt(123456789);
const bigIntLiteral: bigint = 123456789n;
```

上述示例展示了两种创建 BigInt 的方式。第一种方式使用 BigInt()函数将普通整数转换为 BigInt,第二种方式使用 n 后缀将字面量直接声明为 BigInt。

拓展:BigInt

当 JavaScript 中的数字超出安全整数范围时,进行加法或减法等运算时可能会出现精度丢失的问题。

安全整数范围是指 JavaScript 中能够准确表示的整数范围,即 $-2^{53} \sim 2^{53}$(不含两个边界值)。当超出这个范围时,数字将被自动转换为浮点数,这会导致精度丢失。

下面是一个示例,演示了超出安全整数范围的情况,修改 index.ts,代码内容如下所示:

```
const safeInteger = Number.MAX_SAFE_INTEGER;        //最大安全整数
const unsafeInteger = Number.MAX_SAFE_INTEGER + 1; //超出安全整数范围

console.log(safeInteger + 1);        //输出:9007199254740992
console.log(unsafeInteger + 1);      //输出:9007199254740992
```

保存之后,由于 tsc 开启了--watch 监听,文件 index.js 自动更新为最新的代码。新建一个终端,在终端中运行:

```
node index.js
```

在终端中,会打印出:

```
9007199254740992
9007199254740992
```

在上述示例中,超出安全整数范围的 unsafeInteger 进行加法运算时,得到的结果与期望的结果不同。这是因为超出安全整数范围后,数字被自动转换为浮点数,导致了精度丢失。

为了避免这种精度丢失的问题,可以使用 BigInt 类型来处理超出安全整数范围的大整数。BigInt 类型提供了任意精度的整数表示,可以处理超出 number 类型表示范围的整数。

```
const safeInteger = BigInt(Number.MAX_SAFE_INTEGER);
const unsafeInteger = safeInteger + 1n;
console.log(safeInteger + 1n);       //输出:9007199254740993n
console.log(unsafeInteger + 1n);     //输出:9007199254740994n
```

通过使用 BigInt 类型,可以确保在超出安全整数范围时,仍然能够进行准确的整数运算,避免了精度丢失的问题。

10.3.8　any

any 表示变量可以具有任意类型的值。当将变量声明为 any 类型时,可以对其赋予任何类型的值,且不会进行类型检查或类型推断。

```
let variable: any = "Hello";
variable = 42;
variable = true;
```

提示：不用过度使用 any 类型，全使用 any 类型，等于没有使用 TypeScript。

10.3.9　unknown

unknown 表示不确定的数据类型。与 any 类型的不同在于，它不能直接赋值，使用时需要先进行类型检查或类型断言。

```
let value: unknown = "Hello";

if (typeof  value === "string") {
  let message: string = value;
}
```

首先声明了一个变量 value，其类型为 unknown，并将其赋值为字符串"Hello"。然后使用 typeof 运算符检查 value 的类型是否为字符串。如果条件满足，我们将变量 value 断言为字符串类型，并将其赋值给变量 message。

10.3.10　Array

Array 数组类型用于存储多个相同类型的值。在 TypeScript 中，可以使用以下两种方式声明数组类型。

（1）使用类型后缀［］。

```
let numbers: number[ ] = [1, 2, 3, 4, 5];
```

（2）使用泛型数组类型 Array＜elementType＞。

```
let names: Array< string > = ["Alice", "Bob", "Charlie"];
```

提示：常使用类型后缀［］来声明数组类型。

10.3.11　Tuple

Tuple(元组)是一种特殊的数组类型，它允许在一个数组中存储固定数量和特定类型的元素。

```
let person: [string, number] = ["Alice", 25];
```

10.3.12　object、Object 和｛｝类型

1. object
object 类型是用于表示非原始类型的值的一种类型。它是一个广泛的类型，可以用于

表示对象、数组、函数以及其他非原始类型的值。

```
let obj: object = { key: "value" };        //对象赋值给 object 类型的变量
let arr: object = [1, 2, 3];               //数组赋值给 object 类型的变量
let func: object = () => {};               //函数赋值给 object 类型的变量
```

需要注意的是,object 类型不会提供关于具体对象结构和方法的类型信息。如果需要对对象的属性和方法进行类型检查和推断,通常建议使用接口或类型别名来定义更具体的对象类型,接口与类型别名后续内容会介绍。

2. Object

Object 是一个内置的构造函数,它是所有对象的父类。Object 构造函数用于创建对象实例,并提供了一些内置的方法和属性。

```
let obj: Object = new Object();            //使用构造函数创建对象实例
let objLiteral: Object = {};               //使用对象字面量创建对象实例
```

尽管 Object 和 object 名称相似,但它们在 TypeScript 中具有不同的含义。Object 是一个构造函数,表示对象的父类,而 object 是一个类型,表示非原始类型的值的集合。

3. {}

{}表示空对象类型或空对象字面量类型。它表示一个没有任何属性和方法的空对象。

```
let obj: {} = {}; //空对象
```

10.3.13　enum

枚举类型用于定义一组具名的常量值集合。它允许为一组值分配一个易于记忆的名称。

1. 声明 enum

可以使用 enum 关键字来声明一个枚举,并定义枚举的名称和相应的值。枚举的值可以是数字、字符串或其他枚举成员。

```
enum Direction {
  Up,
  Down,
  Left,
  Right,
}
```

2. 默认赋值

如果没有为枚举成员指定值,它们将自动被赋予递增的数字值(从 0 开始)。

```
enum Direction {
  Up,      //0
  Down,    //1
  Left,    //2
  Right,   //3
}
```

3．指定值

可以手动为枚举成员指定值。指定值后，后续的成员将自动递增。

```
enum Direction {
  Up = 1,
  Down = 2,
  Left = 3,
  Right = 4,
}
```

4．访问枚举成员

可以使用枚举名称和成员名称来访问枚举的特定成员。

```
enum Direction {
  Up = 1,
  Down = 2,
  Left = 3,
  Right = 4,
}

let direction: Direction = Direction.Up;
console.log(direction);                    //输出：1
```

5．使用枚举

可以使用枚举来表示一组相关的命名常量。枚举可以用于变量、函数参数、返回值等的类型注解。

```
enum Direction {
  Up = 1,
  Down = 2,
  Left = 3,
  Right = 4,
}

function move(dir: Direction) {
  if (dir === Direction.Up) {
    //向上移动
  } else if (dir === Direction.Down) {
    //向下移动
  } else if (dir === Direction.Left) {
    //向左移动
  } else if (dir === Direction.Right) {
    //向右移动
  }
}
```

枚举提供了一种简洁、易读的方式来表示一组相关的常量值。它可以增强代码的可读性和可维护性。

10.3.14　void

void 表示函数返回值为空（没有返回值）的类型。当函数不需要返回任何值时，可以将其返回类型注解为 void。

```
function sayHello(): void {
  console.log("Hello!");
}
```

10.3.15　never

never 是一种表示永远不会发生返回的类型。它用于表示那些抛出异常、无法正常结束或进入无限循环的函数的返回类型。

```
function throwError(message: string): never {
  throw new Error(message);
}

function infiniteLoop(): never {
  while (true) {
    //无限循环
  }
}
```

10.3.16　联合类型(|)

联合类型允许一个变量具有多种可能的类型。联合类型使用"|"符号来连接多个类型，表示该变量可以是这些类型中的任意一个。

1. 声明联合类型

可以使用"|"符号将多个类型组合成联合类型。

```
let variable: string | number;
```

变量 variable 可以是 string 类型或者 number 类型。

2. 变量的赋值

联合类型的变量可以被赋予符合其中一个类型的值。在使用变量时，需要根据上下文中的特定类型进行类型检查和类型推断。

```
let variable: string | number;
variable = "Hello";              //字符串赋值给联合类型变量
variable = 42;                   //数字赋值给联合类型变量
```

3. 类型检查与类型推断

当使用联合类型的变量时，TypeScript 会根据上下文中的特定类型进行类型检查和类型推断。这样可以在编译时捕获类型错误。

```
let variable: string | number;
console.log(variable.length);              //错误,number 类型没有 length 属性
```

4. 类型保护

使用类型保护可以在使用联合类型时,缩小变量的类型范围,以便更精确地访问特定类型的属性和方法。例如,使用类型断言、typeof、instanceof 等来进行类型判断。

```
function process(variable: string | number) {
  if (typeof variable === "string") {
    console.log(variable.toUpperCase()); //使用 string 类型的方法
  } else {
    console.log(variable.toFixed(2));    //使用 number 类型的方法
  }
}
```

联合类型提供了灵活的类型选择,使变量能够具有多种可能的类型。它在处理可能具有不同类型的数据时非常有用。

10.3.17 类型别名(type)

类型别名是为一个类型定义一个别名,可以使用该别名来引用该类型。类型别名使得代码更加可读、可维护,并且可以简化复杂类型的表达。别名可以理解为,生活中家长通常都是叫自己的孩子小名,而小名就是孩子的别名。

```
type Color = string | number;
let backgroundColor: Color = "red";      //使用 Color 类型别名声明变量
```

Color 是一个类型别名,它代表了 string 或 number 的联合类型。通过使用 Color 类型别名,我们可以明确地表达颜色类型可能是字符串或数字,并在代码中可以使用该别名来声明变量、函数参数和函数返回值的类型。

10.3.18 交叉类型(&)

交叉类型允许将多个类型合并成一个新的类型,该新类型将具有合并类型的所有特性。通过使用"&"符号,可以将多个类型组合成一个交叉类型。

```
type Flag1 = { x: number };              //类型别名
type Flag2 = Flag1 & { y: string };

let flag3: Flag2 = {
  x: 1,
  y: "2",
};
```

在这个示例中,定义了两个类型别名 Flag1 和 Flag2。Flag1 是一个包含属性 x 的对象类型,而 Flag2 是基于 Flag1 的交叉类型,并扩展了一个额外的属性 y。

然后,声明了一个变量 flag3,它的类型被指定为 Flag2,也就是具有 x 和 y 属性的对象。

为 flag3 赋予了一个满足类型要求的对象字面量,它具有属性 x 和 y,且它们的类型符合定义的要求。

10.3.19　字面量类型

字面量类型可以用来约束变量、参数、函数返回值等的取值范围,限定其只能接收特定的值。常见的字面量类型包括字符串字面量类型、数字字面量类型、布尔字面量类型和枚举字面量类型。

1. 字符串字面量类型

字符串字面量类型限制变量或参数只能接收特定的字符串值。

```
let myName: 'qinghua';                    //只能赋值为 'qinghua'
let color: 'red' | 'green' | 'blue';      //只能赋值为 'red'、'green' 或 'blue'

color = 'yellow';                         //错误,定义的 color 没有 yellow
```

2. 数字字面量类型

数字字面量类型约束变量或参数只能接收特定的数字值。

```
let result: 10;                           //只能赋值为 10
let statusCode: 200 | 404 | 500;          //只能赋值为 200、404 或 500
```

3. 布尔字面量类型

布尔字面量类型限制变量或参数只能接收 true 或 false。

```
let isTrue: true;                         //只能赋值为 true
let isFalse: false;                       //只能赋值为 false
```

4. 枚举字面量类型

字面量类型可以与枚举类型结合使用,以定义更复杂的类型约束。

```
enum Direction {
  Up = "UP",
  Down = "DOWN",
  Left = "LEFT",
  Right = "RIGHT",
}

let move: Direction.Up | Direction.Down;
move = Direction.Up;                      //合法
move = Direction.Left;                    //错误,只能是 Direction.Up 或 Direction.Down
```

在给定的代码示例中,首先定义了一个枚举类型 Direction,其中包含 4 个成员,每个成员都与一个特定的字符串关联。随后,声明了一个变量 move,其类型为 Direction. Up ｜ Direction. Down,表示该变量只能是 Direction. Up 或 Direction. Down 两个成员之一。

最后,进行了两次赋值操作。其中,move ＝ Direction. Up;是合法的,因为 Direction. Up

是一个有效的选项，并且符合 Direction. Up ｜ Direction. Down 的类型要求。move ＝
Direction. Left；是错误的，因为 Direction. Left 并不是 Direction. Up ｜ Direction. Down 中
的选项之一，它超出了允许的范围。

10.3.20　类型断言(as)

类型断言就是在 TypeScript 中手动告诉编译器将一个值视为特定的类型，以便通过编
译时的类型检查。TypeScript 中有两种类型断言的语法形式：尖括号语法和 as 语法。

1．尖括号语法

```
let someValue: any = "this is a string";
let strLength: number = (< string > someValue).length;
```

在上面的例子中，我们使用尖括号语法< string >将 someValue 断言为字符串类型，然
后访问字符串的 length 属性。

2．as 语法

```
let someValue: any = "this is a string";
let strLength: number = (someValue as string).length;
```

在上面的例子中，我们使用 as 关键字将 someValue 断言为字符串类型，然后访问字符
串的 length 属性。

需要注意的是，尖括号语法在一些情况下可能会与 JSX 语法产生冲突，因此推荐使用
as 语法进行类型断言。

10.3.21　类型推断

TypeScript 的类型推断是指编译器根据变量的赋值和使用上下文推断出变量的类型，
而无须显式地指定类型注解。

类型推断在 TypeScript 中发挥重要作用，它可以自动推断变量的类型，减少了烦琐的
类型注解工作，同时提供了类型安全性和代码可读性。

1．基本类型推断

```
let x = 10;                        //推断 x 的类型为 number
let message = "Hello, TypeScript!"; //推断 message 的类型为 string
let isValid = true;                //推断 isValid 的类型为 boolean
```

鼠标悬浮在变量 x 上，VS Code 编辑器会提示 let x：number，不需要我们手动去声明
变量 x 为 number 类型。

2．对象类型推断

```
let person = { name: "qinghua", age: 25 }; //推断 person 的类型为 { name: string, age: number }
```

在这个例子中，变量 person 是一个对象字面量，其中包含 name 和 age 属性。根据属性
值的类型，TypeScript 编译器推断出 person 的类型为{ name：string，age：number }。

3．数组类型推断

```
let numbers = [1, 2, 3];            //推断为 number[] 数组类型
let names = ["qinghua", "Jane"];    //推断为 string[] 数组类型
```

定义了一个名为 numbers 的变量，并将其赋值为一个包含数字元素的数组[1，2，3]。根据 TypeScript 的类型推断机制，numbers 的类型被推断为 number[]，表示一个包含数字的数组。

定义了一个名为 names 的变量，并将其赋值为一个包含字符串元素的数组["qinghua"，"Jane"]。根据 TypeScript 的类型推断机制，names 的类型被推断为 string[]，表示一个包含字符串的数组。

4．函数类型推断

```
function add(x: number, y: number) {
  return x + y;
}
//推断 add 的类型为 (x: number, y: number) => number
```

在这个例子中，函数 add 接收两个参数 x 和 y，并返回它们的和。TypeScript 编译器根据参数的类型和返回值的类型推断出 add 的类型为（x：number，y：number）=> number，即接收两个 number 类型参数并返回一个 number 类型值的函数。

需要注意的是，类型推断是在编译时进行的。如果推断的类型与实际使用不匹配，编译器将会报错。

10.4　函数

函数用于封装可重用的代码块，并执行特定的操作。函数可以带有参数、返回值和函数体，可以在需要时被调用或引用。

10.4.1　函数的定义

TypeScript 可以指定函数参数的类型和返回值的类型。

```
function hello(name: string): void {
  console.log("hello", name);
}
hello("ts");
```

定义了一个名为 hello 的函数，它接收一个 name 参数，参数类型被指定为 string，并且函数的返回类型被指定为 void，即没有返回值，函数体内部只是调用 console.log 打印信息，没有 return。

10.4.2　函数表达式

定义函数类型。

```
type func = (x: number, y: number) => number;

let circle: func = function (a, b) {
  return a + b;
};
```

首先，通过 type 关键字创建了一个名为 func 的类型别名。这个类型别名表示一个函数类型，它接收两个 number 类型的参数 x 和 y，并返回一个 number 类型的值。

然后，声明了一个名为 circle 的变量，并将其类型指定为 func，即上面定义的函数类型。根据之前定义的函数类型别名 func，我们可以确保 circle 变量的类型是一个接收两个 number 类型参数并返回 number 类型值的函数。

10.4.3　可选参数

可选参数是指函数定义中的参数，在调用函数时可以省略。在函数定义中，可以在参数后面加上问号"?"来表示该参数是可选的。可选参数必须位于必需参数之后，否则会引发语法错误。

```
function fn2(name: string, age?: number): string {
  if (age) {
    return `${name}的年龄${age}`;
  } else {
    return `${name}的年龄未知`;
  }
}
console.log(fn2("qinghua")); //qinghua 的年龄未知
```

定义了一个名为 fn2 的函数，它接收两个参数，即 name（必须参数）和 age（可选参数），类型分别为 string 和 number?，返回类型被指定为 string。

在函数体内部，通过条件判断检查 age 是否存在。如果 age 存在，则返回 ${name}的年龄 ${age}；否则，返回 ${name}的年龄未知。

在 console.log 中调用了 fn2 函数，并传入参数"qinghua"。由于没有传入 age 参数，函数会返回 ${name}的年龄未知。因此，当执行 console.log(fn2("qinghua"));这行代码时，输出结果为 qinghua 的年龄未知。

函数 fn2 接收一个必需参数 name 和一个可选参数 age，在返回结果时根据 age 的存在与否进行不同的处理。通过可选参数，你可以选择性地提供函数所需的参数值，而不是必须传递。

10.4.4　默认参数

默认参数是指在函数定义中给参数指定一个默认值，如果在调用函数时未提供对应参数的值，那么将使用默认值作为参数的值。在 TypeScript 中，可以通过在函数参数后面使用等号=并指定默认值来定义默认参数。以下是一个示例来说明默认参数的使用：

```
function getData(name: string, age = 20): void {
  console.log(`${name}的年龄${age}`);
}
getData("qinghua");
```

定义了一个名为 getData 的函数,它接收两个参数:name 和默认参数 age。参数 name 的类型被指定为 string;而参数 age 的类型没有显式指定,由于赋值为 20,因此默认推断为 number 类型。返回类型被指定为 void,即没有返回值。

在函数体内部,通过模板字符串的形式使用 console.log 打印 ${name}的年龄 ${age}。在调用 getData 函数时,只传入了参数 'qinghua',并没有提供对应的 age 参数值。根据默认参数的定义,如果在调用函数时未提供对应参数的值,那么将使用默认值作为参数的值。在这个例子中,默认参数 age 被指定为 20。

因此,当执行 getData('qinghua')这行代码时,输出结果为 'qinghua 的年龄 20'。函数使用默认参数 20 作为 age 参数的值,并将其与传入的 name 参数拼接在一起打印出来。

需要注意的是,在使用默认参数时,如果提供了对应参数的值,那么将会覆盖默认值。例如,如果你调用 getData('qinghua', 25),输出结果将是 'qinghua 的年龄 25',使用传入的值 25 覆盖了默认值 20。

10.4.5 剩余参数

剩余参数是指在函数定义中使用三个点 "…"后跟一个参数名的形式,用于表示函数可以接收任意数量的参数,并将它们作为一个数组传递给函数。

在 TypeScript 中,可以使用剩余参数来捕获函数中传递的多个参数,而无须显式地指定每个参数的名称。使用剩余参数可以很方便地处理不定数量的参数,并对它们进行相应的操作。以下是一个示例来说明剩余参数的使用:

```
function sum(...numbers: number[]) {
  return numbers.reduce((val, item) => (val += item), 0);
}
console.log(sum(1, 2, 3));
```

定义了一个名为 sum 的函数,它使用剩余参数…numbers 来接收任意数量的参数,并将它们视为一个 number 类型的数组。

在函数体内部,使用数组的 reduce 方法对 numbers 数组中的元素进行累加计算。初始值为 0,并使用箭头函数(val, item) => (val += item)来进行累加操作。

在调用 sum 函数时,传递了 1、2 和 3 三个参数。这些参数被捕获为一个数组[1, 2, 3],并传递给 sum 函数进行计算。

reduce 方法会将数组中的元素依次传递给箭头函数,其中 val 表示累加的结果,item 表示数组中的当前元素。箭头函数中的(val, item) => (val += item)将每个元素累加到 val 中,并返回累加后的结果。因此,当执行 console.log(sum(1, 2, 3));这行代码时,输出结果为 6。

10.4.6　参数解构

参数解构是指在函数参数中使用对象解构或数组解构的方式，将传递的参数解构为单个变量。在 TypeScript 中，可以使用对象解构和数组解构来解构函数参数，更方便地访问和使用参数中的属性或元素。

1．对象解构

```
function greet({ name, age }: { name: string; age: number }) {
  console.log(`Hello, ${name}! You are ${age} years old`);
}

greet({ name: "qinghua", age: 25 });
```

当调用 greet 函数并传递{ name："qinghua"，age：25 }这个对象作为参数时，函数会进行对象解构，将 name 和 age 属性的值提取出来。在函数体内部，在模板字符串中使用 name 和 age，输出结果为"Hello，qinghua! You are 25 years old"。

2．数组解构

```
function sum([a, b]: number[]) {
  console.log(`Sum of ${a} and ${b} is ${a + b}`);
}

sum([2, 3]);                    //输出：Sum of 2 and 3 is 5
```

当调用 sum 函数并传递[2，3]这个数组作为参数时，函数会进行数组解构，将数组中的元素 2 和 3 提取出来，并用于求和计算。然后，通过 console.log 打印出求和的结果。

10.4.7　函数重载

函数重载是指在 TypeScript 中可以为同一个函数提供多个不同的函数类型定义。

通过函数重载，可以定义多个函数签名，每个函数签名描述了不同的参数类型和返回类型的组合，从而允许在调用函数时根据传递的参数类型进行类型检查和推断，以确定要调用的具体函数实现。

以下是一个示例来说明函数重载的使用：

```
function multiply(x: number, y: number): number;
function multiply(x: string, y: number): string;
function multiply(x: any, y: any): any {
  if (typeof x === 'number' && typeof y === 'number') {
    return x * y;
  } else if (typeof x === 'string' && typeof y === 'number') {
    return x.repeat(y);
  }
}
```

```
console.log(multiply(2, 3));            //输出：6
console.log(multiply('hello', 3));      //输出：hellohellohello
```

在上面的示例中，我们定义了一个名为 multiply 的函数，并提供了两个函数签名来描述不同的参数类型和返回类型组合。

第一个函数签名是 multiply(x：number，y：number)：number，表示当函数的两个参数都是 number 类型时，返回值也是 number 类型。

第二个函数签名是 multiply(x：string，y：number)：string，表示当函数的第一个参数是 string 类型，第二个参数是 number 类型时，返回值是 string 类型。

最后，我们提供了一个函数实现，通过判断参数的类型来执行相应的操作并返回结果。

当调用 multiply 函数时，TypeScript 编译器会根据传递的参数类型进行匹配，选择符合参数类型的函数签名，并执行对应的函数实现。

在示例中，我们分别传递了(2，3)和('hello'，3)作为参数，根据参数的类型匹配到了对应的函数签名，并执行相应的函数实现，得到了正确的输出结果。

函数重载可以提供更灵活的函数定义，使得函数能够根据不同的参数类型提供不同的行为。它可以增强代码的可读性和可维护性，同时提供更强大的类型检查和类型推断能力。

10.5 接口（interface）

接口是 TypeScript 中用于定义对象的结构和类型的一种机制。它定义了对象应该具有的属性、方法和行为，从而提供了一种约定和规范，以确保代码的正确性和一致性。

在 TypeScript 中，我们可以使用接口来描述对象的形状和结构，包括属性的名称、类型和可选性，以及方法的参数和返回类型。

10.5.1 描述对象的结构

接口的主要作用之一是校验对象，确保对象的属性和方法满足接口的要求。我们使用 interface 关键字来定义接口，同时，约定上，接口名称的首字母通常采用大写。

```
interface Person {
  name: string;
  age: number;
}

const person: Person = {
  name: "qinghua",
  age: 25,
};

console.log(person.name);           //输出：qinghua
console.log(person.age);            //输出：25
```

在上述示例中，首先定义了一个名为 Person 的接口，它具有 name 和 age 两个属性。然后，创建了一个名为 person 的对象，它符合 Person 接口的要求，具有相应的属性和类型。最后，使用点运算符访问 person 对象的 name 和 age 属性，并将它们打印到控制台。

这个简单示例展示了如何使用接口来定义对象的结构，并在对象上进行类型检查。接口提供了一种清晰的方式来描述对象的形状和属性，以便在开发过程中进行类型校验和约束。

10.5.2　可选属性

使用"?"符号表示接口中的属性是可选的，即可以存在也可以不存在。

```
interface Person {
  name: string;
  age?: number;
  email?: string;
}

const person1: Person = {
  name: "Alice",
};

const person2: Person = {
  name: "Bob",
  age: 30,
};

const person3: Person = {
  name: "Charlie",
  age: 25,
  email: "charlie@example.com",
};
```

在上述示例中，首先定义了一个名为 Person 的接口。该接口具有一个必需属性 name，以及两个可选属性 age 和 email。可选属性可通过在属性名称后面加上"?"符号表示。随后，创建了 3 个符合 Person 接口的对象。其中，person1 对象只包含必需的 name 属性，而可选属性 age 和 email 未定义；person2 对象包含必需的 name 属性和可选属性 age，而 email 属性未定义；person3 对象包含必需的 name 属性、可选属性 age 和 email，且所有属性都被赋值。

通过使用可选属性，我们可以在对象的属性中灵活地选择性地添加值，而不是强制要求所有属性都必须存在。

10.5.3　只读属性

使用 readonly 关键字定义接口中的属性为只读属性，不允许修改。

```
interface Point {
    readonly x: number;
    readonly y: number;
}

let p1: Point = { x: 10, y: 20 };        //只有在刚创建时赋值
p1.x = 5;                                //无法为"x"赋值,因为它是只读属性
```

在上述示例中,定义了一个名为 Point 的接口,它包含了两个 readonly 属性,即 x 和 y,这些属性只能在初始赋值时被修改,之后不可再更改。

当尝试对 p1.x 进行赋值时,由于 x 是一个 readonly 属性,所以会产生编译错误,表示无法对只读属性进行修改。

10.5.4　可索引的类型

可索引类型是一种允许对象按索引进行访问的类型,当对象中属性很多且类型相同时会非常有用。

1. 字符串索引签名

可以使用字符串类型作为索引,以便按字符串键访问对象的属性。

```
interface Dictionary {
  [key: string]: string;
}

const dict: Dictionary = {
  key1: "value1",
  key2: "value2",
  key3: "value3",
};

console.log(dict["key1"]);              //输出: "value1"
console.log(dict["key2"]);              //输出: "value2"
```

在上述示例中,首先定义了一个名为 Dictionary 的接口,它具有一个字符串索引签名。这表示可以通过字符串键访问对象的属性,且属性的类型为字符串。随后,创建了一个名为 dict 的对象,它符合 Dictionary 接口的定义,其中包含了键值对的映射关系。

通过使用可索引类型,我们可以像数组一样按索引访问对象的属性,可索引的类型提供了一种便捷的方式来处理具有类似结构的对象集合。

2. 数字索引签名

可以使用数字类型作为索引,以便按数字键访问对象的属性。

```
interface NumericDictionary {
  [index: number]: string;
}
```

```
const numDict: NumericDictionary = {
  1: "one",
  2: "two",
  3: "three",
};

console.log(numDict[1]);          //输出："one"
console.log(numDict[2]);          //输出："two"
```

在这个示例中,首先定义了一个名为 NumericDictionary 的接口,它具有一个数字索引签名。该索引签名表示可以通过数字键来访问对象的属性,且属性的类型为字符串。然后,创建了一个名为 numDict 的对象,它符合 NumericDictionary 接口的定义,并包含了数字键与字符串值的映射关系。最后,使用方括号加上数字索引访问 numDict 对象的属性,即通过数字键来获取相应的字符串值。通过 console.log 打印出 numDict[1] 和 numDict[2]的值,分别输出了"one"和"two"。

10.5.5 接口继承

在 TypeScript 中,接口继承允许一个接口从另一个接口获取属性和方法的定义。通过接口继承,可以构建出更复杂的接口,从而实现代码的重用和组合。

接口继承的语法形式是使用关键字 extends,后面跟着要继承的接口名称。子接口将继承父接口的所有属性和方法定义,并可以在此基础上添加新的属性和方法。

1. 继承单个接口

```
interface Animal {
  name: string;
  eat(): void;
}

interface Dog extends Animal {
  breed: string;
  bark(): void;
}

const dog: Dog = {
  name: "Max",
  breed: "Labrador",
  eat() {
    console.log("Eating...");
  },
  bark() {
    console.log("Woof!");
  },
};
```

```
console.log(dog.name);              //输出："Max"
console.log(dog.breed);             //输出："Labrador"
dog.eat();                          //输出："Eating..."
dog.bark();                         //输出："Woof!"
```

在上述示例中,首先定义了一个名为 Animal 的接口,它包含了 name 属性和 eat 方法。然后,定义了一个名为 Dog 的接口,通过 extends 关键字继承了 Animal 接口,并额外添加了 breed 属性和 bark 方法。接着,创建了一个名为 dog 的对象,它符合 Dog 接口的定义,包含了 name、breed 属性和 eat、bark 方法。

通过使用接口继承,dog 对象继承了 Animal 接口中的 name 属性和 eat 方法,并实现了 Dog 接口中的 breed 属性和 bark 方法。通过访问 dog 对象的属性和调用方法,可以验证继承关系的正确性,并获得相应的输出。

继承单个接口允许我们在接口中继承和扩展其他接口的属性和方法,以实现代码的重用和组合。这种方式提供了一种简洁和灵活的方法来定义对象的结构和行为。

2. 继承多个接口

```typescript
interface Animal {
  name: string;
  eat(): void;
}

interface CanRun {
  run(): void;
}

interface Dog extends Animal, CanRun {
  bark(): void;
}

const dog: Dog = {
  name: "Max",
  eat() {
    console.log("Eating...");
  },
  run() {
    console.log("Running...");
  },
  bark() {
    console.log("Woof!");
  },
};

console.log(dog.name);              //输出："Max"
dog.eat();                          //输出："Eating..."
dog.run();                          //输出："Running..."
dog.bark();                         //输出："Woof!"
```

在上述示例中,首先定义了两个接口：Animal 和 CanRun,分别表示动物和具有奔跑能力。其次,定义了一个名为 Dog 的接口,通过逗号分隔继承了 Animal 和 CanRun 这两个接口,并额外添加了 bark 方法。最后,创建了一个名为 dog 的对象,它符合 Dog 接口的定义,包含了 name 属性和 eat、run、bark 方法。

通过使用接口继承,dog 对象继承了 Animal 和 CanRun 接口中的属性和方法,并实现了 Dog 接口中的 bark 方法。

10.5.6　接口合并

接口合并是一种将多个接口定义合并为单个接口定义的机制。当多个接口具有相同名称时,它们的成员将自动被合并到一个接口中,从而形成一个更大的接口。

以下是一个示例,展示了接口合并的使用：

```
interface Box {
  height: number;
  width: number;
}

interface Box {
  scale: number;
}

let box: Box = { height: 5, width: 6, scale: 10 };
```

在这个示例中,定义了两个具有相同名称的接口 Box。其中,第一个 Box 接口定义了 height 和 width 属性；第二个 Box 接口定义了 scale 属性。由于这两个接口具有相同的名称,它们的成员将被合并到一个接口中,形成一个拥有 height、width 和 scale 属性的更大的接口。然后,创建了一个名为 box 的对象,它符合合并后的 Box 接口的定义,包含了合并后的所有属性。

接口合并允许我们在扩展接口定义时保持代码的组织性和可读性,从而更好地描述对象的结构和行为。这种机制使得接口定义更加灵活和可扩展,有助于构建复杂的数据类型和模块化的代码。

10.5.7　接口导入/导出

可以使用 export 关键字来导出接口,以便在其他文件中引用和使用。最大化的提升接口的复用率。

（1）定义接口文件,新建 interface.ts,内容如下所示。

```
export interface Person {
  name: string;
  age: number;
}
```

在上述示例中，定义了一个名为 Person 的接口，并使用 export 关键字将其导出。通过导出接口，可以让其他文件在引入该文件时访问和使用 Person 接口。

（2）使用接口文件，修改 index.ts，内容如下所示。

```
import { Person } from "./interface";

const person: Person = {
  name: "qinghua",
  age: 25,
};

console.log(person.name);        //输出："qinghua"
console.log(person.age);         //输出：25
```

在上述示例中，在 index.ts 文件中使用 import 关键字引入了 Person 接口，该接口来自 interface.ts 文件。

通过引入接口，可以在 index.ts 文件中使用 Person 接口定义的属性，并创建符合接口定义的对象。通过访问 person 对象的属性，可以验证导出接口和导入接口的正确性，并获得相应的输出。通过使用 export 关键字，可以在 TypeScript 中轻松地将接口导出，并在其他文件中进行复用，这种方式提供了一种模块化和可扩展的方法来组织和共享接口定义。

拓展：可以使用 import type 语法显式地将导入的内容声明为类型，使编辑器可以更准确地进行类型检查和类型推断。

修改 index.ts，内容如下所示。

```
import type { Person } from "./interface";

const person: Person = {
  name: "qinghua",
  age: 25,
};

console.log(person.name);        //输出："qinghua"
console.log(person.age);         //输出：25
```

10.5.8 函数类型接口

接口除了描述对象，还可以描述函数。以下是一个示例，展示了如何使用函数类型接口：

```
interface AddFunction {
  (a: number, b: number): number;
}

const add: AddFunction = (a, b) => {
  return a + b;
```

```
};

console.log(add(3, 5)); //输出: 8
```

在上述示例中，定义了一个名为 AddFunction 的函数类型接口，它描述了一个接收两个 number 类型参数并返回一个 number 类型结果的函数。然后，创建了一个名为 add 的变量，并将其类型注解为 AddFunction，表示它符合这个函数类型接口的定义。其中定义了 add 函数的具体实现，它接收两个参数 a 和 b，并返回它们的和。通过调用 add 函数，并传入具体的参数，可以验证函数类型接口的定义和函数的实际行为。

当然，也可以使用类型别名的方式来定义函数类型。上面的示例可修改为：

```
type AddFunction = (a: number, b: number) => number;

const add: AddFunction = (a, b) => {
  return a + b;
};

console.log(add(3, 5));                    //输出: 8
```

10.6 类

类是面向对象编程中的一个重要概念，用于创建对象的模板。它定义了对象的属性和方法，并提供了一种可重用的结构来创建具有相同属性和行为的对象实例，可以看作是一种数据结构，它封装了数据和对数据的操作。

类由属性和方法组成。属性表示类的状态或特征，描述了对象所具有的数据。方法表示类的行为或功能，用于操作类的数据或执行特定的操作。类可以被实例化为对象，每个对象都具有类定义的属性和方法。通过实例化类，可以创建多个相似的对象，每个对象都有自己的状态和行为。类还支持继承，继承允许一个类继承另一个类的属性和方法，从而实现代码的复用和扩展。

10.6.1 类的定义

在 TypeScript 中，可以通过 Class 关键字定义一个类。

```
class Person {
  //属性定义
  name: string;
  age: number;

  //构造函数
  constructor(name: string, age: number) {
    this.name = name;
    this.age = age;
  }
```

```
    //方法定义
    sayHello() {
      console.log(`name ${this.name} and age ${this.age}`);
    }
}

//创建对象实例
const person = new Person("qinghua", 25);
person.sayHello(); //输出："name qinghua and age 25"

const person2 = new Person("beida", 25);
person2.sayHello(); //输出："name beida and age 25"
```

在这个示例中，定义了一个名为 Person 的类。它具有 name 和 age 两个属性，一个构造函数和一个 sayHello 方法。其中，构造函数用于在创建 Person 对象实例时进行初始化，它接收 name 和 age 两个参数，并将它们分别赋值给类的属性；sayHello 方法用于打印出包含对象属性的问候语，它在控制台上输出 name ${this.name} and age ${this.age}。

随后，使用 new 关键字创建了一个 Person 类的实例 person，并调用 sayHello 方法，输出了"name qinghua and age 25"。还创建了另一个 Person 类的实例 person2，并调用其 sayHello 方法，输出了"name beida and age 25"。

通过类的定义，可以创建多个具有相同属性和方法的对象实例，并在每个对象上执行特定的操作。每个对象都是类的独立实例，具有自己的属性值。可以将类比作为金币的模具，而实例化类则相当于使用模具来制造新的金币。

10.6.2　访问修饰符

访问修饰符用于控制类成员的访问权限。常见的访问修饰符有 public、private、protected。其中，public 表示成员对外公开；private 表示成员仅在类内部可访问；protected 表示成员在类内部和子类中可访问。

1. public

公共属性是类中成员的默认访问修饰符。当属性或方法没有显式指定访问修饰符时，默认为 public，即公开的。公共属性可以在类的内部、子类和实例化对象中访问。

```
class Person {
  public name: string;          //公共属性

  constructor(name: string) {
    this.name = name;
  }

  public sayHello() {
    console.log(`Hello, my name is ${this.name}`);
  }
}
```

```
const person = new Person("qinghua");
console.log(person.name);              //输出："qinghua"
person.sayHello();                     //输出："Hello, my name is qinghua"
```

2. private

private 用于限制属性或方法的访问范围。私有属性和方法只能在类的内部访问，无法在类的外部、子类或实例化对象中访问。

```
class Person {
  private name: string;               //私有属性

  constructor(name: string) {
    this.name = name;
  }

  private sayHello() {
    console.log(`Hello, my name is ${this.name}`);
  }

  public introduce() {
    this.sayHello();                  //可以在类的内部调用私有方法
  }
}

const person = new Person("qinghua");
console.log(person.name);             //错误：无法访问私有属性
person.sayHello();                    //错误：无法访问私有方法
person.introduce();                   //输出："Hello, my name is qinghua"
```

在上述示例中，name 属性和 sayHello 方法都使用了 private 访问修饰符。这意味着它们只能在 Person 类的内部访问。

在类的外部，无法直接访问私有属性 name 和调用私有方法 sayHello。当我们尝试这样做时，会导致编译错误。但是，在类的内部，可以使用私有属性和私有方法。在 introduce 方法中，调用了私有方法 sayHello，并在控制台中输出问候语。

通过使用私有属性和私有方法，我们可以将实现细节封装和隐藏在类的内部，防止外部直接访问和修改。这有助于提高代码的封装性、安全性和可维护性。

3. protected

protected 用于限制属性或方法的访问范围。被声明为 protected 的属性和方法可以在类的内部和子类中访问，但不能在类的外部和实例化对象中访问。

```
class Person {
  protected name: string;

  constructor(name: string) {
    this.name = name;
  }
```

```
    protected sayHello() {
      console.log(`Hello, my name is ${this.name}`);
    }
  }

class Employee extends Person {
  private position: string;

  constructor(name: string, position: string) {
    super(name);
    this.position = position;
  }

  public introduce() {
    console.log(`I am ${this.name} and I work as a ${this.position}`);
    this.sayHello();          //可以在子类中调用受保护的方法
  }
}

const employee = new Employee("qinghua", "Manager");
console.log(employee.name); //错误: 无法访问受保护的属性
employee.sayHello();        //错误: 无法访问受保护的方法
employee.introduce(); //输出: "I am qinghua and I work as a Manager" 和 "Hello, my name is qinghua"
```

在这个示例中,父类 Person 中的 name 属性和 sayHello 方法都被声明为 protected。子类 Employee 继承了父类,并在自身添加了 position 属性。在子类的 introduce 方法中,可以访问和使用父类的 protected 成员。

在 introduce 方法中,我们打印了员工的名字和职位,并调用了 sayHello 方法展示父类的功能。然而,如果尝试在类的外部直接访问受保护的属性 name 或调用受保护的方法 sayHello,将会导致编译错误。

通过将属性和方法声明为 protected,可以限制对类内部实现细节的访问,并允许子类在需要时使用和重写父类的功能。这提供了一种更安全、更可控的方式来组织和扩展类的行为。

10.6.3　只读属性(readonly)

readonly 用于定义只读属性。只读属性是指一旦赋值后,就不能再被修改的属性。以下是一个示例,演示了如何使用 readonly 关键字定义只读属性:

```
class Person {
  readonly name: string;
  readonly age: number = 25;

  constructor(name: string) {
    this.name = name;
```

```
    }
  }

const person = new Person("qinghua");
console.log(person.name);        //输出："qinghua"
console.log(person.age);         //输出：25

person.name = "Bob";             //错误：只读属性不可修改
person.age = 30;                 //错误：只读属性不可修改
```

在上述示例中，将 Person 类中的 name 属性声明为 readonly。这意味着一旦在构造函数中对 name 属性赋值后，就无法再对其进行修改。

只读属性可以在声明时进行初始化，也可以在构造函数中进行初始化。如果在声明时没有初始化值，那么可以在构造函数中给只读属性赋值。

通过将属性声明为 readonly，可以确保属性的值在对象创建后不会被修改。这对于一些常量或只读配置属性非常有用，以防止意外的修改，从而提高代码的可靠性和维护性。

10.6.4 静态属性/静态方法

类的静态属性和方法是直接定义在类本身上面的，所以也只能通过直接调用类的方法和属性来访问。

以下是一个示例，演示了如何定义和访问静态属性：

```
class MathUtils {
  static PI: number = 3.14159;
}

console.log(MathUtils.PI);              //输出：3.14159
```

在上述示例中，定义了一个名为 MathUtils 的类，并声明了一个静态属性 PI。通过类名 MathUtils，可以直接访问静态属性 PI，而无须创建类的实例。

静态方法是指被声明为静态的方法，它们属于类本身而不是类的实例。静态方法可以通过类名直接调用，无须创建类的实例。

以下是一个示例，演示了如何定义和调用静态方法：

```
class MathUtils {
  static add(x: number, y: number): number {
    return x + y;
  }
}

console.log(MathUtils.add(5, 3));       //输出：8
```

在上述示例中，定义了一个名为 MathUtils 的类，并声明了一个静态方法 add。通过类名 MathUtils，可以直接调用静态方法 add，而无须创建类的实例。

10.6.5 继承

在 TypeScript 中,通过使用 extends 关键字,子类可以继承父类,从而拥有父类中的属性和方法,实现代码的可复用性。继承的优点在于子类可以继承父类的公共方法和属性,而无须重复编写相同的代码,这样可以减少重复劳动并提高代码的可维护性和复用性。

除了继承父类的属性和方法外,子类还可以在自身中添加额外的属性和方法,以满足特定的需求。子类可以重写父类的方法,即在子类中对父类方法进行特殊逻辑的实现。

在子类中,可以使用 super 关键字来调用父类中的方法和属性。通过 super,子类可以访问并调用父类的方法,以便在子类的方法中进行扩展和定制。

以下是一个简单的示例,演示了如何使用 extends 关键字来实现继承:

```
class Animal {
  name: string;

  constructor(name: string) {
    this.name = name;
  }

  eat() {
    console.log(`${this.name} is eating.`);
  }
}

class Dog extends Animal {
  bark() {
    console.log(`${this.name} is barking.`);
  }
}

const dog = new Dog("xiaobai");
dog.eat();                        //输出: "xiaobai is eating."
dog.bark();                       //输出: "xiaobai is barking."
```

在上述示例中,定义了一个父类 Animal,它具有一个 name 属性和一个 eat 方法。然后,创建了一个子类 Dog,通过 extends 关键字继承了 Animal 类。在子类 Dog 中,添加了一个新的方法 bark。通过继承,子类 Dog 拥有了父类 Animal 的属性和方法,并且可以在子类中添加自己特定的方法。

通过创建 Dog 的实例,可以调用继承的父类方法 eat 和子类自己的方法 bark,这体现了代码的可复用性和灵活性。

10.6.6 抽象类/抽象方法

抽象类是无法被实例化的类,它只能被继承。抽象类用于定义一组相关的对象的共性,并且可以包含抽象方法。

抽象方法是在抽象类中声明但没有具体实现的方法。抽象方法只能存在于抽象类中，并且必须在子类中进行实现（必须重写）。子类继承抽象类时，必须实现父类中的所有抽象方法。

以下是一个示例，展示了如何定义抽象类和抽象方法，并如何在子类中实现抽象方法：

```
abstract class Shape {
  abstract calculateArea(): number;

  sayHello(): void {
    console.log("Hello, I am a shape.");
  }
}

class Circle extends Shape {
  radius: number;

  constructor(radius: number) {
    super();
    this.radius = radius;
  }

  calculateArea(): number {
    return Math.PI * this.radius * this.radius;
  }
}

const circle = new Circle(5);
console.log(circle.calculateArea());          //输出：78.53981633974483
circle.sayHello();                            //输出："Hello, I am a shape."
```

在上述示例中，定义了一个抽象类 Shape，其中包含一个抽象方法 calculateArea 和一个具体方法 sayHello。子类 Circle 继承了 Shape，并实现了抽象方法 calculateArea。在子类中，提供了具体的面积计算的实现。

由于抽象类无法被实例化，创建了 Circle 的实例，并调用其 calculateArea 方法计算圆的面积。

抽象类和抽象方法的使用场景在于，它们可以将共性的代码和规范抽离出来，要求继承的子类按照规范进行具体的实现。这样可以提高代码的可维护性和复用性，同时确保符合特定的设计约束和逻辑要求。

10.7　泛型

泛型是一种在定义函数、接口或类时不预先指定具体类型，而是在使用时根据需要指定类型的特性。在泛型中，使用占位符（通常是单个字母）表示类型参数，如<T>。这个类型参数可以在函数、接口或类中使用，以表示待确定的类型。

10.7.1　泛型函数

泛型函数是指在函数定义中使用了泛型类型参数的函数。通过泛型类型参数,函数可以接收不同类型的参数并返回相应类型的结果。

以下是一个简单的泛型函数示例:

```
function Fan < T >(value: T): T {
  return value;
}

Fan < number >(2);

Fan < string >("123");
```

在这个示例中,定义了一个泛型函数 Fan,它接收一个参数 value,并返回与输入相同类型的值。

在第一个函数调用中,使用了泛型类型参数< number >来指定函数 Fan 的类型参数为 number。然后,传递数字 2 给函数 Fan,并调用函数。由于指定了类型参数为 number,所以函数返回的结果也是数字类型的 2。

在第二个函数调用中,使用了泛型类型参数< string >来指定函数 Fan 的类型参数为 string。然后,传递字符串'123'给函数 Fan,并调用函数。由于指定了类型参数为 string,所以函数返回的结果也是字符串类型的'123'。

通过使用泛型函数,可以编写通用的函数,使其适用于不同类型的参数。泛型函数提供了一种灵活和可重用的方式来处理不同类型的数据,并在编译时提供类型检查的支持。

10.7.2　泛型类

泛型类是指可以在类的定义中使用泛型类型参数的类。通过在类名后面使用尖括号"< >"来定义泛型类型参数,然后在类的属性、方法或构造函数中使用这个类型参数。

```
class Min < T >{
    public list:T[ ] = [ ]
    add(val:T):void{
        this.list.push(val)
    }
    //找出最小值
    min( ):T{
        let minVal = this.list[0];
        for(let i = 0;i < this.list.length;i++){
            if(minVal > this.list[i]){
                minVal = this.list[i]
            }
        }
        return minVal
    }
```

```
}

let a = new Min < number >();

a.add(89);
a.add(50);
a.add(18);

console.log(a.min())
```

在这个示例中,定义了一个泛型类 Min,它具有一个公共属性 list,这是一个泛型数组类型 T[],默认为空数组。类中还有一个 add 方法,用于向 list 数组中添加元素。该方法接收一个参数 val,类型为泛型类型参数 T,并将其推入 list 数组。另外,类中定义了一个 min 方法,用于找出 list 数组中的最小值。该方法通过遍历数组,比较当前元素与已知的最小值,更新最小值,直到遍历完整个数组,然后返回最小值。

在示例中,我们创建了一个 Min 类的实例 a,指定泛型类型参数为 number,即 let a = new Min < number >();。此时类中的 list 类型变为 number[],add 函数类型变为 add(val: number): void{this. list. push(val)}。

10.7.3　泛型接口

泛型接口允许我们在定义接口时使用泛型类型参数,从而使接口能够适应不同的数据类型。

泛型接口的语法如下:

```
interface InterfaceName < T > {
  //属性和方法定义
}
```

在接口名称后面使用尖括号< T >来声明泛型类型参数,并在接口的属性和方法定义中使用这个泛型类型参数。

通过使用泛型接口,可以定义适用于不同类型的对象结构,从而增加代码的灵活性和可复用性。下面是一个简单的泛型接口示例:

```
interface Box < T > {
  contents: T;
}

let box1: Box < number > = { contents: 42 };
let box2: Box < string > = { contents: "hello" };
```

在上面的示例中,定义了一个名为 Box 的泛型接口,它有一个属性 contents,类型为泛型类型参数 T。创建了两个 Box 类型的变量 box1 和 box2。其中,box1 的泛型类型参数指定为 number,所以它的 contents 属性类型为 number;box2 的泛型类型参数指定为 string,所以它的 contents 属性类型为 string。

通过使用泛型接口,可以灵活地定义不同类型的对象结构,并在编译时进行类型检查,以确保数据的正确性和一致性。

10.7.4 泛型参数的默认类型

在 TypeScript 中,可以为泛型参数指定默认类型。当在使用泛型时未显式指定类型参数时,将使用默认类型。

语法格式如下:

```
function functionName<T = DefaultType>(/* 参数列表 */): /* 返回类型 */ {
  //函数体
}
```

在上述语法中,T = DefaultType 表示泛型参数 T 的默认类型为 DefaultType。当调用函数时,如果没有显式指定类型参数 T,那么将使用默认类型 DefaultType。

下面是一个简单的示例:

```
function getValue<T = string>(value: T): T {
  return value;
}

const result1 = getValue<number>(42); //指定类型参数为 number,返回类型为 number
const result2 = getValue("hello");     //未指定类型参数,使用默认类型 string,返回类型
                                       //为 string
```

在上面的示例中,getValue 函数的泛型参数 T 的默认类型为 string。当调用 getValue 函数时,如果显式指定了类型参数,将使用指定的类型,否则将使用默认类型 string。

通过为泛型参数提供默认类型,可以使函数在使用泛型时更加灵活,同时保留了默认类型的便利性。

10.7.5 多个类型参数

在 TypeScript 中,我们可以定义多个类型参数的泛型函数、接口或类。多个类型参数用逗号分隔。

以下是一个示例:

```
function merge<T, U>(obj1: T, obj2: U): T & U {
  return { ...obj1, ...obj2 };
}

const mergedObj = merge({ name: "qinghua" }, { age: 25 });

console.log(mergedObj);                //输出: { name: "qinghua", age: 25 }
```

在上面的示例中,merge 函数有两个类型参数 T 和 U。它接收两个参数 obj1 和 obj2,分别是类型 T 和 U 的对象。

在函数体中，使用对象展开运算符将 obj1 和 obj2 合并成一个新的对象，并使用交叉类型操作符"&"来定义返回类型为 T&U，表示返回的对象同时具有类型 T 和 U 的属性。

10.7.6 泛型约束

通过泛型约束，我们可以指定泛型类型参数必须具备某些特定的属性、方法或满足特定的条件。

```
interface Lengthwise {
  length: number;
}

function printLength< T extends Lengthwise >(obj: T): void {
  console.log(obj.length);
}

printLength("hello");              //输出：5
printLength([1, 2, 3]);           //输出：3
printLength({ length: 10 });      //输出：10
```

在上述示例中，定义了一个名为 Lengthwise 的接口，它具有一个 length 属性，表示具备长度的类型。定义了一个名为 printLength 的泛型函数，它接收一个泛型类型参数 T，并对该参数进行约束，要求 T 必须实现 Lengthwise 接口，即具备 length 属性。

在函数体中，可以安全地访问泛型参数 obj 的 length 属性，因为我们已经约束了 T 必须具备该属性。

通过使用泛型约束，可以在泛型函数、接口或类中对泛型类型参数进行更精确的控制，使其满足特定的条件或拥有特定的属性和方法。这有助于提高代码的类型安全性和可靠性。

注意：在泛型里面使用 extends 关键字代表的是泛型约束，需要和类的继承区分开。

10.7.7 泛型类型别名

通过使用 type 关键字和泛型参数，可以定义一个泛型类型别名。以下是一个简单的示例：

```
type Pair< T > = {
  first: T;
  second: T;
};

const pair: Pair< number > = {
  first: 5,
  second: 10,
};

console.log(pair.first);      //输出：5
console.log(pair.second);     //输出：10
```

在上述示例中,使用 type 关键字定义了一个泛型类型别名 Pair<T>,它接收一个泛型参数 T。泛型类型别名定义了一个包含 first 和 second 属性的对象,它们的类型都是泛型参数 T。使用泛型类型别名 Pair<number>创建了一个对象 pair,其中 T 被指定为 number类型。可以访问 pair 对象的 first 和 second 属性,并得到相应的结果。

10.7.8　泛型条件类型

泛型条件类型是一种基于泛型参数的条件约束,它允许我们根据某个类型条件的成立与否,在类型定义中选择不同的结果类型。

```
type MyType<T> = T extends string ? number : boolean;

type A = MyType<"hello">;          //推断为 number
```

在上述示例中,定义了一个泛型条件类型 MyType<T>。根据条件 T extends string的成立与否,选择了不同的结果类型。如果泛型参数 T 是 string 类型,则结果类型为number,否则结果类型为 boolean。创建了一个类型别名 A,将 MyType<"hello">赋值给它。根据条件类型的推断,"hello"是 string 类型,因此 A 的类型被推断为 number。

通过使用泛型条件类型,我们可以根据类型的条件进行动态的类型选择,使我们能根据不同的情况来定义和推断类型。这提供了一种灵活且强大的方式来处理复杂的类型操作和推断需求。

10.7.9　infer

infer 是 TypeScript 中用于提取类型的关键字。它通常用于条件类型中,用于从待推断的类型中提取出特定的类型并进行操作。

例如,可以使用 infer 关键字来提取函数类型中的参数类型和返回类型。下面是一个示例:

```
type FunctionType<T> = T extends (x: infer U) => infer R ? [U, R] : never;

type myFunction = (x: number) => string;

type Result = FunctionType<myFunction>;          //推断为 [number, string]
```

在上述示例中,定义了一个泛型条件类型 FunctionType<T>,用于从函数类型中提取参数类型和返回类型。当待推断的类型 T 符合函数类型(x: infer U) => infer R 时,使用infer 关键字提取出参数类型 U 和返回类型 R,并将它们作为条件类型的结果返回。定义了一个函数类型 myFunction,它接收一个参数 x,类型为 number,并返回一个类型为 string的值。

通过应用 FunctionType<myFunction>,我们对函数类型 myFunction 应用了泛型条件类型 FunctionType,并将结果赋值给类型别名 Result。

根据条件类型的定义，当待推断的类型符合函数类型（x：number）=> string 时，我们提取出参数类型 number 和返回类型 string，并将它们作为元组[U，R]的结果返回。因此，类型 Result 被推断为元组类型[number，string]。

10.8 类型守卫

类型守卫是一种在 TypeScript 中用于缩小类型范围的机制，它允许我们在条件语句中对变量的类型进行判断，并根据判断结果来确定变量的具体类型。

10.8.1 in

in 是一种类型守卫，用于在条件语句中判断一个属性是否存在于一个对象或接口中。

```
interface Person {
  name: string;
  age: number;
}

function printInfo(person: Person) {
  if ("name" in person) {
    console.log("Name:", person.name);
  }

  if ("age" in person) {
    console.log("Age:", person.age);
  }
}

const qinghua: Person = {
  name: "qinghua",
  age: 30,
};

printInfo(qinghua);
```

在上述示例中，定义了一个名为 Person 的接口，该接口表示一个具有 name 和 age 属性的对象。在 printInfo 函数中，使用 in 运算符来检查 person 对象是否具有 name 和 age 属性。如果属性存在，就打印相应的信息。

通过使用 in 类型守卫，TypeScript 可以根据判断结果，在不同的代码块中缩小 person 参数的类型范围，从而在相应的代码块中可以安全地访问这些属性。

10.8.2 typeof

使用 typeof 运算符来判断变量的类型。例如：

```
function printValue(value: string | number) {
  if (typeof value === "string") {
    console.log("String:", value.toUpperCase());
  } else {
    console.log("Number:", value.toFixed(2));
  }
}
```

在上述示例中,定义了一个名为 printValue 的函数,它接收一个参数 value,该参数可以是字符串类型或数字类型。

在函数体内部,使用 typeof 运算符来检查 value 的类型。如果 value 的类型为字符串,即 typeof value === "string",则将字符串转换为大写,并打印"String:"后跟转换后的值。如果 value 的类型为数字,即 typeof value === "number",则使用 toFixed 方法将数字保留两位小数,并打印"Number:"后跟保留两位小数的值。

通过使用 typeof 运算符,我们可以根据值的类型执行不同的操作,从而在运行时动态地处理不同类型的值。这种类型守卫的方式能够提高代码的可读性和可维护性,并确保对不同类型的值采取适当的处理方式。

10.8.3　instanceof

使用 instanceof 运算符来判断对象的类型。例如:

```
class Animal {
  name: string;
  constructor(name: string) {
    this.name = name;
  }
}

class Dog extends Animal {
  bark() {
    console.log("Woof!");
  }
}

function makeSound(animal: Animal) {
  if (animal instanceof Dog) {
    animal.bark();
  } else {
    console.log("Unknown animal");
  }
}
```

在上述示例中,定义了一个基类 Animal,它具有一个名为 name 的属性和一个构造函数,用于初始化 name 属性。定义了一个子类 Dog,它继承了父类 Animal,并添加了一个名为 bark 的方法,用于输出"Woof!"。定义了一个名为 makeSound 的函数,它接收一个类型为 Animal 的参数 animal。在函数体内部，使用 instanceof 运算符来判断 animal 是否属于 Dog 类型。如果 animal 是 Dog 类型的实例，则调用其 bark 方法，输出 "Woof!"。如果 animal 不是 Dog 类型的实例，则输出 "Unknown animal"。

通过使用 instanceof 运算符，我们可以在运行时动态地判断对象的类型，并根据类型执行相应的操作。

10.8.4　自定义类型保护

自定义类型保护是一种在 TypeScript 中自定义逻辑来判断变量的类型的方法。自定义类型保护使用形如 parameterName is Type 的类型谓词语法，其中 parameterName 是函数参数的名称，Type 是我们希望对参数进行类型断言的类型。

例如，以下是一个简单的示例：

```
function isNumber(value: unknown): value is number {
  return typeof value === "number";
}
```

在上述示例中，定义了一个自定义类型保护函数 isNumber。它接收一个类型为 unknown 的参数 value，并在函数体内部通过判断 value 的类型是否为 number 来进行类型断言。当 isNumber 函数返回 true 时，TypeScript 编译器会将参数 value 的类型缩小为 number。

10.9　类型查询

类型查询是一种在 TypeScript 中用于获取变量的类型信息的机制。它可以用来在运行时判断变量的类型，并根据不同的类型执行相应的逻辑。

10.9.1　typeof

在 TypeScript 中，可以使用 typeof 运算符来进行类型查询。它的语法是 typeof variable，其中 variable 是要查询类型的变量名。

```
const info = {
  name:'2',
  age:2,
}


type useInfo = typeof info
```

在上述示例中，定义了一个常量 info，它是一个对象，具有 name 和 age 两个属性，并分别赋予了字符串和数字类型的值。然后，使用 typeof 操作符来获取 info 对象的类型，并将其赋值给类型别名 useInfo。useInfo 的类型被推断为：

```
type useInfo = {
  name: string;
  age: number;
}
```

通过使用 typeof，可以方便地获取现有对象的类型，而无须手动编写类型声明。

10.9.2 keyof

keyof 用于获取对象或接口的所有属性名称组成的联合类型。以下是一个示例：

```
interface Person {
  name: string;
  age: number;
  address: string;
}

type PersonKeys = keyof Person;
//PersonKeys 的类型为 "name" | "age" | "address"
```

在上述示例中，定义了一个接口 Person，它具有 name、age 和 address 三个属性。随后，使用 keyof 操作符获取了 Person 接口的所有属性名称组成的联合类型，即 PersonKeys 的类型为"name" | "age" | "address"。

keyof 与 typeof 结合使用，取得一个对象接口的所有 key 值：

```
const x = { a: 1, b: 2, c: 3, d: 4 };

//先通过 typeof 推出对象类型，再使用 keyof 获取对象接口的所有 key 值
type Keys = keyof typeof x; //type o = "a" | "b" | "c" | "d"
```

我们使用 typeof 操作符对 x 进行类型查询，获取了对象 x 的类型。接着，使用 keyof 操作符对获取的对象类型进行操作，获取了该对象类型的所有属性名称组成的联合类型。

10.10 实用技巧

10.10.1 非空断言(!)

非空断言是 TypeScript 中的一个语法，用于告诉编译器某个表达式不会为 null 或 undefined，即使在类型检查的情况下也不会发出警告。

我们可以在一个表达式后面添加"!"来告诉编译器该表达式是非空的。这样做可以让我们绕过 TypeScript 的类型检查，强制将该表达式视为非空值。

需要注意的是，非空断言应该谨慎使用。因为它可以绕过类型检查，如果在运行时实际上出现了 null 或 undefined 的值，会导致运行时错误。

以下是非空断言的使用示例：

```
let body = document.querySelector('body');

let dom:HTMLBodyElement = body!;
```

通过类型断言，告诉编辑器一定能取到 body 元素。如果不使用类型断言，编辑器将报错提示：不能将类型"HTMLBodyElement | null"分配给类型"HTMLBodyElement"，不能将类型"null"分配给类型"HTMLBodyElement"。因为通过 document. querySelector 获取到的可能是个空值，而我们知道这里一定是非空的，因此可以通过类型断言告诉编辑器这里一定非空。

10. 10. 2　类型断言（as）

类型断言是 TypeScript 中的一种语法，用于指定一个值的类型，即告诉编译器我们对该值的类型有更准确的信息，手动告诉编辑器就按照你断言的那个类型通过编译。

类型断言的语法如下：

```
value as Type
```

以下是类型断言的示例：

```
let x: unknown = "hello";
let Xlength: number = (x as string).length;
```

在这个示例中，定义了一个变量 x，类型为 unknown，并赋值为字符串"hello"。使用类型断言 as string 将变量 x 断言为 string 类型，从而在类型系统中告诉编译器 x 是一个字符串类型的值。接着声明了一个变量 Xlength，类型为 number，并将（x as string）. length 赋值给它。由于已经将 x 断言为字符串类型，所以可以安全地获取其 length 属性，并将其赋值给 Xlength。

通过使用类型断言，我们可以在某些情况下手动指定变量的类型，以便进行更精确的类型推断和类型操作。在这个示例中，通过将 x 断言为字符串类型，我们能够成功获取字符串的长度，并将其赋值给 Xlength 变量。

10. 10. 3　可选链操作符（?.）

可选链操作符是一种用于简化属性访问的语法，它可以在访问可能为空或未定义的属性时避免引发错误。例如访问一个对象，而这个对象可能会不存在，如果直接访问不存在的对象中的属性会报错，可以使用可选链操作符避免报错。

```
interface Person {
  name: string;
  address?: {
    street: string;
    city: string;
  };
```

```
    }

    const person: Person | null = null;

    const name = person?.name;          //name 的值为 undefined
```

使用可选链操作符"?."来访问 person 对象的 name 属性。由于 person 的值为 null,使用可选链操作符后,name 的值将为 undefined。通过使用可选链操作符,我们可以安全地访问可能为空的属性,避免空引用错误。

10.11　内置工具类型

TypeScript 提供了一些内置的工具类型,用于进行常见的类型转换和操作,可以帮助我们更轻松地定义、操作和约束类型。

10.11.1　Partial < T >

创建一个新的类型,该类型将传入的类型 T 的所有属性变为可选属性。

```
interface Person{
    name: string;
    age: number;
}

type PersonPartial = Partial < Person >;
```

生成的 PersonPartial 类型为:

```
type PersonPartial = {
  name?: string;
  age?: number;
};
```

10.11.2　Required < T >

创建一个新的类型,该类型将传入的类型 T 的所有属性变为必需属性。

```
interface Props {
    a?: number;
    b?: string;
};

const obj: Props = { a: 5 }; //OK

const obj2: Required < Props > = { a: 5 };        //Error: property 'b' missing
```

在上面的示例中,首先定义了一个接口 Props,它具有两个可选属性 a 和 b。然后声明了一个变量 obj,并将其类型注解为 Props。在这里,只为属性 a 指定了值,而属性 b 没有提

供。由于属性 b 是可选的，所以将只提供属性 a 的对象赋值给 obj 是合法的。最后声明了
另一个变量 obj2，并将其类型注解为 Required ＜ Props ＞，将所有属性都变成了必需属性。
在这里，我们尝试将只提供属性 a 的对象赋值给 obj2，但由于属性 b 在 Required ＜ Props ＞
中是必需的，因此编译器会报错，指出属性 b 丢失。

10.11.3　Readonly ＜ T ＞

创建一个新的类型，该类型将传入的类型 T 的所有属性变为只读属性。

```
interface Person {
  name: string;
  age: number;
}

type ReadonlyPerson = Readonly < Person >;

const person: ReadonlyPerson = {
  name: "qinghua",
  age: 30,
};

person.name = "Jane";    //编译错误,无法修改只读属性
person.age = 31;         //编译错误,无法修改只读属性
```

在上述示例中，定义了一个接口 Person，并使用 Readonly ＜ Person ＞创建了一个新的只
读类型 ReadonlyPerson。然后创建了一个 person 对象，该对象的属性是只读的，因此无法
在后续代码中对其进行修改。

10.11.4　Pick ＜ T，K ＞

Pick ＜ T，K ＞用于从类型 T 中选择部分属性，并构造一个新的类型。其中，T 是源类
型；K 是一个属性键的联合类型，表示我们要从 T 中选择的属性。

```
interface Todo {
  title: string;
  description: string;
  done: boolean;
}

type TodoBase = Pick < Todo, "title" | "done">;
```

在上述示例中，定义了一个接口 Todo，它具有 3 个属性：title、description 和 done。
然后使用 Pick ＜ Todo，"title" ｜ "done"＞创建了一个类型别名 TodoBase，该类型别名选
取了 Todo 接口中的 title 和 done 属性，形成了一个新的类型。类型别名 TodoBase 被编
译为：

```
type TodoBase = {
  title: string;
  done: boolean;
};
```

10.11.5　Omit < T, K >

Omit < T, K >用于从类型 T 中剔除部分属性并构造新类型的工具类型。其中,T 表示源类型;K 是一个属性键的联合类型,表示我们要从 T 中剔除的属性。

```
interface Person {
  name: string;
  age: number;
  address: string;
}

type PersonWithoutAddress = Omit < Person, "address">;
```

在上述示例中,定义了一个接口 Person,它包含属性 name、age 和 address。通过使用 Omit < Person, "address">,创建了一个新的类型 PersonWithoutAddress,该类型剔除了 Person 类型中的"address"属性。

Omit < T, K >工具类型允许我们选择性地从一个类型中移除属性,并基于剩余的属性构造一个新的类型。这使我们能更灵活地操作和塑造类型,根据需要从现有类型中排除特定的属性,以创建更适合特定场景的新类型。

10.11.6　Record < T, K >

Record < T, K >用于创建一个由类型 T 中的属性作为键,类型 K 作为值的映射类型。可以借助 Record < T, K >快速定义对象类型。

```
Record < string, any >

//等价于

{
  [key: string]: any;
}
```

在上述代码中,Record < string, any >是使用 Record 工具类型定义的对象类型,其中键的类型为 string,值的类型为 any;{ [key:string]:any } 是使用索引签名(index signature)定义的对象类型,其中使用了字符串类型的键 string,并且对应的值的类型为 any。两者的作用和结果是相同的,都定义了一个可以接收任意字符串键并对应任意类型值的对象类型。

可以借助字面量类型与接口定义更具体的对象类型。以下是一个示例:

```
interface Person {
  name: string;
  age: number;
}
type Page = "about" | "contact";

const x: Record< Page, Person > = {
  about: { name: "qinghua", age: 25 },
  contact: { name: "beida", age: 30 },
};
```

在上述示例中,首先定义了一个接口 Person,它包含了 name 和 age 两个属性。并定义了一个类型别名 Page,它是一个字面量类型,限定变量只能取值 about 或 contact。然后使用 Record< Page,Person >创建了一个对象 x,它的类型是一个映射类型。这个映射类型的键是 Page 类型,值是 Person 类型。

通过给 x 分配相应的键值对,创建了一个包含了 about 和 contact 两个键的对象。每个键对应一个 Person 对象,包含了 name 和 age 属性的值。

10.11.7 Exclude < T,U >

Exclude < T,U >用于从类型 T 可分配的类型中排除类型 U。

```
type A = "get" | "put" | "post";

type B = Exclude< A, "get" | "post">;

//type B = "put"
```

在上述示例中,首先定义了一个类型别名 A,它表示一个字面量类型,包含 3 个成员:get、put 和 post。然后,通过 Exclude < A, "get" | "post">创建了一个新的类型别名 B。Exclude 用于从类型 A 中排除指定的成员类型:get 和 post。在这个例子中,B 的类型被定义为 put,它是从类型 A 中排除了指定的成员类型后得到的结果。

提示：Exclude < T,U >和 Omit < T,K >两者区别。Exclude < T,U >主要用于排除类型的成员,而 Omit < T,K >主要用于移除类型的属性。

10.11.8 Extract < T,U >

Extract < T,U >用于从类型 T 中提取出可以赋值给类型 U 的那些成员类型。

```
type A = 'apple' | 'banana' | 'orange' | 'pear';
type B = 'apple' | 'banana';

type C = Extract< A, B >;

//type C = 'apple' | 'banana'
```

在上述示例中,首先定义了两个类型别名 A 和 B。其中,A 表示一个字面量类型,包含了 4 个成员,即 apple、banana、orange 和 pear;B 表示一个字面量类型,包含了两个成员,即 apple 和 banana。然后,使用 Extract<A,B>创建了一个新的类型别名 C。其中,Extract 用于从类型 A 中提取出可以赋值给类型 B 的那些成员类型。在这个例子中,C 的类型为 apple 和 banana,它是从类型 A 中提取出与类型 B 相匹配的成员类型后得到的结果。

10.11.9　ReturnType<T>

ReturnType<T>用于从函数类型 T 中提取其返回值类型。使用 ReturnType<T>,我们可以轻松地获取函数类型的返回值类型,而无须手动提取或定义。

```
function test(name: string, idx: number) {
  return {
    name,
    idx,
  };
}

type A = typeof test;
//type A = (name: string, idx: number) => {
//  name: string;
//  idx: number;
//}

type TestReturnType = ReturnType<A>;
//type TestReturnType = {
//    name: string;
//  idx: number;
//}
```

在上述示例中,首先定义了一个函数 test,它接收两个参数 name 和 idx,并返回一个包含 name 和 idx 属性的对象。然后使用 typeof test 创建了一个类型别名 A,它表示 test 函数的类型。根据函数的参数和返回值,A 的类型是(name:string,idx:number)=>{ name:string,idx:number },即接收两个参数,返回一个包含 name 和 idx 属性的对象的函数类型。最后使用 ReturnType<A>创建了一个类型别名 TestReturnType,它表示 A 类型对应函数的返回值类型。根据类型 A 的定义,TestReturnType 的类型是{ name:string,idx:number },即一个包含 name 和 idx 属性的对象类型。

通过使用 ReturnType 工具类型,我们可以方便地提取函数类型的返回值类型,从而在需要时进行类型推断和使用。

10.11.10　Parameters<T>

Parameters<T>用于获取函数类型 T 的参数类型。

```
type MyFunction = (name: string, age: number) => void;
```

```
type MyFunctionParams = Parameters<MyFunction>;

//type MyFunctionParams = [name: string, age: number]
```

在上述示例中，首先定义了一个类型 MyFunction，表示一个函数类型，接收一个名为 name 的字符串参数和一个名为 age 的数字参数，没有返回值。然后使用 Parameters<MyFunction>创建了一个新的类型 MyFunctionParams，该类型表示了 MyFunction 的参数类型的元组。最终得到的 MyFunctionParams 的类型为[name：string，age：number]，即一个包含两个元素的元组，每个元素都表示一个参数的类型，并使用参数名进行了命名。

通过使用 Parameters<T>，我们可以方便地获取函数类型的参数类型，并将其用于类型声明或其他类型操作中。

10.11.11 NonNullable<T>

NonNullable<T>用于创建一个新的类型，该类型将类型 T 中的 null 和 undefined 类型排除。

```
type NullableString = string | null | undefined;

type NonNullableString = NonNullable<NullableString>;

//NonNullableString 的类型为 string
```

在这个示例中，首先定义了一个类型 NullableString，它表示一个可以是 string 类型、null 或 undefined 的联合类型。然后使用 NonNullable<NullableString>创建了一个新的类型 NonNullableString，该类型表示了将 NullableString 中的 null 和 undefined 类型排除后的类型。最终得到的 NonNullableString 的类型为 string，即排除了 null 和 undefined 后剩下的类型。

通过使用 NonNullable<T>，我们可以方便地创建一个不包含 null 和 undefined 类型的新类型，用于确保某个变量或属性始终有值。

10.12 Vue.js 3 中 TypeScript 的使用

在 Vue.js 3 中结合使用 TypeScript，可以明确指定组件的 props、data 和方法的类型，以及其返回值的类型。这有助于我们更清晰地了解组件的接口和使用方式，提升了代码的健壮性与可读性。此外，通过类型推断，TypeScript 还可以自动推断出某些变量的类型，减少了手动编写类型注解的工作量。

在学习 Vue.js 3 中 TypeScript 的使用之前，确保已经安装了 VS Code 的插件 "TypeScript Vue Plugin（Volar）"，如果没有安装，参照 2.2.2 安装 VS Code 扩展来安装开发 Vue.js 所必需的插件。

10.12.1　搭建项目

参考第 2 章中搭建第一个 Vue 项目，使用 Windows PowerShell 运行以下命令，创建一个 Vue＋TypeScript 项目。

```
npm create vite@latest my-vue-ts-app -- --template vue-ts
```

生成的目录结构如图 10-1 所示。

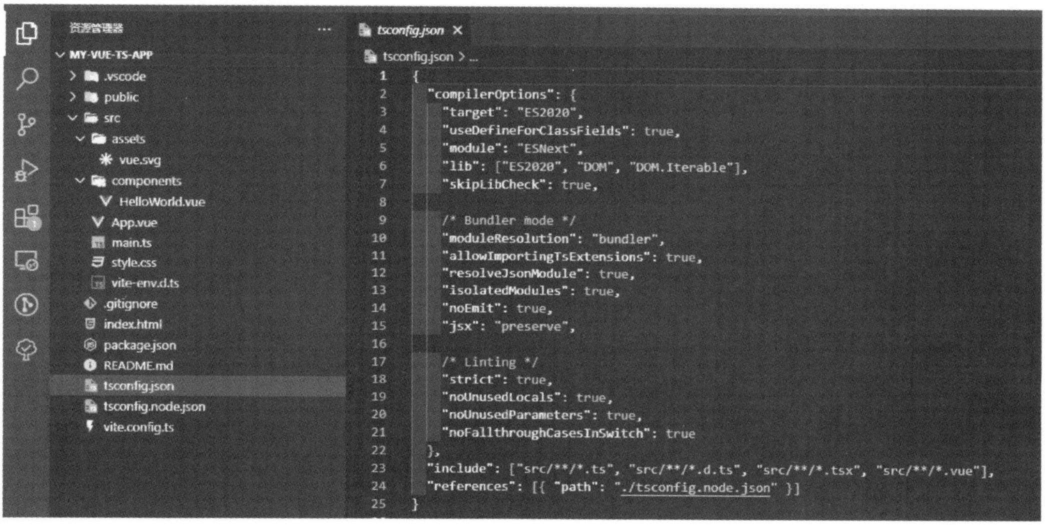

图 10-1　目录结构

新建终端，在终端中运行 npm install 或运行 yarn 来安装项目依赖。安装成功后，关闭 VS Code 并重新用 VS Code 打开项目 my-vue-ts-app，使 TypeScript 的配置生效。

10.12.2　＜script setup lang＝"ts"＞

查看 components 文件夹下 HelloWorld. vue 文件，HelloWorld. vue 脚本区域显示内容如下所示。

```
<script setup lang="ts">
import { ref } from 'vue'

defineProps<{ msg: string }>()

const count = ref(0)
</script>
```

通过指定 lang＝"ts"，即可使用 TypeScript 编写组件的逻辑代码。defineProps 用于定义 props 类型，在后面会详细介绍。在终端中运行 npm run dev，启动项目，为接下来的学习做准备。

10.12.3　ref

与之前介绍的 ref 不同，这里主要介绍 ref 如何结合 TypeScript 使用。

1. 值 ref

【例 10-1】 使用 ref 函数可以定义响应式数据。修改 App. vue，内容如下所示。

```
< script setup lang = "ts">
import { ref } from "vue";

const count = ref(0);
</script>

< template >
  < div >
    {{ count }}
  </div >
</template >
```

在上述示例中，我们使用 ref 函数来创建一个响应式数据 count，并将其初始化为 0。这里的代码看起来与之前的 Vue 3 组件没有太大区别，但是在 TypeScript 环境下，我们可以享受到类型推导的好处。

当将鼠标悬停在 const count ＝ ref(0)的 count 上时，我们会看到一个提示，显示 const count：Ref < number >。这是因为根据初始值 0，TypeScript 已经推导出 count. value 的类型为 number。通过类型推导，可以省略许多不必要的类型声明，让代码更简洁。

然而，在某些复杂的情况下，我们需要手动声明类型来指定更精确的类型信息。例如，当值可能是 number 类型，也可能是 string 类型时，我们可以使用联合类型来声明。将 count 的定义修改为：

```
const count = ref< string | number >(0);
```

通过定义联合类型< string | number >，并将类型通过泛型参数传递给 ref 函数，从而显式指定 count. value 的类型为 string | number。

拓展：在 VS Code 中，当我们将鼠标移动到 ref 上并按住键盘上的 Ctrl 键时，ref 下方会出现下画线。如果单击 ref，编辑器会跳转到定义 ref 类型声明的地方。在定义 ref 类型声明的地方，可以看到以下内容的显示：

```
export declare function ref< T >(value: T): Ref < UnwrapRef < T >>;
```

这段代码表示 ref 是一个函数，它接收一个泛型参数 T，并返回一个 Ref < UnwrapRef < T >> 类型的值。而上面定义的< string | number >，也会被传递到 ref 后面的< T >上。

2. 模板 ref

【例 10-2】 ref 除了获取值，也可以获取 DOM 节点。修改 App. vue，内容如下所示。

```
<script setup lang = "ts">
import { ref, onMounted } from "vue";
const el = ref < HTMLDivElement | null >(null);

onMounted(() = > {
  console.log(el.value);
});
</script>

<template>
  <div ref = "el">div 区域</div>
</template>
```

在 script 部分,使用 ref 函数创建了一个响应式数据 el,并将其初始值设置为 null,类型为 HTMLDivElement | null。这里使用联合类型 HTMLDivElement | null 表示 el 可以是 HTMLDivElement 类型或 null。接下来,使用 onMounted 函数,在组件挂载后执行回调函数,打印出 el.value。

在模板部分,使用< div ref = "el">的方式将< div >元素与 el 关联起来。这样,在组件挂载后,el.value 将自动更新为对应的 DOM 元素。

3. 组件 ref

【例 10-3】　使用 ref 也可以获取子组件实例。修改 App.vue,内容如下所示。

```
<script setup lang = "ts">
import { ref } from "vue";
import HelloWorld from "./components/HelloWorld.vue";

const helloworld = ref < InstanceType < typeof HelloWorld > | null >(null);
</script>

<template>
  < HelloWorld ref = "helloworld" msg = "helloworld" />
</template>
```

在 script 部分,使用 ref 函数创建了一个响应式数据 helloworld,并将其初始值设置为 null。通过泛型参数< InstanceType < typeof HelloWorld > | null >显式指定 helloworld 的类型为 HelloWorld 组件的实例类型或 null。

在模板部分,使用< HelloWorld ref = "helloworld" msg = "helloworld" />的方式将 HelloWorld 组件与变量 helloworld 关联起来。通过将 ref 的引用设置为"helloworld",我们可以在逻辑部分访问到 HelloWorld 组件的实例。

注意:此时还不能通过 helloworld.value 访问 HelloWorld 组件的属性和方法,对其进行操作和修改,因为子组件 HelloWorld 使用< script setup lang = "ts">,默认是全关闭的,子组件需使用 defineExpose 定义父组件能访问的属性和方法。

我们尝试一下能否直接获取到子组件中定义的属性。在 App.vue 的 script 区域添加如下内容:

```
import {onMounted} from "vue";
onMounted(() => {
  console.log(helloworld.value?.count);
})
```

可以看到编辑器用红色波浪线提示错误，显示 ts 校验不通过，如图 10-2 所示。代码保存之后，浏览器控制台的打印值也是 undefined，说明没有访问到子组件的变量 count。

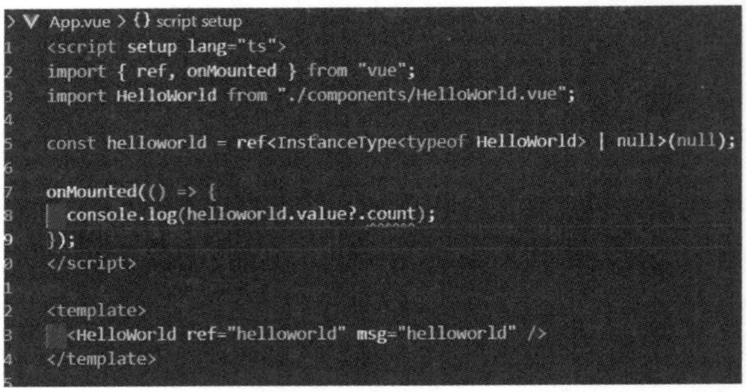

图 10-2　ts 校验不通过

在子组件中使用 defineExpose 定义父组件能访问的属性和方法，修改 HelloWorld.vue 的 script 区域，内容如下所示。

```
< script setup lang = "ts">
import { ref } from "vue";

defineProps <{ msg: string }>();

const count = ref(0);

defineExpose({
  count,
});
</script>
```

代码保存后，可以看到 App.vue 的 helloworld.value?.count 处不再飘红显示。而且浏览器控制台的打印值为 0，说明父组件能够正常访问到子组件的变量 count。

10.12.4　reactive

使用 reactive 定义引用类型响应式数据。在 reactive 中定义的参数可被 TypeScript 类型推导。

【例 10-4】　修改 App.vue 文件，代码如下所示。

```
< script setup lang = "ts">
import { reactive } from "vue";

const user = reactive({
  name: "qinghua",
```

```
    age: 20,
});
</script>

<template>
  <div>{{ user.name }} -- {{ user.age }}</div>
</template>
```

鼠标移动到 const user 的 user 上,可以看到 user 的类型被 TypeScript 推导为:

```
const user: {
    name: string;
    age: number;
}
```

【例 10-5】 我们也可以显式的定义数据类型,在 src 文件夹下新建 types 文件夹,在 types 文件夹下新建 user. ts 文件,内容如下所示。

```
export interface User {
  name?: string;
  age: number;
}
```

我们定义了一个名为 User 的接口。这个接口描述了用户的相关信息。User 接口具有两个属性:name 属性是一个可选的字符串类型,表示用户的名称。由于它是可选的,因此可以存在或不存在。age 属性是一个必需的数值类型,表示用户的年龄。它是一个必须提供的属性,不能省略。通过将 User 接口标记为 export,我们使其成为可以在其他文件中导入和使用的公共接口。

在 App. vue 中使用类型接口 User,修改 App. vue,代码如下所示。

```
<script setup lang="ts">
import { reactive } from "vue";
import type { User } from "./types/user";

const user: User = reactive({
  name: "qinghua",
  age: 20,
});
</script>

<template>
  <div>{{ user.name }} -- {{ user.age }}</div>
</template>
```

使用 import type 关键字导入了 User 接口。import 时使用 type 关键字,这是 TypeScript 中的一种导入方式,它用于仅仅在编译阶段引入类型信息,而不会在运行时引入对应的模块。使用 type 关键字可以显式地告诉编辑器,这里我引入的是类型 User,而不是变量 User。

声明了一个名为 user 的变量,并将其类型注解为 User 接口。通过将变量的类型设置为 User,告诉 TypeScript user 变量应该符合 User 接口所定义的属性和类型要求。

需要注意的是,与 ref 不同,这里我们并没有将 User 作为泛型参数传递给 reactive 函数,而是直接在变量声明中使用了 User 作为类型注解,以明确指定 user 变量的类型。

10.12.5 computed

computed() 会自动从其计算函数的返回值上推导出类型,也可以通过泛型参数显式指定类型。

【例 10-6】 修改 App.vue,代码如下所示。

```ts
< script setup lang = "ts">
import { computed } from "vue";
const age = computed < number >(() => {
  return 2;
});
</script>

< template >
  < div >{{ age }}</div>
</template>
```

通过传入泛型参数< number >,我们明确告诉 TypeScript age 的类型应该是 number。

10.12.6 defineProps

使用 defineProps 来声明组件接收的属性,并且可以为这些属性提供默认值和类型注解,以便在编写组件时获得更好的类型检查和代码提示。

1. 基本使用

在 HelloWorld.vue 中 defineProps <{ msg：string }>();表示在组件的 props 中定义了一个名为 msg 的属性,其类型为 string。除了使用对象类型{ msg：string },还可以使用接口。

【例 10-7】 在 types 文件夹下新建 info.ts,内容如下所示。

```ts
export interface Info {
  msg: string;
}
```

定义了一个名为 Info 的接口,该接口表示一个具有 msg 属性的对象类型。msg 属性的类型为 string。

修改 HelloWorld.vue,内容如下所示。

```ts
< script setup lang = "ts">
import type { Info } from "../types/info";
```

```
const props = defineProps < Info >();
</script>

<template>
  < h1 >{{ props.msg }}</h1 >
</template>
```

通过 import type 导入 Info 接口,通过泛型参数< Info >指定了 props 的类型为 Info,这意味着我们期望父组件传递的属性符合 Info 接口的定义。在模板部分,我们使用双大括号{{ props.msg }}将父组件传递的 msg 值插入模板中。

提示:defineProps 不需要 import 导入,能直接使用。

2. 定义默认值

【例 10-8】 使用 withDefaults 定义默认值,修改 HelloWorld.vue,内容如下所示。

```
< script setup lang = "ts">
import type { Info } from "../types/info";

const props = withDefaults(defineProps < Info >(), {
  msg: "默认值",
});
</script>

<template>
  < h1 >{{ props.msg }}</h1 >
</template>
```

使用 withDefaults 函数来为 props 提供默认值。withDefaults 函数接收两个参数,第一个参数是 defineProps 的返回值,用于指定属性类型和约束;第二个参数是一个对象,用于指定默认值。

10.12.7 defineEmits

defineEmits 用于声明组件可触发的自定义事件的函数。它允许我们明确指定组件可以触发的事件名称和参数类型,以提供更好的类型检查和开发工具支持。

【例 10-9】 修改父组件 App.vue,代码如下所示。

```
< script setup lang = "ts">
import HelloWorld from "./components/HelloWorld.vue";
import type { User } from "./types/user";
const handleChange = (value: User) => {
  console.log("子组件传递的值", value);
};
</script>

<template>
  < div >
    < HelloWorld @change = "handleChange" />
```

```
    </div>
  </template>
```

在 script 区域，使用 import 导入 HelloWorld 组件，使用 import type 导入类型接口 User。定义 handleChange 函数，它接收一个类型为 User 的参数 value，在函数体内部，打印子组件传递的值。

在模板部分，监听 change 事件，通过 @change(v-on：简写为@)语法来绑定事件处理函数 handleChange。当 HelloWorld 组件触发 change 事件时，会将触发事件的值作为参数传递给 handleChange 函数。

修改子组件 HelloWorld.vue，代码如下所示。

```
<script setup lang="ts">
import type { User } from "../types/user";
const emit = defineEmits<{ change: [value: User] }>();

const handleClick = () => {
  emit("change", { name: "2", age: 21 });
};
</script>

<template>
  <div>
    <button @click="handleClick">按钮</button>
  </div>
</template>
```

defineEmits 函数接收一个泛型参数，用于指定事件的名称和参数类型。在这里，定义了一个名为 change 的事件，并指定参数类型为[value：User]。这表示当触发 change 事件时，我们期望传递一个 User 类型的值作为参数。

10.12.8　defineSlots

defineSlots 用于定义作用域插槽参数类型。

【例 10-10】　修改父组件 App.vue，代码如下所示。

```
<script lang="ts" setup>
import HelloWorld from "./components/HelloWorld.vue";
</script>

<template>
  <div>
    <HelloWorld>
      <template #todo="{ msg }"> {{ msg }} </template>
    </HelloWorld>
  </div>
</template>
```

定义一个具名作用域插槽,插槽名称为 todo,通过{msg}接收子组件中传递过来的参数 msg。

修改子组件 HelloWorld.vue,代码如下所示。

```
< script setup lang = "ts">
defineSlots <{
  todo(props: { msg: string }): any;
}>();
</script>

< template >
  < h1 >
    < slot msg = "12" name = "todo"></slot >
  </h1 >
</template>
```

在 script 部分,使用了 defineSlots 函数来定义插槽。通过泛型<{ todo(props:{ msg: string }): any }>定义了一个具名插槽名为 todo,并指定了 props 参数的类型,是一个 msg 属性,string 类型。

在模板中,使用< slot >标签来渲染插槽内容。使用了具名插槽 name = "todo",并通过 msg 属性传递了一个值为"12"的参数给父组件。

10.12.9 provide/inject

provide 和 inject 是用于在组件层级中进行跨组件通信的机制。通过 provide,一个组件可以向其所有子孙组件提供数据,而通过 inject,一个组件可以在其子孙组件中访问提供的数据。基本使用在之前章节已讲述过,这里展示如何在 TypeScript 项目中使用。

1. key 是 Symbol

【例 10-11】 在 src 文件夹下新建 constant 文件夹,并在 constant 文件夹下新建 symbol.ts,内容如下所示。

```
import type { InjectionKey } from "vue";

//key 对应的值只能为 string 类型
export const key = Symbol() as InjectionKey< string >;
```

使用 import type 导入 InjectionKey 类型,InjectionKey 是 Vue 提供的用于创建唯一标识符的类型。

使用 Symbol()函数创建了一个唯一的符号,并通过类型断言 as 将其指定为 InjectionKey< string >类型。这意味着 key 的值可以用作 provide 和 inject 的键,并且该键对应的值必须为字符串类型。如果尝试获取其他类型的值,TypeScript 类型检查将会报错。

修改父组件 App.vue,代码如下所示。

```
< script lang = "ts" setup >
import HelloWorld from "./components/HelloWorld.vue";
```

```
import { provide } from "vue";
import { key } from "./constant/symbol";
provide(key, "123"); //提供改变响应式对象的方法
</script>

<template>
  <div>
    <HelloWorld></HelloWorld>
  </div>
</template>
```

通过 provide(key，"123")，我们使用 provide 函数向子组件提供了一个名为 key 的数据，并将其值设置为字符串"123"。

修改子组件 HelloWorld.vue，代码如下所示。

```
<script setup lang="ts">
import { inject } from "vue";
import { key } from "../constant/symbol";

const string = inject(key);
</script>

<template>
  <h1>
    {{ string }}
  </h1>
</template>
```

通过 inject(key)，可在组件中使用 inject 函数获取父组件通过 provide 提供的数据，此例中将获取到的数据赋值给变量 string。在模板中，使用了双括号插值{{ string }}显示变量 string 的值，即父组件提供的数据 123。

2. key 是字符串

【例 10-12】 key 的值还可以是一个字符串，修改父组件 App.vue，代码如下所示。

```
<script setup lang="ts">
import { ref, provide } from "vue";
import HelloWorld from "./components/HelloWorld.vue";
const state = ref(0);
const handlerState = () => {
  state.value++;
};
provide("info", state);          //提供响应式对象
provide("func", handlerState);    //提供改变响应式对象的方法
</script>

<template>
  <div>
    <HelloWorld></HelloWorld>
```

```
  </div>
</template>
```

修改子组件 HelloWorld.vue,代码如下所示。

```
<script setup lang = "ts">
import { inject } from "vue";

//通过泛型参数显式声明
const state = inject<number>("info");
const func = inject<() => void>("func");
</script>

<template>
  <h1>
    {{ state }}
    <button @click = "func">按钮</button>
  </h1>
</template>
```

在子组件中,我们通过泛型参数显式声明了 state 和 func 变量的类型,并使用 inject 函数来获取父组件提供的数据。

通过 inject<number>("info"),使用泛型参数<number>显式声明了 state 变量的类型为 number,并指定了键为"info"的数据进行注入。这样,可以确保获取到的数据是一个 number 类型的值。同样地,通过 inject<() => void>("func"),显式声明了 func 变量的类型为一个返回类型为 void 的函数,并指定了键为"func"的数据进行注入。

思考:鼠标移到 const state 的 state 上,会有提示显示 const state: number | undefined。我们已经通过泛型参数传递了 state 是 number 类型,为什么还提示 state 是个联合类型,包含了 undefined 类型?

3. undefined 问题

由于无法保证 provide 是否会提供值,因此 inject 通过泛型参数显示声明了类型,还会多个 undefined 类型,防止声明了 provide,但没有传值的情况。有两种方法可以解决。

(1)提供默认值,可消除 undefined。

```
const state = inject<number>('info', 20);
```

给 inject 函数传递第二个参数,提供默认值,可以消除 undefined,这样即使 provide 没有传值,还可以走默认值,不会出现 undefined 的情况。

(2)使用类型断言。

```
const state = inject('info') as number;
```

使用类型断言,告诉编辑器这个值一定会提供,让编辑器不要担心不传值的情况。

推荐使用提供默认值的方式来消除 undefined 的情况,因为在团队开发中,别人可能会误删你的 provide,或者你使用了别人提供的 provide,然后后续在需求变更中,别人又把这个 provide 删除了，这些情况都会导致程序错误的发生，使用默认值可以兜底。

10.12.10　事件类型

事件类型可被用于定义事件处理函数的参数类型，以及事件对象的类型。常见的事件类型包括鼠标事件、键盘事件、表单事件等。

1. change 事件

change 事件用于处理输入框内容变化的事件。

【例 10-13】　修改 App.vue，代码如下所示。

```
<script setup lang = "ts">
const handleChange = (evt: Event) => {
  console.log((evt.target as HTMLInputElement).value);
};
</script>

<template>
  <input type = "text" @change = "handleChange" />
</template>
```

定义了一个名为 handleChange 的事件处理函数。该函数接收一个 Event 类型的参数 evt，并在函数体内使用 console.log 打印了 evt.target 的值。通过使用类型断言（evt.target as HTMLInputElement），将 evt.target 断言为 HTMLInputElement 类型，即 HTML 的 input 元素的 DOM 类型，以获取输入框的值。

保存代码后，在输入框中输入内容，当输入框失去焦点时（回车或者单击页面其他空白的地方），会将值打印在浏览器控制台。

2. input 事件

change 事件只有在输入框失去焦点时才会触发，而 input 事件能根据输入内容，实时触发。

【例 10-14】　修改 App.vue，代码如下所示。

```
<script setup lang = "ts">
const handleChange = (evt: Event) => {
  console.log((evt.target as HTMLInputElement).value);
};
</script>

<template>
  <input type = "text" @input = "handleChange" />
</template>
```

input 事件与 change 事件的事件类型是同样的使用方式。都是在函数参数中定义事件类型 Event，然后在函数体内，通过类型断言断言出具体的类型，这里是 HTMLInputElement 类型，即 HTML 的 input 元素的 DOM 类型。

3. click 事件

click 事件是一种常见的鼠标事件，在用户单击元素时触发。

【例 10-15】 修改 App. vue,代码如下所示。

```
<script setup lang = "ts">
const handleClick = (evt: Event) = > {
  //获取按钮的样式信息
  console.log((evt.target as HTMLButtonElement).style);
};
</script>

<template>
  <button @click = "handleClick">按钮</button>
</template>
```

函数 handleClick 的参数 evt 类型为事件类型 Event,然后在函数体中,使用类型断言断言出更具体的 DOM 类型,这里是 HTMLButtonElement,即 HTML 元素的 button 元素的 DOM 类型。单击按钮,我们能够获取到按钮元素上样式 style 信息。

4. HTML 标签映射关系

我们举例了常用的 input、change、click 事件类型的用法,其他事件类型的用法也大致一样,唯一不同点在于使用类型断言时,需断言出更具体的 DOM 类型,例 10-16 列了一份映射关系,在使用时查找即可。

【例 10-16】 DOM 类型映射关系。

```
interface HTMLElementTagNameMap {
    "a": HTMLAnchorElement;
    "abbr": HTMLElement;
    "address": HTMLElement;
    "area": HTMLAreaElement;
    "article": HTMLElement;
    "aside": HTMLElement;
    "audio": HTMLAudioElement;
    "b": HTMLElement;
    "base": HTMLBaseElement;
    "bdi": HTMLElement;
    "bdo": HTMLElement;
    "blockquote": HTMLQuoteElement;
    "body": HTMLBodyElement;
    "br": HTMLBRElement;
    "button": HTMLButtonElement;
    "canvas": HTMLCanvasElement;
    "caption": HTMLTableCaptionElement;
    "cite": HTMLElement;
    "code": HTMLElement;
    "col": HTMLTableColElement;
    "colgroup": HTMLTableColElement;
    "data": HTMLDataElement;
    "datalist": HTMLDataListElement;
    "dd": HTMLElement;
    "del": HTMLModElement;
```

```
"details": HTMLDetailsElement;
"dfn": HTMLElement;
"dialog": HTMLDialogElement;
"div": HTMLDivElement;
"dl": HTMLDListElement;
"dt": HTMLElement;
"em": HTMLElement;
"embed": HTMLEmbedElement;
"fieldset": HTMLFieldSetElement;
"figcaption": HTMLElement;
"figure": HTMLElement;
"footer": HTMLElement;
"form": HTMLFormElement;
"h1": HTMLHeadingElement;
"h2": HTMLHeadingElement;
"h3": HTMLHeadingElement;
"h4": HTMLHeadingElement;
"h5": HTMLHeadingElement;
"h6": HTMLHeadingElement;
"head": HTMLHeadElement;
"header": HTMLElement;
"hgroup": HTMLElement;
"hr": HTMLHRElement;
"html": HTMLHtmlElement;
"i": HTMLElement;
"iframe": HTMLIFrameElement;
"img": HTMLImageElement;
"input": HTMLInputElement;
"ins": HTMLModElement;
"kbd": HTMLElement;
"label": HTMLLabelElement;
"legend": HTMLLegendElement;
"li": HTMLLIElement;
"link": HTMLLinkElement;
"main": HTMLElement;
"map": HTMLMapElement;
"mark": HTMLElement;
"menu": HTMLMenuElement;
"meta": HTMLMetaElement;
"meter": HTMLMeterElement;
"nav": HTMLElement;
"noscript": HTMLElement;
"object": HTMLObjectElement;
"ol": HTMLOListElement;
"optgroup": HTMLOptGroupElement;
"option": HTMLOptionElement;
"output": HTMLOutputElement;
"p": HTMLParagraphElement;
"picture": HTMLPictureElement;
```

```
    "pre": HTMLPreElement;
    "progress": HTMLProgressElement;
    "q": HTMLQuoteElement;
    "rp": HTMLElement;
    "rt": HTMLElement;
    "ruby": HTMLElement;
    "s": HTMLElement;
    "samp": HTMLElement;
    "script": HTMLScriptElement;
    "search": HTMLElement;
    "section": HTMLElement;
    "select": HTMLSelectElement;
    "slot": HTMLSlotElement;
    "small": HTMLElement;
    "source": HTMLSourceElement;
    "span": HTMLSpanElement;
    "strong": HTMLElement;
    "style": HTMLStyleElement;
    "sub": HTMLElement;
    "summary": HTMLElement;
    "sup": HTMLElement;
    "table": HTMLTableElement;
    "tbody": HTMLTableSectionElement;
    "td": HTMLTableCellCellElement;
    "template": HTMLTemplateElement;
    "textarea": HTMLTextAreaElement;
    "tfoot": HTMLTableSectionElement;
    "th": HTMLTableCellCellElement;
    "thead": HTMLTableSectionElement;
    "time": HTMLTimeElement;
    "title": HTMLTitleElement;
    "tr": HTMLTableRowElement;
    "track": HTMLTrackElement;
    "u": HTMLElement;
    "ul": HTMLUListElement;
    "var": HTMLElement;
    "video": HTMLVideoElement;
    "wbr": HTMLElement;
}
```

5. 自定义指令

使用自定义指令,常常会操作 DOM 元素,因此需要我们给出具体的 DOM 类型。

【例 10-17】 修改 App.vue,内容如下所示。

```
< script setup lang = "ts">
const vTitle = {
  beforeMount: (el: HTMLHeadingElement) = > {
    //在元素上做些操作
    console.log(el);
```

```
    },
  };
</script>

<template>
  <h1 v-title>This is a Heading</h1>
</template>
```

自定义指令 v-title 绑定的是 h1 标签，根据上面的映射关系可知，h1 标签对应的是 HTMLHeadingElement 类型。因此，beforeMount 的参数 el 的类型为 HTMLHeadingElement。

本章小结

（1）学习 TypeScript 的数据类型，包括原始类型、对象类型、函数类型等。掌握了如何声明变量、函数参数和返回值的类型，以增加代码的类型安全性。

（2）学习函数的定义和使用，包括默认参数、可选参数等。了解了函数重载的概念和用法，以适应不同的调用方式。

（3）学习接口的概念和作用，可以用来定义对象的结构和类型。了解了可选属性、只读属性、函数类型接口等高级用法，以实现更灵活和可靠的类型检查。

（4）学习类的概念和使用，掌握了如何定义类、继承和实现接口、访问修饰符等。

（5）学习 TypeScript 的高级特性，包括反向映射、类型守卫和类型查询。了解了如何使用类型断言和非空断言，以处理类型不确定的情况。

（6）学习内置工具类型的使用，如 Pick、Omit 等。

（7）学习如何在 Vue 中使用 TypeScript，以增强代码的健壮性和可读性。了解了如何为 Vue 组件添加类型注解、声明 Props、使用组合式 API 等。

（8）除了类在 Vue 开发中使用频率较低，其他内容都是相当常见的。建议熟练掌握各种类型的使用方法，以编写更可靠和易于维护的 TypeScript 代码。

## 第 11 章

Git

Git 是一种分布式版本控制系统,用于管理软件开发项目的源代码。它的设计目标是高效、灵活和易于使用。

以下是 Git 的一些重要概念和特点:

(1) 分布式:与集中式版本控制系统不同,Git 是一种分布式版本控制系统。每个开发者都可以在本地拥有完整的代码仓库,并可以在不连接到中央服务器的情况下进行版本控制和历史记录查看。

(2) 版本控制:Git 跟踪和管理项目的每个版本。每次提交代码变更时,Git 会记录这些变更,使开发者可以回溯、比较和恢复先前的版本。

(3) 分支管理:Git 支持创建多个分支,每个分支代表项目的一个不同状态或开发任务。分支可以并行工作,开发者可以在不影响主分支的情况下进行实验、修复 bug 或添加新功能。

(4) 合并与冲突解决:当开发者完成一个分支上的工作后,可以将其合并到其他分支,包括主分支。在合并过程中,如果不同分支上的代码发生冲突,Git 提供了工具和机制来帮助解决冲突。

(5) 提交和推送:开发者可以将本地代码提交到 Git 仓库,并将其推送到远程仓库。这样,其他开发者就可以获取并查看最新的代码变更。

(6) 分布式协作:多个开发者可以通过克隆和协同工作的方式共同开发项目。他们可以在各自的本地环境中进行工作,并使用 Git 来交换和整合彼此的代码变更。

Git 的使用广泛,被许多开发团队和开源项目所采用。它提供了强大的版本控制和协作功能,可以帮助开发者更好地组织和管理项目代码,有效地进行团队协作,并提供了灵活和可靠的代码管理机制。

11.1 Git 安装

(1) 以 Windows x64 系统为例,访问 Git 官方网站。

(2) 在下载页面,单击 64-bit Git for Windows Setup 进行下载,本书使用的 Git 安装包

图 11-1　打开 Git Bash

是 Git-2.41.0.2-64-bit.exe。如果遇到网络不稳定的情况,可能会下载失败,也可以通过搜索 Git 下载包相关的网络资源,下载对应的安装包。因为第三方下载地址可能会经常迁移,这里便不再列出下载网址。

（3）运行安装程序,在安装向导中,接受许可协议,并一直单击 Next 按钮,通过默认安装选项安装下去即可。

（4）在桌面空白处右击鼠标时,会弹出一个上下文菜单,如图 11-1 所示。单击 Open Git Bash here,打开 Git Bash 终端。

（5）在 Git Bash 中运行 git --version 可查看安装的 Git 版本,出现版本信息,说明安装成功。本书的 Git 版本是 2.41.0.windows.2。

11.2　Git GUI

从图 11-1 中可以看到,鼠标右击之后的菜单栏选项中,多了 Git GUI Here 和 GIT Bash Here 两个选项。Git GUI(图形用户界面)是一种可视化工具,用于管理代码库。它适用于那些更喜欢使用图形界面进行代码管理的开发者,或者对命令行不太熟悉的人员。

11.3　Git Bash

Git Bash 是一个命令行终端模拟器,它提供了一个在 Windows 系统上使用类 Unix 命令行界面的环境。

通过 Git Bash,开发者可以在命令行中执行各种 Git 操作,如创建和管理 Git 仓库、进行代码提交和分支操作、查看和比较代码历史等。

本章主要介绍常用 Git 命令,因此使用 Git Bash 的方式来创建与管理 Git 仓库。而且与 Git GUI 相比,VS Code 插件 Git History 与 GitLens—Git supercharged 比 Git GUI 更直观易用。

11.4　Git History

Git History 是一个在 VS Code 中使用的插件,它提供了一个图形化界面,用于查看和浏览 Git 代码库的提交历史和分支信息。它是通过集成 Git 命令行工具和提供可视化界面来实现的。参照第 2.5.2 节安装 Git History 插件。

Git History 插件的主要特点和功能:

（1）查看提交历史:通过 Git History 插件,可以方便地查看代码库的提交历史。它以图形化的方式显示每个提交的相关信息，如提交消息、作者、时间等。通过浏览提交历史，开发者可以了解项目的演变过程和每个提交的具体内容。

（2）分支可视化：Git History 插件提供了分支可视化功能，用于显示不同分支之间的关系和合并情况。开发者可以查看分支合并图，并了解每个分支的提交记录和变更情况。

（3）追溯代码变更：通过 Git History 插件，可以方便地追溯代码的变更历史。开发者可以选择特定的提交或分支，查看文件在不同提交之间的变更情况，并进行比较和分析。

（4）快速导航和搜索：Git History 插件提供了快速导航和搜索功能，使开发者能够快速定位到特定的提交、分支或文件。它支持通过提交消息、作者、文件名等关键词进行搜索，并提供相关的筛选和过滤选项。

11.5　GitLens—Git supercharged

GitLens—Git supercharged（下面简称 GitLens）是一个在 VS Code 中使用的插件，它提供了丰富的功能和工具来增强 Git 版本控制系统的使用体验。GitLens 可以被描述为"Git 超级加强版"，它为开发者提供了更深入的代码导航、注解、比较和分析等功能。参照第 2.5.2 节安装 GitLens 插件。

GitLens 插件的主要特点和功能：

（1）代码注解：GitLens 通过在每行代码旁边显示 Git 注解，为每个代码行提供了更多的上下文信息。它显示了最后一次修改该代码行的提交信息，包括提交作者、提交时间和提交消息，使开发者可以快速了解代码的来源和变更历史。

（2）交互式历史导航：通过 GitLens，开发者可以轻松浏览代码的历史记录。它提供了交互式的历史导航功能，可以查看文件的提交历史、分支合并图等，并在其中进行快速导航和比较。

（3）分支和标签可视化：GitLens 以图形化的方式展示 Git 仓库的分支和标签信息。它在编辑器的顶部显示当前文件所属的分支和标签，并提供了可视化的分支切换和创建功能。

（4）代码搜索和过滤：GitLens 插件具有强大的代码搜索和过滤功能。开发者可以通过关键字搜索、过滤提交历史和文件，以快速定位和浏览感兴趣的代码。

11.6　配置 Git 账户

在 Git Bash 命令行终端中运行以下命令来配置 Git 用户名与邮箱：

```
git config -- global user.name "你的英文用户名"
git config -- global user.email "你的邮箱地址"
```

注意：①引号之前有空格。②"--"是两个短横杠。在 Git 命令中，"--"用于分隔选项和参数，以避免与可能被解释为选项的参数发生混淆。

运行完之后，运行以下命令检验是否配置成功。

```
git config user.name
git config user.email
```

配置完成后，关闭 Git Bash 命令行终端。

11.7　建立 Git 仓库

在 my-vue-ts-app 项目目录中，当在空白处右击鼠标时，会弹出一个菜单栏。在这个菜单栏中，选择 Open Git Bash Here 选项，打开 Git Bash 终端，如图 11-2 所示。

图 11-2　打开 Git Bash

注意：在使用 Git 时，建议在 Git 项目中使用英文字符或标准的 ASCII 字符来命名目录和文件，避免在项目的目录路径中包含中文字符或特殊字符。主要原因是不同操作系统、终端和 Git 客户端对于字符编码的处理方式不同，可能会导致路径解析、文件名显示、提交信息等方面的问题。特别是在跨平台协作或共享代码时，存在潜在的兼容性问题。

在 Git Bash 终端中运行以下命令，创建 my-vue-ts-app 项目的 Git 仓库。

```
git init
```

创建成功后，会显示类似以下的提示信息：Initialized empty Git repository in D:/cwj/my-vue-ts-app/.git/。这个提示表示成功创建了一个空的 Git 仓库，并在 my-vue-ts-app 文件夹下生成了一个名为".git"的文件夹。

默认情况下，.git 文件夹是隐藏的，可能在文件资源管理器中看不到。在文件资源管理器顶部的菜单栏中，单击"查看"选项，如图 11-3 所示。在"查看"菜单中，找到并勾选"隐藏的项目"选项。

图 11-3 勾选隐藏的项目

11.8 设置区分大小写

当前版本的 Git 默认对文件名的大小写进行自动转换。例如,如果文件名是 HelloWorld. vue,并通过 Git 保存到远程仓库后,远程仓库相应的文件名可能会变为 helloWorld. vue。为了避免文件名不一致的情况,可以在 Git Bash 中运行以下命令,手动禁用 Git 的文件名大小写自动转换功能:

```
git config core. ignorecase false
```

这个命令将仅在当前的 Git 存储库中禁用文件名大小写自动转换。如果希望对所有的 Git 存储库进行全局设置,可以使用--global 选项:

```
git config -- global core. ignorecase false
```

这将在全局范围内设置 Git,以禁用文件名大小写自动转换。但需注意,此设置只会影响以后创建的 Git 存储库,对于已存在的存储库不会产生影响。如果想在已存在的存储库中应用这个设置,可以重新克隆存储库或手动修改 Git 配置文件(. git/config)中的 core. ignorecase 设置。例如,修改 D:\cwj\my-vue-ts-app\. git 文件夹下的 conf 文件。

11.9 提交到本地仓库

Git 本地仓库是指在用户计算机上存储和管理代码版本的仓库。它是一个包含完整 Git 历史记录、分支、标签和提交的目录,用于跟踪和管理项目的变化。

Git 本地仓库具有以下特点和功能:

(1) 历史记录:本地仓库保存了项目的完整历史记录,包括每次提交的更改内容、作者、日期等信息。可以使用 Git 命令查看、浏览和分析历史记录。

（2）分支和标签：本地仓库支持创建和管理多个分支，可以在不同的分支上并行开发和实验。可以创建标签来标记项目的里程碑或重要版本。

（3）提交和修改：可以将文件或代码修改提交到本地仓库，每个提交都会生成一个唯一的标识符（commit id），用于标记该提交和与之关联的更改。

（4）同步和推送：本地仓库可以与远程仓库进行同步和交互，将本地的更改推送到远程仓库或从远程仓库拉取最新的更改。

11.9.1 查看状态

在进行提交之前，确保已经对代码进行了必要的更改。可以使用 git status 命令来查看文件的状态，了解哪些文件已被修改、添加或删除。

11.9.2 添加单个文件

如果有新创建的文件或修改了的文件需要提交，可以使用 git add 命令将文件添加到Git 的暂存区。例如，在 Git Bash 中运行以下命令，将 index.html 文件加入暂存区。

```
git add index.html
```

单击 VS Code 左侧菜单栏的源代码管理选项，如图 11-4 所示。

图 11-4 源代码管理

从图 11-4 中可知，源代码管理分为暂存的更改和更改两部分。暂存的更改中有 index.html 文件，也就是刚刚我们通过 git add index.html 命令将该文件添加到了暂存区，后面的字母 A 表示该文件已被 Git 追踪管理。更改中有大量的未被添加到暂存区的其他文件，后面的字母 U 表示还未对这些文件添加索引，未被 Git 跟踪和管理。

项目根目录下的.gitignore 文件是用于指定 Git 忽略哪些文件和文件夹的配置文件。它的作用是告诉 Git 在进行版本控制时应该忽略哪些文件，这些文件不会被添加到 Git 仓库中，也不会被跟踪或包含在提交中。例如，使用 vite 生成的.gitignore 文件中包含 node_modules，那么 node_modules 文件夹

就不会受到 Git 的管理。因此，在更改区域中，我们可以观察到没有 node_modules 文件夹。

这是因为随着第三方包的安装，node_modules 文件夹的体积会变得非常庞大，不利于Git 进行管理和版本控制。因此将 node_modules 添加到.gitignore 文件，可以避免将其包含在 Git 仓库中。在拉取第三方远程项目后，我们需要手动运行 npm install 来安装依赖包，因为这些包不会在 Git 仓库中保存。

通过使用.gitignore 文件,我们可以定义一系列规则来排除不需要进行版本控制的文件和文件夹,从而使 Git 仓库更加干净和高效。

11.9.3　添加多个文件

在 Git Bash 中运行以下命令可以将多个文件一起添加到暂存区:

```
git add .
```

注意:点号"."表示当前目录,它与 add 之间有空格。

运行之后,可以看到所有文件都被添加到暂存的更改中。

11.9.4　创建提交

在 Git Bash 中运行以下命令,将暂存区中的文件提交到 git 仓库。

```
git commit - m "这是 commit 记录的说明:这是我的第一条 commit"
```

这个命令将会把暂存区中的所有更改打包成一个提交,并将其添加到 Git 仓库中。在命令中,-m 选项用于指定提交的说明或注释。可以在引号内提供一条简短的说明,描述这个提交所做的更改。

通过提交到 Git 仓库,将一组相关的更改打包在一起,并为这个提交提供一个清晰的说明,以便日后查看和追溯。

可以简单理解为,之前的操作相当于把商品挑选出来,堆放到一起。现在对堆放的商品用盒子进行打包,并在盒子上贴上说明,表示盒子里面有什么。

提示:请确保在运行 git commit -m 命令时,先通过 git add 将需要提交的文件添加到暂存区。

11.9.5　查看提交历史

在 Git Bash 中运行以下命令,查看提交历史。

```
git log
```

这个命令将显示所有的提交历史记录,包括每个提交的作者、日期、提交信息等。当提交记录过多时,可以按下回车键逐页查看完整的提交历史,按下 Q 键退出日志查看。

通过在 git log 命令后添加参数-n,可以手动控制显示最近的提交记录条数。例如,如果想要只显示最近的 3 条提交记录,可以运行以下命令:

```
git log - n 3
```

更推荐通过可视化界面查看,在 VS Code 的侧边栏中打开源代码管理,然后单击时钟图标 🕐 ,将显示一个可视化的提交历史记录视图,可以在右侧面板中查看和浏览提交记录,如图 11-5 所示。

图 11-5 时钟图标

通过可视化界面，可以更直观地了解提交历史和分支的情况，并且可以通过搜索、筛选等功能来定位特定的提交或查看不同分支的历史。

11.10 远程仓库 GitHub

我们通过 commit 提交，已经把代码提交到了本地仓库。接下来学习如何把代码提交到远程仓库 GitHub，以实现代码的云存储与多人协作。

GitHub 是一个海内外非常流行的基于云的代码托管平台，它提供了一个远程仓库的服务。

GitHub 仓库的特点：

（1）代码托管：GitHub 提供了一个安全的云端存储空间，可以将代码存储在远程仓库中。可以在 GitHub 上创建一个仓库，将本地代码推送到该仓库中。这样，你的代码就能够在云端进行备份和管理，而不仅限于本地计算机。

（2）版本控制：GitHub 基于 Git，提供了强大的版本控制功能。可以使用 Git 命令来管理代码的版本历史，包括提交更改、创建分支、合并代码等。GitHub 为 Git 提供了图形化界面和增强功能，使版本控制变得更加易用和可视化。

（3）协作与共享：GitHub 是一个社交化的开发平台，它鼓励开发者之间的协作和共享。可以邀请其他开发者一起合作，通过拉取请求（pull request）让其他人审查和讨论你的代码。GitHub 还提供了问题跟踪、讨论区和项目管理工具，方便团队间的协作和交流。

（4）可访问性和可见性：GitHub 远程仓库提供公共和私有仓库的选项。公共仓库允许任何人查看、克隆和贡献代码。私有仓库则提供了更高的安全性和保密性，只有被授权的人可以访问仓库的代码。

（5）部署和集成：GitHub 提供了与其他开发工具和服务的集成，如持续集成/持续部署（CI/CD）工具、代码质量检查工具、自动化测试平台等。这些集成可以帮助自动化构建、测试和部署你的应用程序。

（6）开源社区：GitHub 是一个活跃的开源社区，许多开源项目都托管在 GitHub 上。可以在 GitHub 上浏览、贡献和学习各种开源项目，与其他开发者交流和分享经验。

11.10.1 注册账户

访问 GitHub 官网进行注册。

11.10.2　创建 SSH Key

创建 SSH Key 是为了在使用 Git 和 GitHub 时进行身份验证和安全通信。以下是创建 SSH Key 的步骤：

（1）在 Git Bash 命令行界面，运行以下命令来生成 SSH Key：

```
ssh-keygen -t rsa -C "your_email@example.com"
```

在这个命令中，将 your_email@example.com 替换为你之前为 Git 配置的电子邮件地址。然后一路回车，使用默认值即可。

ssh-keygen 是一个用于生成和管理 SSH 密钥的命令。-t rsa 参数指定了生成的密钥类型为 RSA。RSA 是一种非对称加密算法，常用于生成 SSH 密钥对。

（2）根据 Git 上的提示信息"Enter file in which to save the key (/c/Users/root/.ssh/id_rsa):"，在 C 盘用户目录下，可以找到 id_rsa 和 id_rsa.pub 两个文件，如图 11-6 所示。这两个文件就是 SSH Key 的密钥对，其中 id_rsa 是私钥，不能泄露出去；id_rsa.pub 是公钥，可以放心地告诉 GitHub 管理平台。

图 11-6　id_rsa 和 id_rsa.pub

11.10.3　设置 SSH Key

（1）在浏览器中打开 GitHub，登录到你的账户，单击用户头像并转到 Settings(设置)页面。

（2）在左侧的菜单中，选择 SSH and GPG keys(SSH 和 GPG 密钥)选项。

（3）单击 New SSH key(新建 SSH 密钥)按钮。

（4）在 Title(标题)字段中，为密钥提供一个描述性的名称。

（5）在 Key(密钥)字段中，粘贴之前生成的公钥内容(id_rsa.pub 文件)。

（6）单击 Add SSH key(添加 SSH 密钥)按钮。

设置完成后，可以使用 SSH 协议克隆和推送 GitHub 上的存储库。

11.10.4　新建远程仓库

在个人主页上，单击右上角的"＋"图标。在弹出的菜单栏中，选择 New repository(新建仓库)，如图 11-7 所示。

在 Create a new repository(创建一个新的仓库)页面中，有以下信息：

（1）Repository name(仓库名称)：定义你的远程仓库的名称。

（2）Description(描述)：为仓库添加一个简要的描述(可选)。

（3）Public(公共)：任何人都可以查看你的仓库和代码。

（4）Private(私有)：只有你或你授权的人才能查看你的仓库和代码。

（5）Add a README file(增加 README 文件)：根据需要选择是否创建一个包含基本信息的 README 文件。

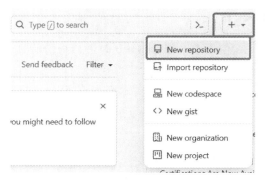

图 11-7 新建远程仓库

（6）Add .gitignore（添加. gitignore 文件）：根据你的项目需求选择是否添加一个. gitignore 文件，用于指定哪些文件在版本控制中被忽略。

（7）Choose a license（选择许可证）：根据你的项目需求选择是否添加一个许可证文件，以明确你对代码的使用限制。

除了仓库名称是必须填写外，其他的可以使用默认配置。填写完仓库名称后，例如仓库名为 my-vue-ts-app，单击 Create repository（创建仓库）按钮，进行远程仓库的创建。

11.10.5 关联远程仓库

完成远程仓库创建后，页面跳转到新页面，可以在 or create a new repository on the command line 栏看到如下内容：

```
echo "# my-vue-ts" >> README.md
git init
git add README.md
git commit -m "first commit"
git branch -M main
git remote add origin https://github.com/xxx/my-vue-ts-app.git
git push -u origin main
```

（1）echo "# my-vue-ts" >> README. md 是一个命令，用于将字符串"# my-vue-ts"添加到名为 README. md 的文件中。

（2）git init：在当前目录中初始化一个新的 Git 仓库，创建一个空的本地仓库。

（3）git add README. md：将名为 README. md 的文件添加到 Git 的暂存区，准备提交。

（4）git commit -m "first commit"：将暂存区中的文件提交到本地仓库，并添加一条描述性的提交消息"first commit"。

（5）git branch -M main：将当前分支重命名为"main"。

（6）git remote add origin https://github. com/xxx/my-vue-ts-app. git：将远程仓库与本地项目进行连接，origin 后面的地址是你的 GitHub 仓库地址。

（7）git push -u origin main：将本地仓库中的代码推送到远程仓库，并将本地的"main"

分支与远程的"main"分支关联起来。

　　git init、git add、git commit 在之前已经介绍过，git branch 与 git push 下文会继续介绍，这里主要介绍 git remote 的作用。

　　在 Git Bash 命令行界面，运行以下命令使本地项目 my-vue-ts-app 与远程仓库进行关联：

```
git remote add origin https://github.com/xxx/my-vue-ts-app.git
```

　　提示：这里的 xxx 是你的 GitHub 用户名。

11.10.6　生成令牌

　　自 2021 年 8 月 13 日起，GitHub 更改了其身份验证策略，不再支持使用密码进行身份验证，而是要求使用个人访问令牌（Personal Access Token，PAT）进行认证。因此推送代码之前，还需按照以下步骤生成并使用个人访问令牌：

　　（1）访问 GitHub 的网站，在右上角的头像下拉菜单中选择 Settings。

　　（2）在左侧导航菜单中，选择 Developer settings。

　　（3）在 Developer settings 页面中，选择 Personal access tokens 下的 Tokens(classic)。

　　（4）单击 Generate new token 按钮。选择 Generate new token(classic)，如图 11-8 所示。

图 11-8　Generate new token(classic)

　　（5）在生成令牌页面，为令牌提供一个描述，例如自己的名称。

　　（6）在 Select scopes 权限和范围设置中，对于第一次使用的读者，复选框可以全部勾选。如图 11-9 所示。

　　（7）在页面底部，单击 Generate token 按钮。

　　（8）生成的令牌将显示在屏幕上，复制并保存好该令牌（令牌只会在生成后显示一次），如图 11-10 所示。

　　在 Git Bash 命令行界面，运行以下命令将个人访问令牌（token）与 GitHub 远程仓库进行绑定：

```
git remote set-url origin https://<your_token>@github.com/<USERNAME>/<REPO>.git
```

　　<your_token>：是刚刚生成的个人访问令牌。

　　<USERNAME>：是你的 GitHub 用户名。

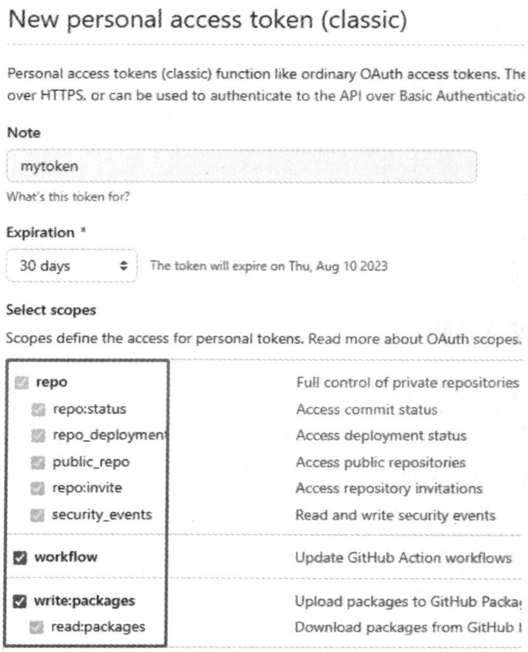

图 11-9　复选框全部勾选

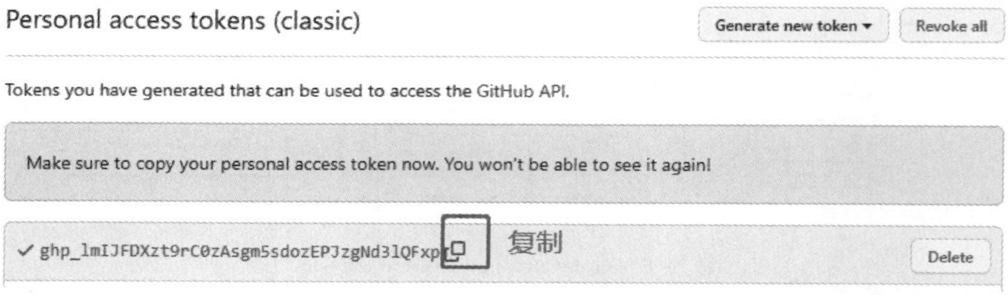

图 11-10　复制生成的令牌

＜REPO＞：是仓库的名称。

示例：

```
git remote set - url origin https://ghp...@github.com/你的 GitHub 用户名/my - vue - ts -
app.git
```

至此 token 已配置完毕，使用 token 后，将代码推送到 GitHub 上不再需要输入用户名与密码。

提示：在生成个人访问令牌(token)时，会遇到 Fine-grained tokens 和 Tokens(classic)两个选项。其中，Fine-grained tokens 是 GitHub 的新一代访问令牌，目前仍处于测试阶段，带有 Beta 标志，如图 11-8 所示。因为 Fine-grained tokens 可能会在未来进行更改，所以这里只介绍稳定的 Tokens(classic)。与技术更新速度相比，本书在出版时会存在一定的滞后性,建议读者在使用 GitHub 时,结合网络资源一起阅读,以获取最新的信息和指导。

11.10.7 推送至远程仓库

使用 git init 初始化仓库后,默认分支是 master,可以在 Git Bash 命令行界面中看到(master),或者在 VS Code 底部左下角也能看到 master 分支信息,如图 11-11 所示。

在 Git Bash 命令行界面运行以下命令,将第一次 commit 提交的代码推送到远程分支:

图 11-11 分支信息

```
git push - u origin master
```

如果为其他分支名称,则将命令行中的 master 更换为相应的分支名称。

通过添加-u 选项,Git 不仅会将本地的 master 分支内容推送到远程的 master 分支,还会建立本地分支和远程分支的关联。之后,可以直接使用 git push 命令来更新远程分支,而不需要再指定分支的名称。也可以使用其他命令,例如,如果你使用 git push -u origin feature 将本地的 feature 分支推送到远程的 feature 分支,之后你只需使用 git push 命令,Git 就会自动将本地的 feature 分支推送到远程的 feature 分支,无须再指定分支名称。

提示:在使用 git push 推送代码时,常常会遇到 443 问题,即超时问题。可以在网络状态良好的情况下,多试几次,直到推送成功。有条件的可以使用代理来避免这种情况的发生。

拓展:在个人项目和开源项目中,通常使用 GitHub 来托管代码。然而,在企业项目中,由于对安全性的需求,常常选择使用 GitLab 来托管代码。GitLab 提供了在自己的服务器上搭建和运行的能力,使得企业能够完全控制代码和数据,以防止项目代码泄漏导致的损失。使用 GitLab 的流程与使用 GitHub 类似,首先配置 SSH 密钥,然后进行代码的拉取和推送。与 GitHub 不同的是,GitLab 无须额外配置个人访问令牌,可以直接使用 SSH 密钥进行身份验证和访问控制。

11.11 分支

Git 分支是 Git 版本控制系统中的一个重要概念。它允许你在代码库中创建独立的分支,用于开发新功能、修复问题或进行测试,而不会影响主分支上的代码。主分支可以理解为树的主干,而其他分支则类似于树的枝条。在一个项目的版本控制中,主分支通常是最稳定和可发布的代码状态,就像树的主干一样。它包含了项目的核心功能和主要开发线的代码。其他分支则是基于主分支创建的,用于开发新功能、修复问题或测试。这些分支可以看作从主分支上分出来的枝条,它们独立于主分支进行开发,并可以进行不同的修改。通过创建和管理分支,我们可以同时进行多个任务,而不会影响主分支的稳定性。这就好像在树上开辟了不同的枝条来进行各种活动,而不会对树的主干造成影响。

11.11.1 分支的命名

对分支进行命名约定,可以使团队成员能够快速理解分支的用途。以下是常用分支命名的约定:

（1）主分支:主分支通常被称为 master 或 main,它是代码库的默认分支,包含了稳定的、可发布的代码。

（2）功能分支:功能分支用于开发新功能。命名功能分支时,可以使用描述性的名称,例如 feature/add-login 或 feature/user-profile。在项目中,常用需求号来描述名称,例如 feature/1001。

（3）修复分支:修复分支用于解决 Bug。命名修复分支时,可以包含与问题相关的信息,例如 fix/fix-login-issue 或 fix/1234.

（4）发布分支:发布分支用于准备发布新版本的代码。通常命名为 release 分支。

（5）开发分支:开发分支通常被称为 dev 分支,可作为开发环境的分支,通常上面包含了最新的代码。

11.11.2 创建并切换分支

在 Git Bash 命令行界面运行以下命令,一次性创建并切换到新分支 dev:

```
git checkout – b dev
```

图 11-12 dev 分支信息

运行之后可以在 Git Bash 命令行界面中看到（dev）,或者在 VS Code 底部也能看到 dev 分支信息,如图 11-12 所示。单击底部的 dev,可以在弹出的菜单栏中,看到创建新分支、从…创建分支等选项,可以通过可视化操作来创建分支。

此时我们以 master 主分支内容为基准,创建并切换到了分支 dev。使用 git log 命令或如图 11-5 所示操作那样查看 Git 的历史提交记录,可以在 dev 分支上看到我们的第一次提交记录"这是 commit 记录的说明：这是我的第一条 commit",说明 dev 分支完全继承了 master 分支的内容包括提交记录。然后,我们可以在 dev 上开发新的内容,而不会影响主分支 master。

11.11.3 切换分支

此时我们在 dev 分支上,如果想再回到主分支 master 上,首先要确保 dev 分支上没有未提交的文件修改。如果有修改,需要使用 git commit 来提交修改记录或撤销文件的修改,以保持分支的干净状态。然后,在 Git Bash 命令行界面中运行以下命令来切换回主分支 master:

```
git checkout master
```

11.11.4　查看本地所有分支

在 Git Bash 命令行界面中运行以下命令来查看本地所有分支：

```
git branch
```

git branch 会列出所有的本地分支,并在当前分支前面添加一个星号"＊"标志来指示当前所在的分支。通过 git branch 命令,我们可以获取到当前仓库中的所有分支,以及当前所在的分支。

11.11.5　查看远程所有分支

在 Git Bash 命令行界面中运行以下命令来查看远程所有分支：

```
git branch - r
```

当远程分支过多时,可以按下回车键逐页查看完整的远程分支,按下 Q 键退出日志查看。

11.11.6　查看本地分支与远程的关联关系

在 Git Bash 命令行界面中运行以下命令来查看本地分支与远程的关联关系：

```
git branch - vv
```

git branch -vv 命令会列出所有本地分支,并显示每个分支与其对应的远程跟踪分支的关联关系。它还会显示每个分支的最后一次提交的哈希值和提交信息。

11.11.7　拉取远程分支并创建本地分支

（1）先更新本地库。

```
git pull
```

（2）拉取远程分支并创建本地分支。

```
git checkout - b <本地分支名称> origin/<远程分支名称>
```

将<本地分支名称>替换为想要创建的本地分支的名称,将<远程分支名称>替换为想要跟踪的远程分支的名称。

运行该命令后,Git 会在本地创建一个新的分支,并将其设置为跟踪指定的远程分支。这样,用户可以在本地进行修改和开发,并与远程分支保持同步。

11.11.8　删除分支

完成一个需求点后,为了保持 Git 管理仓库的简洁与清晰,通常需要手动删除分支。

1. 删除本地分支

在 Git Bash 命令行界面中运行以下命令来删除本地分支 dev:

```
git branch – D dev
```

这个命令会立即删除本地分支 dev,无论该分支是否有未合并的提交记录。

提示:先切换到其他分支,再删除该分支。目前我们已通过 git checkout master 命令切换到了 master 分支,再来删除 dev 分支。

2．删除远程分支

在 Git Bash 命令行界面中运行以下命令来删除远程分支 dev:

```
git push origin -- delete dev
```

如果远程仓库没有该分支,命令行界面会提示"Please make sure you have the correct access rights and the repository exists."（请确保你有正确的访问权限并且存储库存在）。

11.12　操作 commit

在此之前,我们学会了使用 git commit -m 来提交一条提交记录,接下来学习更多 commit 相关的操作命令。

11.12.1　提交 commit

使用 git commit -m 之前,需确保暂存区中有文件。如果提交记录前,不想使用 git add,而是将记录直接添加到版本库,可以使用-am 参数。

首先随意修改项目中的文件,使文件进入更改区域,例如我这里修改了 HelloWorld. vue 文件,如图 11-13 所示。

图 11-13　修改 HelloWorld. vue 文件

然后在 Git Bash 中运行以下命令,直接提交 commit 记录。

```
git commit – am "这是我的第二条提交记录"
```

-am 参数等价于执行了下面两个命令。

```
# 将已被跟踪的文件提交到暂存区
git add .
# 将暂存区中的文件提交到本地库
git commit – m < message >
```

细心的读者可以看到图 11-12 上,VS Code 上有个输入框与下方有个提交按钮。在输入框中输入描述信息,然后单击提交按钮,也能实现 git commit -am 命令行的效果。

11.12.2　修改 commit 提交信息

如果提交 commit 时填写了错误的描述信息,可以在 Git Bash 中运行以下命令来修改 commit 提交信息。

```
git commit -- amend - m "修改提交信息"
```

修改之后,可以运行 git log 检测 commit 提交描述是否修改成功。或者关闭 Git History,再重新打开,在可视化界面查看提交的历史记录,如图 11-14 所示。

图 11-14　提交的历史记录

11.12.3　合并多个 commit

在工作中,当我们开发一个功能模块时,通常会使用多个 commit 来保存代码到本地仓库。例如,我们可能会先提交一个名为"登录页布局"的 commit,然后再提交一个名为"登录页登录表单开发"的 commit。在登录页功能模块开发完成后,我们可以将这些多个 commit 记录合并成一条,变为一个名为"登录页开发"的 commit。通过合并 commit,可以简化 Git 历史记录中的提交条数,使其更加清晰和简洁。这样,我们可以更方便地追溯代码的演进和开发历程。

在合并多个 commit 之前,我们先了解 commit 哈希(Hash)值,commit 哈希值可以视为某一特定提交的唯一 ID,在使用 git log 查看历史提交记录时,会看到下面类似的情况:

```
commit 50e00dd1920cfe479d363a4d3318f73b8617140b
Author: cwj
Date: The Jul 13 6:49:17 2023 + 0800

修改提交信息
```

其中,commit 后面长串字母和数字的组合就是 commit 的哈希值。除了使用 git log,我们在 VS Code 的 Git History 中也可以看到 commit 的哈希值,如图 11-15 所示。

修改项目文件,使用 git commit 创建多条 commit 记录,如图 11-16 所示。

在 Git Bash 中运行以下命令:

```
git rebase - i 480ddaa10cfd1315852c881ef67ebe06527411c7
```

参数 i 后面的哈希值,直接在 Git History 中复制即可,这里的哈希值对应着第一条 commit 记录,如图 11-15 上第一条 commit 记录显示的是 480ddaa。以此 commit 为基础,在这之后的 commit 都需要合并。每位读者应根据自己的哈希值来运行命令。

图 11-15　commit 的哈希值

图 11-16　创建多条 commit 记录

运行之后会看到类似信息：

```
pick 50e00dd 修改提交信息
pick d103fb9 111
pick 946b754 2
# 注释信息
```

按照以下步骤继续操作：

（1）在 Git Bash 中，按下小写字母 i 进入插入（INSERT）模式。

（2）将第二个与第三个 pick 改为 squash（意思是这个 commit 会被合并到前一个 commit），也可以使用简写 s，类似结构如下所示：

```
pick   … …
s      … …
s      … …
```

（3）编辑完成后，按下 Esc 键退出插入模式。

（4）按下 Shift＋:键，进入命令模式后，输入 wq 并按回车键，保存退出。

（5）接着弹出一个编辑窗口，可以使用 i 进入 INSERT 模式，这里为了简单展示，不再修改，直接再次按下 Shift＋:键，进入命令模式后，输入 wq 并按回车键，保存退出。

查看 VS Code 的 Git History，可以看到四条 commit 记录已变为两条。

11.13　撤销修改

撤销修改是指在 Git 中撤销对文件的修改或回退到之前的版本。比如在开发一个需求时,后来决定不再需要这个需求或者需要回退到之前的版本,这时撤销修改会变得非常有用。

11.13.1　git reset --hard

使用 git reset 命令,可以将分支的指针移动到某个特定的提交,并将项目的状态重置为该 commit 状态。这意味着,被回退的 commit 提交将被移除,对应的代码修改内容将不再存在。git reset 适合回退需求的场景,常用来彻底丢弃 commit 提交的代码。

1. 回退到上一个 commit 提交

```
git reset -- hard HEAD^
```

git reset:是 Git 命令中的重置操作。

--hard:是重置的选项,表示要将工作目录和暂存区都重置为目标提交的状态。

HEAD^:指向上一个提交的引用。

如果想回退到上上个提交,HEAD^ 改为 HEAD^^。

2. 回退到某一个 commit 提交

```
git reset -- hard 480ddaa
```

480ddaa 是一个提交的短哈希值,表示目标提交的标识符。在执行回退时,哈希值输入五六位即可,必须输全。

11.13.2　git reset --soft

git reset --soft 用于回退 commit,在 commit 中修改的内容保留在暂存区。例如:a->b-> c,运行 git reset --soft a 之后,最新的 commit 到了 a,而 b、c 的修改内容都回到了暂存区。使用情景:想要修改之前的 commit,将其撤销,并重新编辑 commit 的内容。

--soft 参数表示使用软重置模式,回退的内容不会消失,而是进入暂存区。--soft 参数后面跟着 commit 的哈希值,表示回退到某个 commit 提交,例如:

```
git reset -- soft 480ddaa
```

除了使用命令行来回退,也可以使用 Git History 的可视化界面来操作,例如图 11-15 所示,每条 commit 提交记录后面,都有 Sort、Hard 标签,可以单击它们实现相应的 git reset --soft 与 git reset --hard 功能。

11.13.3　git revert

当你在 Git 中提交了 3 个版本,并且想要撤销版本 2 而不影响版本 3 的提交时,可以使用 git revert 命令回退版本 2，生成新的版本 4。

例如，在 main.ts 中，添加内容 console.log(1)，并使用 git commit -am"1"生成提交。添加内容 console.log(2)，使用 git commit -am"2"生成提交 2。以此类推，生成三个提交。Git 的提交记录如图 11-17 所示。

图 11-17　Git 的提交记录

在 Git Bash 中运行以下命令，回退第二次提交：

```
git revert ‐n 610ca78
```

在合并更改中，可以看到 main.ts 文件已被回退到暂存区，并且有冲突，如图 11-18 所示。

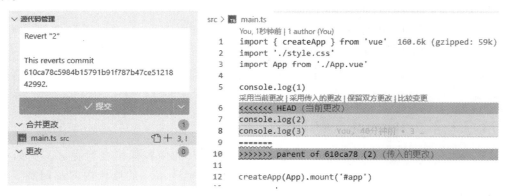

图 11-18　main.ts 文件

由于想回退的是第二次提交的内容，即 console.log(2)，因此将当前更改的内容改为 console.log(3)，并单击上方的"采用当前更改"选项，如图 11-19 所示。

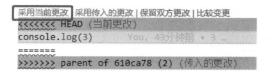

图 11-19　采用当前更改选项

之后保存文件，并在 Git Bash 中运行以下命令，将解决后的文件标记为已解决：

```
git add .
```

接下来告诉 Git 继续执行撤销操作,将已撤销的更改提交到当前分支。运行:

```
git revert -- continue
```

进入编辑模式,在编辑模式中,可以修改 commit 提交的描述信息。此处直接按下 Shift+;键,进入命令模式后,输入 wq 并按回车键,保存退出。

运行 git log 或查看 Git History,可以发现多了一条 commit 记录"Revert 2",最新的 main.ts 中的代码存在 console.log(1)与 console.log(3),而 console.log(2)已被撤销。

11.13.4　git checkout -- < file >

之前介绍的撤销修改操作,都是撤销已经通过 git commit 提交到本地 Git 仓库的内容。如果想要取消未存入暂存区的修改文件,例如修改 index.html 文件,此时还未使用 git add. 将文件加入暂存区。在 Git Bash 中运行以下命令,取消 index.html 文件的修改:

```
git checkout -- index.html
```

其中,git checkout 是 Git 命令中用于切换分支或还原文件的操作。--是一个分隔符,用于将命令行选项与文件名分开,注意这里分隔符与 index.html 文件名之间有空格。

11.13.5　git reset HEAD < file >

如果已经将文件添加到 Git 的暂存区(使用了 git add 命令),但还未提交到本地仓库(未使用 git commit),此时想要撤销对该文件的修改并将其恢复到上一次提交的状态,例如,修改 index.html 文件,并通过 git add . 提交到了暂存区,进入暂存的更改中,在 Git Bash 中运行以下命令:

```
git reset HEAD index.html
```

其中,HEAD 是指向当前所在提交的指针,即引用。

运行之后,index.html 将从暂存的更改回退到更改中。

除使用命令行以外,在 Git History 可视化界面中,可以单击文件上图标来实现取消文件修改的操作,如图 11-20 所示。

图 11-20　取消文件修改

11.14　从远程仓库拉到本地仓库

将远程仓库中的代码拉取到本地仓库是 Git 中常见的操作,通常用于开始一个新的项目或者获取最新的代码更新。

11.14.1　git clone

在团队协作或切换到新电脑时，当需要从远程仓库拉取一个新项目时，可以使用 git clone 命令。例如，如果想要拉取 Vue.js 的源代码，可以运行以下命令：

```
git clone https://github.com/vuejs/vue.git
```

在上述命令中，我们使用了 HTTPS 方式来克隆源代码。对于他人的项目，由于没有对应的 SSH 密钥，因此无法使用 SSH 方式进行克隆；如果是自己的项目，则可以使用 SSH 方式。

通过运行 git clone 命令，Git 会自动下载远程仓库中的代码，并在本地创建一个与远程仓库相同的项目副本，从而实现在本地进行开发、修改和提交，并与团队成员协同工作。

11.14.2　git pull

在团队开发中，为了保持代码的一致性并避免重复开发以及潜在的代码冲突问题，可以使用 git pull 命令从远程仓库拉取最新的代码并合并到当前分支。

例如，当其他同事开发了新的功能并将其更新到 master 分支时，我们接到新的需求时需要先切换到 master 分支，再使用 git pull 命令拉取远程仓库获取 master 分支的最新提交，最后使用 git checkout -b 创建并切换到功能分支。

git pull 命令会自动执行两个操作：git fetch 和 git merge。git fetch 用于从远程仓库获取最新的提交历史和文件变化，但不会将这些更改应用到当前分支。git merge 用于将获取到的远程分支的提交合并到当前分支。如果存在本地修改且与远程仓库产生冲突，git pull 会尝试自动合并代码。如果合并存在冲突，需要手动解决冲突。因此，在团队协作中，当开发一个新功能时，应新建一个分支，而不是直接在主分支 master 上开发，这样可以避免 git pull 时代码冲突问题。

11.14.3　git fetch

git fetch 是 Git 中用于从远程仓库获取最新代码更新，但不会自动合并到当前分支的命令。git fetch 使你能查看远程仓库的更新情况，了解其他开发者的提交以及代码变动。获取到最新的提交历史后，你可以使用其他命令（如 git diff）比较本地分支与远程分支之间的差异。如果没什么问题，再使用 git merge 命令完成合并操作。

当不在主分支上直接开发，而是通过新建功能分支开发时，使用 git pull 即可。

11.15　合并分支

合并分支是将一个分支中的更改合并到另一个分支的操作。它是协作开发中常用的功能，可以将不同开发者或不同功能的工作合并到主分支或其他目标分支。

　　在前面我们提到,当开发新功能时,通常会从主分支(如 master)上创建一个新的功能分支。一旦我们完成了功能分支的开发并通过了测试,接下来就可以使用合并分支的方法,将功能分支的代码更新到主分支(如 master)上。这样,我们就能将新功能的更改整合到主分支中。

11.15.1　git merge

1. 主分支没有更新(快进合并)

　　情景:主分支 master 有两个提交 A 与 B,以 master 分支为基础,新建一个 dev 分支(git checkout -b dev),在 dev 分支上新建一个提交 C,此时结构如下所示:

```
A --- B -- C dev
      |
A --- B master
```

　　(1) 先切回主分支 master,运行:

```
git checkout master
```

　　(2) 在 master 分支上合并 dev 分支,运行:

```
git merge dev - m "合并"
```

　　其中,git merge dev 是合并分支的命令,它指示 Git 将名为 dev 的分支合并到当前所在的分支。-m"合并"参数用于指定合并提交的提交信息,将"合并"作为提交信息。

　　合并后,master 分支的提交记录结构为:

```
A -- B --  C dev master
        /
A --- B
```

　　在快进合并的情况下,master 分支的指针直接指向 dev 分支的最新提交,而不会创建新的合并提交。

2. 主分支没有更新(非快进合并)

　　假设分支结构依旧如下所示:

```
A --- B -- C dev
      |
A --- B master
```

　　在 master 分支上合并 dev 分支,运行:

```
git merge dev -- no - ff - m "合并"
```

　　其中,--no-ff 参数是指不执行快进合并,强制 Git 创建一个新的合并提交。

　　合并后,从 Git History 中查看提交的历史记录,此时 master 分支的提交记录大致结构为:

```
        C dev
       /    \
A --- B ---- 合并 master
```

3. 主分支有更新，合并时无冲突

在团队开发中，其他同事可能已经在主分支 master 上合并了自己的代码，此时你也想合并自己功能分支的代码到主分支 master 上。假设分支结构如下：

```
A --- B -- C dev
      |
A --- B -- D master
```

该结构的情景是指，当主分支 master 最新提交为 B 时，你创建并切换了 dev 分支，在 dev 分支提交了 C，然后想合并的时候，发现 master 分支被其他同事提交了 D。

在 master 分支上合并 dev 分支，运行：

```
git merge dev - m"合并"
```

合并后，此时 master 分支的提交记录结构为：

```
        C dev
       /    \
A --- B --- D -- 合并 master
```

无冲突合并是指当进行分支合并时，两个要合并的分支没有对同一部分进行修改。在主分支有更新，合并其他功能分支时，主分支会产生一个新的 commit 提交。

4. 主分支有更新，合并时有冲突

如果在合并过程中发生冲突，需要在冲突文件中与其他修改该文件的同事进行沟通，并根据提交日期和具体情况来确定保留和移除哪些部分。需要手动编辑并解决冲突，解决冲突后，保存修改并提交。

假设分支结构如下：

```
A --- B -- C dev
      |
A --- B -- D master
```

其中，C 中的提交与 D 中的提交，都对同一文件同一部分进行了修改。

在 master 分支上合并 dev 分支，运行：

```
git merge dev - m"合并"
```

此时有冲突，合并进入 MERGING 状态，通过 Git History 可以看到合并时冲突的文件，例如 App.vue 文件有了冲突，如图 11-21 所示。

左侧合并更改中列举了冲突的文件，单击文件，在右侧可以看到冲突的内容，上面有采用当前更改、采用传入的更改等方案，可根据实际情况采用合适的方案。

如果发现冲突的文件比较多，或者操作流程错了，则可以取消当前的合并。运行：

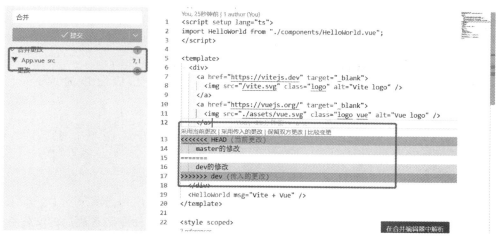

图 11-21 冲突文件

```
git merge -- abort
```

如果根据实际情况采用合适的方案,解决了冲突,则保存修改并运行 git add . 将解决后的文件标记为已解决。然后运行:

```
git merge -- continue
```

执行继续合并的操作,接着弹出一个编辑窗口,可以使用 i 进入 INSERT 模式,这里为了简单展示,不再修改,直接再次按下 Shift＋:键,进入命令模式后,输入 wq 并按回车键,保存退出。

最后 master 分支提交记录结构为:

```
        C dev
      /       \
A --- B --- D -- 合并 master
```

除了使用 git merge 合并分支外,也可以使用 git rebase 合并提交。在解决冲突时,用 merge 只需要解决一次冲突,合并操作会创建一个新的合并提交,该提交将包含被合并的两个分支的更改;而用 rebase 则需要依次解决每次的冲突,才可以提交。

具体使用哪种方法取决于个人偏好、项目需求和团队的工作流程。

11.15.2 git cherry-pick

1. 合并不连续的提交

git cherry-pick 可以手动挑选相应的 commit 提交到另一个分支上。假设分支结构如下:

```
A --- B -- C -- D dev
      |
A --- B master
```

此时，我们只想把 C 提交到 master 分支上去，这里假设 C 的 commit id 为 395b，先切换到 master 分支，然后运行：

```
git cherry - pick 395b
```

通过添加多个 commit id，以空格区分，可以合并多个提交，假设 D 的 commit id 为 4e47，要把 C 与 D 合并到 master 分支上，运行：

```
git cherry - pick 395b 4e47
```

2. 合并连续的提交

```
git cherry - pick 395b^..4e47
```

上述命令会将 395b 到 4e47 的记录(包含 395b 与 4e47)应用到当前分支上。如果在复制提交的过程中发生冲突，需要手动解决冲突，并使用 git add . 命令将解决后的文件标记为已解决，然后运行 git cherry-pick --continue 命令继续应用剩余的提交；也可以运行 git cherry-pick --abort 来取消当前的提交。

11.16 打标签

标签(tag)是用于标识代码库中特定版本的有意义的名称。

1. 创建带注释的本地标签

```
git tag - a v0.0.0 - m "tag 的描述"
```

git tag：是创建标签的命令。

-a v0.0.0：指定了标签的名称为 v0.0.0。

-m "tag 的描述"：指定了标签的描述信息，用于说明该标签所代表的版本或其他相关信息。

运行该命令后，Git 会在当前提交上创建一个带注释的标签，名称为 v0.0.0，并附带描述信息"tag 的描述"。这个标签可以帮助你标识和管理代码库中的特定版本，方便回溯和发布。

2. 推送标签

推送本地的 tag 到远程仓库，运行以下命令：

```
git push origin v0.0.0
```

将标签 v0.0.0 推送到远程仓库。

3. 删除本地标签

```
git tag - d v0.0.0
```

删除本地名为 v0.0.0 的 tag 标签。

4. 删除远程标签

```
git push origin :refs/tags/v0.0.0
```

使用了冒号":"语法来指定要删除的标签。refs/tags/v0.0.0 是要删除的标签的引用路径。

11.17　强制更新

如果本地与远程分支存在冲突,可以使用以下命令强制更新远程分支:

```
git push -f
```

在一般情况下,推送(push)操作是将本地的提交和分支推送到远程仓库,并更新远程分支的状态。但是,有时候你可能需要强制推送来覆盖远程分支的提交历史。以下是一些使用 git push -f 的常见情况:

（1）错误的提交历史:如果你在本地进行了重写提交历史(如使用 git commit --amend 或 git rebase),而远程分支已经包含了旧的提交历史,此时进行强制推送可以将本地的新提交历史强制推送到远程分支,覆盖旧的提交历史。

（2）远程分支回滚:如果你意识到远程分支上存在错误的提交或需要回滚到较旧的提交,你可以在本地进行相应的修改,然后使用强制推送将更改应用到远程分支,从而回滚远程分支的状态。

在使用 git push -f 之前,需要谨慎考虑以下几点:

（1）强制推送会修改远程分支的提交历史,这可能对与你共享仓库的其他开发者造成影响,尤其是如果其他人已经基于旧的提交历史进行了工作或拉取了远程分支。强制推送可能导致冲突或丢失其他人的提交。

（2）在团队协作中,最好与团队成员进行沟通,并确保他们知道你将进行强制推送的操作。如果可能,尽量避免对共享仓库进行强制推送,除非你清楚了解其影响并得到团队的同意。

（3）强制推送会修改远程分支的提交历史,因此在使用 git push -f 之前,请确保已备份或保存了可能丢失的提交和相关信息。

git push -f 应该谨慎使用,并且在明确了解其影响并与团队成员进行沟通后才使用。

本章小结

（1）学会 Git 的安装与配置,包括配置区分大小写、配置 Git 账户、配置 SSH 等。通过正确配置 Git 环境,我们能够确保 Git 的正常运行,并提高工作效率。

（2）掌握使用 VS Code 的 Git History 或 GitLens 插件,通过可视化操作来协助我们更好地管理 Git。这些插件提供了直观的界面和功能,例如查看提交历史、分支图形化展示等,使我们能够更轻松地浏览和理解代码变更的历史。

（3）学会如何创建本地提交以及推送到远程仓库。通过使用 Git 的命令,如 git add 和

git commit,我们能够创建和保存代码变更,并通过 git push 将本地提交推送到远程仓库,实现与团队成员的代码共享和协作。

（4）掌握创建分支的方法,并介绍了常用分支的命名约定,如主分支（master）、功能分支（feature）、开发环境分支（dev）等。创建分支可以使我们在不同的任务或功能上进行独立开发,同时保持代码的整洁和可管理性。

（5）学会操作提交,包括合并或撤销提交操作。通过使用 Git 的命令,如 git merge 和 git revert,我们可以将不同分支的代码变更合并为一个统一的代码基础,或者撤销之前的错误提交,从而保持代码的正确性和稳定性。

（6）学会如何从远程分支拉取代码,了解 git pull 和 git fetch 的区别。使用 git pull 可以将远程仓库的最新代码更新到本地仓库,并自动合并到当前分支；而 git fetch 则将远程仓库的代码下载到本地仓库,但不会自动合并,需要手动进行合并操作。

（7）学会如何合并分支,将功能分支的代码合并到主分支（master）上。通过使用 git merge 命令,我们可以将不同分支的代码变更合并到目标分支上,确保代码的统一性和一致性,同时解决分支间的代码冲突。

第三篇　实战篇——躬践其实

通过本篇学习，将获得以下知识和技能：

（1）学会如何搭建一个企业级应用框架；

（2）学会如何实现一个 Web 端的管理系统。

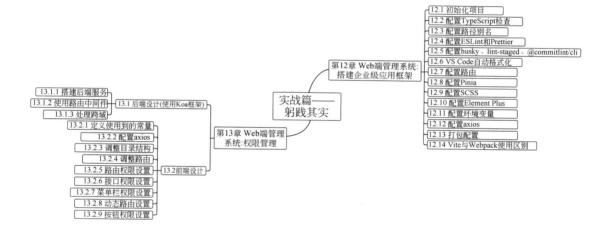

第 12 章

Web 端管理系统：搭建企业级应用框架

本章将介绍如何搭建一个企业级应用框架，为 Web 端管理系统的开发提供基础设置和配置。通过本章的学习，你将了解如何配置和设置各种关键要素，以便在开发过程中能够高效、规范地进行工作。

我们将从基础的配置开始，首先介绍如何配置 tsconfig.json 文件，以支持 TypeScript 的开发环境，并通过配置路径别名来简化模块导入的路径。接下来，将介绍如何配置 ESLint 和 Prettier，以确保代码的一致性、可读性和质量。

为了提高代码的规范性和可维护性，我们将介绍如何配置 husky、lint-staged 和 @commitlint/cli，以实现代码提交前的代码检查和规范，同时遵循统一的提交消息规范。

在搭建企业级应用框架中，路由是不可或缺的一部分。我们将介绍如何配置路由，以实现页面之间的导航和路由守卫的功能。同时，还会介绍如何配置 Pinia，一个简单而强大的状态管理库，用于管理应用的全局状态。

样式是 Web 应用中的重要组成部分，我们将介绍如何配置 scss，以便使用更强大的样式编写和管理工具。另外，还将介绍如何配置 Element Plus，一个基于 Vue 的组件库，提供丰富的 UI 组件和样式，加快开发速度。

在开发过程中，配置环境变量是必不可少的。我们将介绍如何配置环境变量，以便根据不同的环境加载不同的配置和行为。同时，还会介绍如何配置 axios，一个常用的 HTTP 请求库，用于与后端 API 进行交互。

为了适应不同的部署环境和需求，我们还将介绍如何配置端口号和代理，以及如何进行打包配置，以便生成优化的生产代码。

通过本章的学习，你将获得搭建企业级应用框架所需的关键知识和配置技巧，为后续的系统开发奠定坚实的基础。让我们一起开始构建一个高效、可靠的 Web 端管理系统吧！

12.1 初始化项目

12.1.1 Node 版本要求

目前搭建 Vue3 项目所需 Node.js 版本最低为 18.3。Node.js 版本不足 18.3 的，可先升至 18.20.3 或更高版本。

12.1.2　VS Code 插件安装

在使用 VS Code 进行 Vue 项目开发时，需要安装以下插件来提升开发效率和代码质量：

（1）Vue-Official：专为 Vue3 开发而设计的插件，提供语法高亮、智能感知、错误检查等功能。

Run Code	Ctrl+Alt+N
Debug Jest	
Run Jest	
更改所有匹配项	Ctrl+F2
格式化文档	Shift+Alt+F
使用...格式化文档	
重构...	
源代码操作...	

图 12-1　使用...格式化文档

（2）Prettier-Code formatter：一个代码格式化工具，它可以自动整理和美化代码的风格，使整个项目的代码风格保持一致。安装之后，在文件中通过鼠标右击，选择"使用...格式化文档"，将该插件设为默认值，如图 12-1 所示。

（3）ESLint：用于检测和修复 JavaScript 和 TypeScript 代码的工具，可以帮助你发现潜在的错误、保持一致的代码风格，并提高代码质量。

12.1.3　创建项目

```
npm create vite@latest vite-vue-ts-seed -- --template vue-ts
```

npm create：npm 7.x 版本引入的一个特性，用于在本地创建一个新的项目。

vite@latest：指定安装最新版本的 Vite。

vite-vue-ts-seed：想要创建的项目名称。

--：一个分隔符，用于告诉 npm 后面的参数不再是 npm 命令的选项，而是传递给 npm 包（Vite）本身的参数。

--template vue-ts：传递给 Vite 的参数。其中，--template 用于指定要使用的项目模板；vue-ts 模板是一个包含了 Vue.js 和 TypeScript 的基础模板，适用于快速启动一个 Vue＋TypeScript 项目。

12.1.4　安装项目依赖

用 VS Code 打开新创建的项目，并新建终端，在终端中运行：

```
yarn
```

（1）Yarn 首先会查找项目根目录下的 package.json 文件，该文件用于描述项目的依赖关系和一些基本信息。

（2）Yarn 检查 package.json 文件中的 dependencies 和 devDependencies 字段，并根据其中列出的依赖包名称和版本信息来确定需要安装的依赖项。

（3）Yarn 会尝试从 Yarn 的软件仓库中下载所有列出的依赖包及其对应的版本，并将它们保存在项目的 node_modules 目录下。

（4）安装过程中，Yarn 会显示下载进度和安装信息。

（5）安装完成后，可以在 node_modules 目录下找到项目的依赖项。

12.2 配置 TypeScript 检查

12.2.1 修改 tsconfig.json

```
{
  "compilerOptions": {
    "target": "ESNext",
    "useDefineForClassFields": true,
    "module": "ESNext",
    "lib": ["ESNext", "DOM", "DOM.Iterable"],
    "skipLibCheck": true,

    "moduleResolution": "Node",
    "allowImportingTsExtensions": true,
    "allowSyntheticDefaultImports": true,
    "resolveJsonModule": true,
    "isolatedModules": true,
    "noEmit": true,
    "jsx": "preserve",

    "strict": true,
    "noUnusedLocals": true,
    "noUnusedParameters": true,
    "noFallthroughCasesInSwitch": true,

    "esModuleInterop": true,
    "allowJs": true,
    "baseUrl": ".",
    "paths": { "@/*": ["src/*"], "#/*": ["types/*"] }
  },
  "include": ["src/**/*.ts", "src/**/*.d.ts", "src/**/*.tsx", "src/**/*.vue"],
  "references": [{ "path": "./tsconfig.node.json" }]
}
```

compilerOptions：编译器选项的配置部分，包含了一系列编译器的设置。

target：指定将代码编译为的目标 JavaScript 版本，这里设置为"ESNext"，即新版本的 ECMAScript 标准。

useDefineForClassFields：启用使用 defineProperty 定义类字段。

module：指定编译后文件的模块格式，这里设置为"ESNext"，即使用 ES 模块格式。

lib：引入的类型定义文件，这里包括了 ES 最新特性和 DOM 接口的类型定义。

skipLibCheck：设置为 true 时，跳过对.d.ts 文件的类型检查。

moduleResolution：模块解析策略，这里设置为"Node"，表示使用 Node 的模块解析策略。

allowImportingTsExtensions：允许引入.ts 扩展名的模块。

allowSyntheticDefaultImports：允许导入模块的默认导出，即使模块没有 export default 语句。

resolveJsonModule：允许引入 JSON 文件作为模块。

isolatedModules：要求所有文件都是 ES 模块。

noEmit：设置为 true 时，不输出任何编译后的文件。

jsx：JSX 代码的处理方式，这里设置为"preserve"，保留原始的 JSX 代码。

strict：开启所有严格的类型检查。

noUnusedLocals：报告未使用的局部变量的错误。

noUnusedParameters：报告函数中未使用的参数的错误。

noFallthroughCasesInSwitch：确保 switch 语句中的每个非空情况都包含 break 或其他终止语句。

esModuleInterop：允许使用 import 语句引入使用 export ＝导出的内容。

allowJs：允许使用 JavaScript 文件。

baseUrl：设置模块解析的基础路径。

paths：路径映射配置，用于指定别名和路径的对应关系。

include：需要进行编译的文件列表，通配符语法用于指定要包含的文件。

references：引用其他 tsconfig. json 文件的配置，用于为特定文件应用不同的配置选项。

12.2.2　修改 tsconfig. node. json

```
{
  "compilerOptions": {
    "composite": true,
    "skipLibCheck": true,
    "module": "ESNext",
    "moduleResolution": "Node",
    "allowSyntheticDefaultImports": true
  },
  "include": ["vite.config.ts"]
}
```

"composite"：设置为 true 时，启用项目的复合构建。复合构建允许 TypeScript 在项目之间共享类型信息，提高编译效率。

"allowSyntheticDefaultImports"：允许导入模块时使用默认导出的语法，即使模块没有显式导出默认值。

其他属性的用法可参考修改 tsconfig. json 中的介绍。

12.2.3　新建 typings.d.ts

在 src 文件夹下新建 typings.d.ts 文件，用于声明自定义类型。

```
//声明.vue 文件
declare module '*.vue'{
  import { DefineComponent } from 'vue';
  const component: DefineComponent<object, object, any>;
  export default component;
}
```

让 Vue 单文件组件(.vue 文件)在 TypeScript 项目中获得类型支持。否则，在使用路径别名时，会提示找不到对应的.vue 文件。

12.2.4　修改 package.json

在 scripts 选项中添加 ts 校验启动命令，如图 12-2 所示。

```
"scripts": {
  "ts": "vue-tsc --noEmit"
},
```

```
"scripts": {
  "dev": "vite",
  "build": "vue-tsc && vite build",
  "preview": "vite preview",
  "ts": "vue-tsc --noEmit"
```

图 12-2　ts 检验启动命令

"vue-tsc"是一个命令行工具，用于对 Vue.js 项目进行 TypeScript 类型检查。通过执行"vue-tsc"命令，TypeScript 编译器将会检查项目中的所有 TypeScript 文件，并输出类型检查结果。

"--noEmit"是一个选项，告诉 TypeScript 编译器不要输出编译后的文件，只进行类型检查并输出结果。

通过定义"ts"命令，我们可以在项目中使用 yarn ts 的方式执行该命令，从而进行 TypeScript 类型检查。

提示： 当遇到 TypeScript 报错而配置未生效时，可以尝试重新启动 VS Code，这将重新加载所有插件和配置文件，并重启 TypeScript 服务。重启 VS Code 有助于确保最新的配置生效，如果问题仍然存在，则需要进一步检查配置文件，防止因插件或包更新而使配置失效。

12.3　配置路径别名

路径别名是一种在代码中使用简短、易于识别的名称来代替长路径的技术。它允许开发者在引入模块时使用自定义的路径别名，而不是使用完整的文件路径，起到简化引入语句、减少冗长的路径字符串的作用。

12.3.1　安装@types/node

@types/node 是一个 TypeScript 类型声明包，它为 Node.js 提供了 TypeScript 类型定

义。通过安装@types/node包，你可以在TypeScript项目中使用Node.js核心模块而不会遇到类型相关的问题。

运行以下命令进行安装：

```
yarn add -- dev @types/node
```

12.3.2　配置vite. config. ts

vite. config. ts是Vite项目的配置文件，它用于配置Vite构建工具的行为和各种相关选项。

```
import { defineConfig } from "vite";
import vue from "@vitejs/plugin-vue";
import path from "path";                    //这个path用到了上面安装的@types/node


//https://vitejs.dev/config/
export default defineConfig({
  plugins: [vue()],
  //这里进行配置别名
  resolve: {
    alias: {
      "@": path. resolve("./src"),      //@代替src
      "#": path. resolve("./types"),    //#代替types
    },
  },
});
```

在resolve对象中进行了路径别名的配置。通过alias属性定义了两个路径别名，即@和#，它们会被解析为对应的路径。例如，@/components代表src目录下的components文件。

12.3.3　TypeScript路径映射

在TypeScript中，路径映射是一种将模块导入路径映射到实际文件路径的机制。它允许使用自定义的路径别名来引用模块，而不必使用相对或绝对路径。

在上述修改tsconfig. json时通过配置baseUrl与paths属性已完成路径映射。

12.4　配置ESLint和Prettier

ESLint是一款流行且开源的JavaScript代码检查工具。可以在编写代码时，发现代码中的问题，及时修复。

Prettier会根据预设配置的规则重新格式化代码，以保证代码整洁。运行Prettier，所有Tab都将转换为空格，同时缩进、引号等也都将根据相应配置而改变。

12.4.1　安装相关插件

在终端中，分别运行以下命令进行相关插件的安装：

```
//eslint 安装
yarn add eslint@^8.47.0 -D

//eslint vue 插件安装
yarn add eslint-plugin-vue@^9.17.0 -D

//eslint 识别 ts 语法
yarn add @typescript-eslint/parser@^7.11.0 -D

//eslint ts 默认规则补充
yarn add @typescript-eslint/eslint-plugin@^7.11.0 -D

//eslint prettier 插件安装
yarn add eslint-plugin-prettier@^5.1.3 -D

//用来解决与 eslint 的冲突
yarn add eslint-config-prettier@^9.1.0 -D

//安装 prettier
yarn add prettier@^3.2.4 -D
```

eslint：用于检测和修复 JavaScript 代码的工具，有助于保持一致的代码风格和提高代码质量。

eslint-plugin-vue：扩展 ESLint 的功能，使其能够理解和验证 Vue 文件中的代码。

@typescript-eslint/parser：用于解析 TypeScript 代码的解析器。

@typescript-eslint/eslint-plugin：用于检查 TypeScript 代码。

eslint-plugin-prettier：用于将 Prettier 的代码格式化功能整合到 ESLint 中。

eslint-config-prettier：用于将 ESLint 的规则与 Prettier 的代码格式化规则进行合并，确保 ESLint 不会检查与 Prettier 格式化规则相冲突的部分。

prettier：自动格式化代码，确保团队内部的代码风格统一。

提示：eslint 已更新到版本 9，但因目前相关生态还未更新，这里只介绍 eslint 版本 8 的用法，即使用 eslint@^8.47.0 安装固定的大版本号。如果后期脚手架自带的 typescript 升级导致终端 eslint 报错，可更新 @typescript-eslint/parser 和 @typescript-eslint/eslint-plugin。

12.4.2　新建.eslintrc

.eslintrc 文件是 ESLint 的配置文件，用于指定项目中的 ESLint 规则和选项。在项目根目录新建.eslintrc，内容如下所示。

```json
{
  "env": {
    "browser": true,
    "node": true,
    "es2021": true
  },
  "parser": "vue-eslint-parser",
  "extends": [
    "eslint:recommended",
    "plugin:vue/vue3-recommended",
    "plugin:@typescript-eslint/recommended",
    "plugin:prettier/recommended",
    "eslint-config-prettier"
  ],
  "parserOptions": {
    "ecmaVersion": "latest",
    "parser": "@typescript-eslint/parser",
    "sourceType": "module",
    "ecmaFeatures": {
      "jsx": true
    }
  },
  "plugins": ["vue", "@typescript-eslint", "prettier"],
  "rules": {
    "vue/multi-word-component-names": "off",          //禁用 vue 文件强制多个单词命名
    "@typescript-eslint/no-explicit-any": ["off"],    //允许使用 any
    "@typescript-eslint/no-this-alias": [
      "error",
      {
        "allowedNames": ["that"]                      //this 可用的局部变量名称
      }
    ],
    "@typescript-eslint/ban-ts-comment": "off",       //允许使用@ts-ignore
    "@typescript-eslint/no-non-null-assertion": "off", //允许使用非空断言
    "no-console": [
      //提交时不允许有 console.log
      "warn",
      {
        "allow": ["warn", "error"]
      }
    ]
  }
}
```

"env"：指定代码运行的环境。

"parser"和"parserOptions"：指定代码解析器和解析器选项，用于解析和分析代码文件。

"extends"：继承多个 ESLint 配置，包括"eslint：recommended"（推荐的 ESLint 规

则）、"plugin：vue/vue3-recommended"（Vue 3 推荐的规则）、"plugin：@typescript-eslint/
recommended"（推荐的 TypeScript 规则）、"plugin：prettier/recommended"（与 Prettier 集
成的规则）和"eslint-config-prettier"（禁用与 Prettier 冲突的 ESLint 规则）。

"plugins"：指定使用的 ESLint 插件，包括"vue"（用于处理 Vue 单文件组件）、
"@typescript-eslint"（用于处理 TypeScript 代码）和"prettier"（与 Prettier 集成）。

"rules"：定义具体的 ESLint 规则和配置选项。例如，禁用 Vue 文件强制使用多个单
词命名"vue/multi-word-component-names"、允许使用 any 类型"@typescript-eslint/no-
explicit-any"等。

12.4.3　新建. eslintignore

. eslintignore 文件是用来指定在 ESLint 检查中应该被忽略的文件或目录的配置文件。
在项目中，可能有一些文件或目录不需要进行 ESLint 检查，比如第三方库文件、编译输出文
件、测试文件等。通过配置. eslintignore 文件，可以告诉 ESLint 忽略这些文件，避免对它们
进行检查和报告。这样可以提高 ESLint 的运行效率，减少不必要的检查，同时避免对不需
要检查的文件产生干扰和误报。

在项目根目录新建. eslintignore，内容如下所示。

```
# eslint 忽略检查
node_modules
dist
```

在这个例子中，我们忽略了 node_modules 文件夹，这是存放依赖包的目录，通常不需要
进行代码检查。另外，我们也忽略了 dist 文件夹，这是打包后生成的目录，其代码已经被编
译过，因此也不需要进行代码检查。

12.4.4　新建. prettierrc

. prettierrc 文件是用于配置 Prettier 的配置文件，它的作用是指定 Prettier 在格式化代
码时应该遵循的规则和选项。在项目根目录新建. prettierrc，内容如下所示。

```
{
  "endOfLine": "auto",
  "printWidth": 120,
  "semi": true,
  "singleQuote": true,
  "tabWidth": 2,
  "trailingComma": "all",
  "bracketSpacing": true
}
```

"endOfLine"："auto"：指定行尾换行符的风格，"auto"表示根据文件内容自动选择换
行符类型（LF 或 CRLF）。

"printWidth"：120：指定每行代码的最大字符数，超过该长度的代码会被自动换行。

"semi"：true：指定在语句末尾添加分号。

"singleQuote"：true：指定使用单引号作为字符串的引号。

"tabWidth"：2：定义代码缩进时使用的空格数。设置为 2 表示代码缩进会使用两个空格。

"trailingComma"："all"：该选项控制是否在多行结尾添加逗号。"all"表示在所有可能的地方都会添加逗号。

"bracketSpacing"：true：这个选项表示 Prettier 会在对象字面量的括号和数组字面量的括号之间添加空格，如{ foo：bar }而不是{foo：bar}。

12.4.5　新建.prettierignore

.prettierignore 文件是用于配置 Prettier 的忽略文件列表，它的作用是告诉 Prettier 哪些文件或文件夹不需要进行代码格式化。在项目根目录新建.prettierignore，内容如下所示。

```
# 忽略格式化文件
node_modules
dist
```

与.eslintignore 文件配置一样，忽略 node_modules 文件夹与 dist 文件夹。

12.4.6　重启 VS Code 使配置生效

关闭 VS Code，然后重新使用 VS Code 打开项目。这将重新加载所有插件和配置文件。

12.4.7　配置 package.json

可以看到 App.vue 文件在 import 处飘红，因为结尾没有使用分号，如图 12-3 所示。

```
<script setup lang="ts">
import HelloWorld from './components/HelloWorld.vue'
</script>
```

图 12-3　import 处飘红

鼠标移到飘红处，弹出提示框提示 Insert ` ;`eslint(prettier/prettier)。说明触发了校验规则，要在结尾处添加分号。如果一处一处去修改，过程必将是烦琐的，我们可以通过运行命令来修复问题。修改 package.json，在 scripts 下添加 lint 命令，如图 12-4 所示。

```
"scripts": {
  "lint": "eslint src -- fix -- ext .ts,.tsx,.vue,.js,.jsx -- max - warnings 0"
},
```

"lint"：定义了一个名为 lint 的命令。

"eslint src"：指定检查 src 目录下的文件。

```
"scripts": {
  "dev": "vite",
  "build": "vue-tsc && vite build",
  "preview": "vite preview",
  "ts": "vue-tsc --noEmit",
  "lint": "eslint src --fix --ext .ts,.tsx,.vue,.js,.jsx --max-warnings 0"
},
```

图 12-4　lint 命令

"--fix"：表示在可能的情况下自动修复 ESLint 检测到的问题。

"--ext .ts,.tsx,.vue,.js,.jsx"：使用--ext 参数，指定要检查的文件扩展名。在这里检查的文件类型包括.ts、.tsx、.vue、.js 和.jsx。

"--max-warnings 0"：使用--max-warnings 参数，设置最大警告数为 0。这意味着如果有任何警告产生，命令将以错误的退出码结束，表示检查不通过。

lint 命令的作用是在 src 目录下运行 ESLint 进行代码检查，并尽可能自动修复检测到的问题，如果有任何警告产生则视为检查不通过。

运行 yarn lint，可以看到上述 eslint(prettier/prettier)问题都将被修复，例如 App.vue 文件使用 import 引入 HelloWorld 组件结尾的分号已被添加。

12.5　配置 husky、lint-staged、@commitlint/cli

当开发团队协作开发项目时，保持代码质量和一致的提交规范是非常重要的。为了实现这一目标，我们可以借助一些工具来进行代码质量检查和提交规范的管理，其中包括 husky、lint-staged 和@commitlint/cli。

在本文中，我们将介绍如何配置 Husky、lint-staged 和@commitlint/cli。通过正确配置这些工具，我们可以在团队开发中提高代码质量、保持一致的提交规范，并促进协作效率和项目可维护性的提升。

12.5.1　创建 Git 仓库

在 Git Bash 命令行界面运行以下命令来初始化 Git 仓库。

```
git init
```

12.5.2　安装相关插件

在终端中，分别运行以下命令，以实现插件的安装：

```
yarn add husky@^8.0.3 -D

yarn add lint-staged@^14.0.0 _D

yarn add @commitlint/cli@^17.7.1 -D

yarn add @commitlint/config-conventional@^17.7.0 -D
```

　　Husky：是一个 Git 钩子工具，它允许我们在 Git 钩子触发的特定事件中执行自定义脚本。通过配置 Husky，我们可以在提交代码、推送代码等关键操作前执行代码质量检查，确保只有通过检查的代码才能被提交到代码仓库。

　　lint-staged：是一个用于在提交前执行指定文件的代码检查的工具。它可以让我们只对即将提交的文件进行代码检查，而不是对整个项目进行检查，从而提高代码检查的效率。

　　@commitlint/cli：是一个用于在命令行中运行 commitlint 工具的包。它是 commitlint 的命令行接口，允许你在项目中使用命令来验证提交消息是否符合预定义的规范。

　　@commitlint/config-conventional：是一个用于规范化 Git 提交消息格式的配置包。它是 commitlint 工具的一个预定义配置，旨在帮助团队建立统一的、易读易维护的 Git 提交消息规范。

12.5.3　配置 husky

在终端中，分别运行以下命令，实现 husky 的配置。

```
npx husky install

npx husky add .husky/pre-commit "npx --no-install lint-staged"

npx husky add .husky/commit-msg 'npx --no-install commitlint --edit "$1"'
```

　　npx husky install：运行该命令，Husky 将被添加到项目中，并配置 Git 钩子，以便在特定的 Git 事件发生时触发预定义的脚本。运行后，会在项目根目录生成.husky 文件夹。

　　npx husky add .husky/pre-commit "npx --no-install lint-staged"：这个命令会将一个名为.husky/pre-commit 的文件添加到项目中，作为 pre-commit 钩子的脚本文件。在该钩子触发时，命令"npx --no-install lint-staged"将被执行。这意味着在每次提交代码之前，lint-staged 命令将被执行，对暂存区中的文件进行处理。

　　npx husky add .husky/commit-msg 'npx --no-install commitlint --edit "$1"'：这个命令会将一个名为.husky/commit-msg 的文件添加到项目中，作为 commit-msg 钩子的脚本文件。在该钩子触发时，命令'npx --no-install commitlint --edit "$1"'将被执行。这意味着在每次提交代码时，commitlint 命令将被执行，对提交消息进行验证。这样可以确保提交的消息符合预定义的规范，提高代码提交的质量和可读性。

12.5.4　修改 package.json

在 package.json 文件夹中添加 lint-staged 配置，如图 12-5 所示。

```
"lint-staged": {
    "src/**/*.{vue,js,jsx,ts,tsx,json}": [
        "yarn lint",
        "prettier --write"
    ]
}
```

"lint-staged"是一个配置项，用于定义在执行 Git 提交前要对哪些文件进行 eslint 和格式化的操作。

src/ ** / * .｛vue,js,jsx,ts,tsx,json｝：指定匹配 src 目录下的所有 .vue、.js、.jsx、.ts、.tsx 和 .json 文件。对于匹配到的文件，这里我们指定了两个操作：

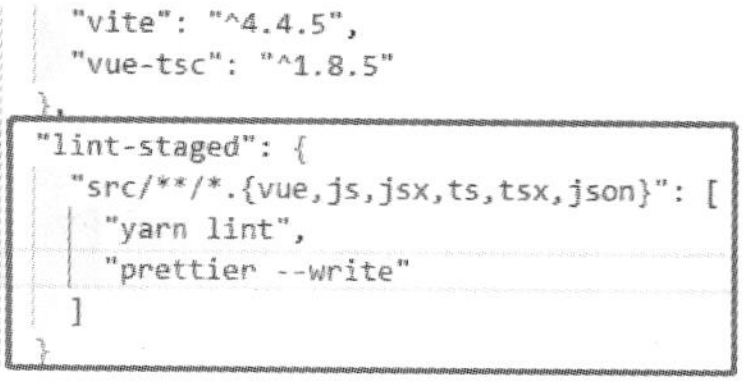

（1）"yarn lint"：执行 yarn lint 命令来对匹配的文件进行代码检查。也就是上文中我们在 script 下配置的 lint 命令。

（2）"prettier --write"：执行 prettier --write 命令来对匹配的文件进行格式化，并将格式化后的结果直接写入文件中。这样可以保证代码风格的一致性。

通过配置"lint-staged"，我们可以在提交代码之前自动运行 eslint 和格式化操作，确保代码的质量和一致性。

```
"vite": "^4.4.5",
"vue-tsc": "^1.8.5"
},
"lint-staged": {
"src/**/*.{vue,js,jsx,ts,tsx,json}": [
"yarn lint",
"prettier --write"
]
}
```

图 12-5　lint-staged 配置

12.5.5　新建 commitlint. config. cjs

在项目根目录新建 commitlint. config. cjs，内容如下所示。

```
module.exports = {
  extends: ['@commitlint/config-conventional'],
};
```

提示：在这个配置文件中，我们使用 CommonJS 的模块导出语法 module. exports。又因为 package. json 文件中设置了"type"："module"，因此需将 commonjs 文件显式声明为以 .cjs 结尾的文件，以便在使用 ES Modules 时正确识别。

使用 extends 字段表示我们要继承@commitlint/config-conventional 的规范，这样就可以直接使用预定义的规则，而无须自己重新定义提交消息的格式。

@commitlint/config-conventional 约定的提交格式：

```
git commit -m <type>[optional scope]: <description>
```

其中，type 表示提交的类型；optional scope 表示涉及的模块，可选；description 表示任务描述。

示例：

```
git commit -m "feat: 增加 xxx 功能"
```

注意：feat：冒号后面有空格。
提交的类型 type 有以下几种可以选择：

```
feat 新功能
fix 修复 bug
style 样式修改(UI 校验)
docs 文档更新
refactor 重构代码(既没有新增功能,也没有修复 bug)
```

```
perf 优化相关,比如提升性能、体验
test 增加测试,包括单元测试、集成测试等
build 构建系统或外部依赖项的更改
ci 自动化流程配置或脚本修改
revert 回退某个 commit 提交
```

12.5.6　提交

首先将所有文件添加到缓存区：

```
git add .
```

然后使用 commit 进行提交：

```
git commit - m 'feat: 第一次提交'
```

如果不满足@commitlint/config-conventional 约定的提交格式,将提交失败。

12.6　VS Code 自动格式化

之前提到了使用 Prettier 工具来在代码提交时自动格式化文件,以确保团队成员的代码风格保持统一。此外,在 VS Code 编辑器中,还可以通过按下 Shift＋Alt＋F 快捷键对单个文件进行手动格式化,这是一个非常方便的功能,可以快速使代码看起来整洁美观。然而,除了手动格式化,还可以通过配置 VS Code 来实现在保存文件时自动进行代码格式化。要实现这一点,需要在项目根目录下新建一个名为.vscode 的文件夹(如果存在则不需创建),并在.vscode 文件夹中新建 settings.json 文件。在该文件中,添加以下配置：

```
{
  "editor.codeActionsOnSave": {
    "source.fixAll": "explicit"
  }
}
```

该配置表示在保存文件时自动执行所有可用的代码修复操作。之后每次文件有修改,保存时,都会自动格式化。

12.7　配置路由

12.7.1　安装路由

```
yarn add vue - router
```

12.7.2　路由的基本使用

1. 创建路由页面

在 src 目录下新建一个名为 pages 的文件夹,专门用于存放路由页面。在 pages 文件夹

下，新建两个 vue 文件，分别是 Login. vue，Home. vue。

Login. vue 内容如下所示：

```
< template >
  < div >我是登录页</ div >
</ template >
```

Home. vue 内容如下所示：

```
< template >
  < div >我是主页</ div >
</ template >
```

2. 路由匹配规则

在 src 目录下新建一个名为 router 的文件夹，用于存放路由相关的配置。在 router 文件夹下新建 routes. ts，它将被用于定义路由的匹配规则。routes. ts 文件内容如下所示。

```
const routes = [
  {
    path: '/login',
    component: () => import('@/pages/Login.vue'),
  },
  {
    path: '/home',
    component: () => import('@/pages/Home.vue'),
  },
];

export default routes;
```

每个路由对象都包含了 path 和 component 属性，用于定义路由的路径和对应的组件。

/login 路径对应的组件是@/pages/Login. vue。在这里，我们使用了路径别名@，路径别名的配置是在上文 vite. config. ts 文件中进行的，它将@映射为 src 目录。@/pages/Login. vue 表示 src 目录下的 pages 文件夹下的 Login. vue 文件。

3. 创建路由实例

在 router 文件夹下新建 index. ts，文件内容如下所示。

```
import { createRouter, createWebHistory } from 'vue - router';
import routes from './routes';

const router = createRouter({
  history: createWebHistory(),
  routes,
});

export default router;
```

在上述代码中，创建了一个路由实例，并传入了以下两个参数：

（1）history：使用 createWebHistory 函数创建了一个 Web 浏览器的路由历史模式。

这意味着应用将使用浏览器的 history. pushState API 管理路由历史记录,即 history 模式。

（2）routes：之前定义的路由配置,它包含了应用程序的所有路由规则。

4. 路由注册

修改 main. ts,内容如下所示。

```
import { createApp } from 'vue';
import App from './App.vue';
import router from './router/index';

const app = createApp(App);

app.use(router).mount('#app');
```

使用 app. use 方法将路由实例 router 注册到应用程序中,以便应用程序可以使用路由。

5. 定义路由出口

修改 App. vue,内容如下所示。

```
<template>
  <router-view v-slot="{ Component }">
    <Transition name="fade" mode="out-in">
      <component :is="Component" />
    </Transition>
  </router-view>
</template>

<style>
.fade-enter-active,
.fade-leave-active {
  transition: all 0.2s ease;
}

.fade-enter-from,
.fade-leave-active {
  opacity: 0;
}
</style>
```

<router-view>：Vue Router 提供的组件,用于渲染匹配到的路由组件。它作为一个占位符,根据当前路由的路径来动态地渲染对应的组件。

v-slot="{ Component }"：通过这个插槽,可以在父组件 App. vue 中访问<router-view>渲染的子组件。

<Transition>：Vue. js 的过渡组件,用于在组件进入和离开时添加过渡效果。它可以包裹组件,使组件在切换时显示动画效果。

name="fade"：定义过渡的名称为 fade,与 style 中的. fade-enter-active,. fade-leave-active 对应。

mode="out-in"：定义过渡的方式。out-in 模式表示先离开后进入,即先执行离开过渡再执行进入过渡，也是切换路由的常用过渡方式。

＜component :is＝"Component" /＞：使用动态组件的方式，根据 Component 的值动态地渲染组件。

配置完成后，启动项目，访问 http：//127.0.0.1：5173/login 与 http：//127.0.0.1：5173/home 能看到对应的登录页与主页内容。

12.8　配置 Pinia

12.8.1　安装 Pinia

```
yarn add pinia
```

12.8.2　创建 Pinia 实例

在 src 目录下新建 store 文件夹，store 文件夹专门用于存放 Pinia 的相关配置。在 store 文件夹下创建 index.ts 文件，内容如下所示。

```
import { createPinia } from 'pinia';

const store = createPinia();

export default store;
```

使用了 Pinia 库创建了一个全局的状态管理仓库 store。

12.8.3　在 main.js 中注册

```
import { createApp } from 'vue';
import App from './App.vue';
import router from './router/index';
import store from './store';                    //新增

const app = createApp(App);

app.use(router).use(store).mount('#app');        //修改
```

导入 store 模块，并调用 app.use(store)将 store 模块作为插件应用到程序中。

12.8.4　创建 store

在 store 文件夹下新建 user.ts 文件，内容如下所示。

```
import { defineStore } from 'pinia';

//defineStore 第一个参数是 id,必需且值唯一
export const useUserStore = defineStore('user', {
  //state 返回一个函数,防止作用域污染
```

```
state: () => {
  return {
    userInfo: {
      name: 'zhangsan',
      age: 23,
    },
    token: 'S1',
  };
},
getters: {
  newName: (state) => state.userInfo.name + 'vip',
},
actions: {
  //更新整个对象
  updateUserInfo(userInfo: { name: string; age: number }) {
    this.userInfo = userInfo;
  },
  //更新对象中某个属性
  updateAge(age: number) {
    this.userInfo.age = age;
  },
  //更新基础数据类型
  updateToken(token: string) {
    this.token = token;
  },
},
});
```

这里使用 Pinia 定义了一个名为 useUserStore 的状态管理 store。它包含了状态数据 userInfo 和 token，以及一个计算属性 newName 和三个 actions 用于更新状态数据。该 store 可以在其他组件中导入使用，以实现数据的共享和状态管理。

12.8.5 使用 store

store 是一个经过 reactive 包装的对象，如果直接解构读取 state 中的属性，将会失去响应能力。为了保持响应式，可以使用 storeToRefs 方法，它会为每一个响应式属性创建一个引用。修改 Home.vue 文件，内容如下所示。

```
<template>
  <div>
    <div>姓名: {{ userInfo.name }} 年龄: {{ userInfo.age }}</div>
    <div>token: {{ token }}</div>
    <div>getter 值: {{ newName }}</div>
    <button @click="handleUser">更新用户</button>
    <button @click="handleAge">更新年龄</button>
    <button @click="handleToken">更新 token</button>
  </div>
</template>
```

```
< script setup lang = "ts">
import { storeToRefs } from 'pinia';
import { useUserStore } from '@/store/user'; //路径别名,引入 store

const userStore = useUserStore();

//storeToRefs 会跳过所有的 action 属性
const { userInfo, token, newName } = storeToRefs(userStore);

//action 属性直接解构
const { updateUserInfo, updateAge, updateToken } = userStore;

const handleUser = () => {
  updateUserInfo({ name: 'lisi', age: 24 });
};

const handleAge = () => {
  //userInfo 是一个 ref 响应式引用,需通过.value 取值
  updateAge(userInfo.value.age + 1);
};

const handleToken = () => {
  updateToken('23234');
};
</script>
```

这里展示了存储在 Pinia 中的用户信息（姓名、年龄）、token 和 getter 值（计算属性 newName），并提供了 3 个按钮分别用于更新用户、年龄和 token。也可以不通过 storeToRefs 进行解构，直接取值，如利用 userStore.userInfo.name 读取用户信息的姓名。

12.9　配置 SCSS

12.9.1　安装 SCSS

```
yarn add sass - D
```

12.9.2　配置全局 SCSS 样式文件

1. 新建样式文件

在 assets 文件夹下新建 styles 文件夹，专门用来存放样式文件。在 styles 文件夹下新建 index.scss，内容如下所示。

```
$test - color: red;//定义 SCSS 变量 $test - color,变量值为 red
```

2. 配置 vite.config.ts

```
export default defineConfig({
  //...
```

```
//增加 scss 相关配置
css: {
  preprocessorOptions: {
    scss: {
      additionalData: '@import "@/assets/styles/index.scss";',
    },
  },
},
});
```

additionalData 属性用来配置全局 SCSS 文件，实现在所有 SCSS 文件中共享相同的 SCSS 变量、mixin 等，避免在每个文件中单独导入。修改完 vite.config.ts 配置文件后，重新启动项目，使配置文件生效。

3. 在文件中使用

修改 Login.vue 文件，添加如下内容。

```
<style lang="scss">
body {
  color: $test-color;
}
</style>
```

访问 http://127.0.0.1:5173/login，可以看到页面字体"我是登录页"已变红，说明 SCSS 全局变量 $test-color 已生效。

12.10 配置 Element Plus

（1）安装 Element Plus。

```
yarn add element-plus
```

（2）安装按需引入插件。

```
yarn add unplugin-vue-components unplugin-auto-import -D
```

（3）配置 vite.config.ts。

```
//新增
import AutoImport from 'unplugin-auto-import/vite';
import Components from 'unplugin-vue-components/vite';
import { ElementPlusResolver } from 'unplugin-vue-components/resolvers';

export default defineConfig({
  //...省略其他代码,只显示要增加的代码
  plugins: [
    //在vue()下添加
    AutoImport({
      resolvers: [ElementPlusResolver()],
    }),
```

```
      Components({
        resolvers: [ElementPlusResolver()],
      }),
    ],
  })
```

unplugin-auto-import：用于自动导入，帮助我们在代码中自动引入需要的模块，而无须手动导入。

unplugin-vue-components：用于自动注册，帮助我们在代码中自动注册需要的组件，而无须手动注册。

ElementPlusResolver：用于解析 Element Plus 组件的一个解析器，作为配置项传入两个插件中。配置之后我们可以在代码中直接使用 Element Plus 的组件，而无须手动导入。修改完 vite.config.ts 配置文件后，重新启动项目，使配置文件生效。

（4）在 main.ts 引入。

在使用按需引入的方式时，Element Plus 的组件会自动挂载处理，无须在 main.ts 中引入。但是 Element Plus 的样式文件需要我们手动引入。

修改 main.ts，添加如下内容：

```
import 'element-plus/dist/index.css'; //引入样式
```

12.11　配置环境变量

环境变量是在应用程序运行时，由操作系统或应用程序提供的动态的值。在 Vite 中，环境变量允许我们在不同的环境中配置和使用不同的值，从而在开发、测试和生产等不同的场景下灵活地配置应用程序。例如，可以在开发环境、测试环境和生产环境下分别设置不同的数据库连接信息、API 密钥或其他配置参数。

（1）开发环境：用于应用程序的开发阶段。当运行 yarn dev 或类似的命令时，会启动一个本地开发服务器，开发人员可以在本地进行代码编写、调试和测试。这个环境通常具有更多的日志和调试信息，方便开发人员查看应用程序的运行状态，也方便进行快速迭代和调试。

（2）测试环境：用于应用程序的测试阶段。当运行 npm run build 或类似的命令进行打包时，可以将打包后的代码部署到测试服务器或测试环境中进行测试。这个环境是模拟生产环境的，测试团队可以对应用程序进行系统测试、回归测试、性能测试等，以验证应用程序的功能是否正确，性能是否符合预期，并发现潜在的问题和缺陷。

（3）生产环境：用于最终部署和运行应用程序。在生产环境中，会将经过打包的代码部署到生产服务器、云服务器或数据中心中，并通过域名或 IP 地址对外提供服务。

12.11.1　新建环境变量文件

在项目根目录下新建 .env、.env.development 和 .env.production 文件。

（1）.env 文件是所有环境中通用的环境配置文件，其中定义的环境变量将在所有环境（开发环境和生产环境）中生效。

（2）.env.development 文件是用于开发环境的环境配置文件，其中定义的环境变量将只在开发环境中生效。

（3）.env.production 文件是用于生产环境的环境配置文件，其中定义的环境变量将只在生产环境中生效。

12.11.2　定义环境变量

Vite 中的环境变量需要以"VITE_"前缀开头，否则无法正确识别。修改.env.development 文件，内容如下所示：

```
VITE_BASE_URL = '//127.0.0.1:9000/api'
```

这样，你就定义了一个名为 VITE_BASE_URL 的环境变量，其值为//127.0.0.1:9000/api。

12.11.3　定义变量 ts 类型

修改 src 目录下的 vite-env.d.ts 文件，内容如下所示。

```
///< reference types = "vite/client" />
interface ImportMetaEnv {
  readonly VITE_BASE_URL: string;
}

interface ImportMeta {
  readonly env: ImportMetaEnv;
}
```

///< reference types = "vite/client" />引入了 vite/client 类型的声明文件，以便在 TypeScript 代码中使用 Vite 特定的类型。

ImportMetaEnv 接口定义了一个只读的 VITE_BASE_URL 字符串类型的环境变量。

ImportMeta 接口定义了一个只读的 env 属性，类型为 ImportMetaEnv，用于访问导入的环境变量。

之后如果需要添加新的环境变量，在 ImportMetaEnv 中新增对应的类型即可。

12.11.4　使用变量

在项目中的代码中通过 import.meta.env 对象来访问环境变量，例如访问 VITE_BASE_URL 环境变量的值。

```
import.meta.env.VITE_BASE_URL
```

12.11.5　在 vite.config.ts 中使用环境变量

修改 vite.config.ts 文件，使用 loadEnv 读取环境变量。

```
import { defineConfig, loadEnv } from 'vite'; //新增 loadEnv
//...

export default ({ mode }) => {
  console.log('mode', loadEnv(mode, process.cwd()).VITE_BASE_URL);
  return defineConfig({
      //...
  });
};
```

使用 yarn dev 命令启动项目，读取.env 与.env.development 的内容。启动时，可以在终端中看到打印信息"mode //127.0.0.1:9000/api"。

vite.config.ts 的完整示例如下：

```
import { defineConfig, loadEnv } from 'vite';
import vue from '@vitejs/plugin-vue';
import path from 'path';                          //这个 path 用到了上面安装的@types/node
import AutoImport from 'unplugin-auto-import/vite';
import Components from 'unplugin-vue-components/vite';
import { ElementPlusResolver } from 'unplugin-vue-components/resolvers';

export default ({ mode }) => {
  console.log('mode', loadEnv(mode, process.cwd()).VITE_BASE_URL);
  return defineConfig({
    plugins: [
      vue(),
      AutoImport({
        resolvers: [ElementPlusResolver()],
      }),
      Components({
        resolvers: [ElementPlusResolver()],
      }),
    ],
    //这里进行配置别名
    resolve: {
      alias: {
        '@': path.resolve('./src'),         //@代替 src
        '#': path.resolve('./types'),       //#代替 types
      },
    },
    //增加 scss 相关配置
    css: {
      preprocessorOptions: {
        scss: {
          additionalData: '@import "@/assets/styles/index.scss";',
        },
      },
    },
  });
};
```

12.12　配置 axios

axios 是一个基于 Promise 的 JavaScript HTTP 客户端，用于在浏览器和 Node.js 环境中发送 HTTP 请求。它的作用是简化前端与后端之间的数据交互过程，使得在应用程序中进行 HTTP 请求变得更加方便和高效。

12.12.1　安装 axios

```
yarn add axios
```

12.12.2　新建 axios 实例

在 src 目录下新建一个 utils 文件夹，并在其中新建一个 axios.ts 文件。在 axios.ts 文件中，添加以下代码：

```
import axios from 'axios';

/*
 * 创建实例
 * 与后端服务通信
 */
const HttpClient = axios.create({
  baseURL: import.meta.env.VITE_BASE_URL,
});

/**
 * 请求拦截器
 * 功能：配置请求头
 */
HttpClient.interceptors.request.use(
  (config) => {
    const token = '222';
    config.headers.authorization = 'Bearer ' + token;
    return config;
  },
  (error) => {
    console.error('网络错误，请稍后重试');
    return Promise.reject(error);
  },
);

/**
 * 响应拦截器
 * 功能：处理异常
 */
HttpClient.interceptors.response.use(
```

```
  (config) => {
    return config;
  },
  (error) => {
    return Promise.reject(error);
  },
);

export default HttpClient;
```

上述代码中，使用 axios.create 方法创建了一个名为 HttpClient 的实例，并通过 baseURL 属性设置了请求的基础 URL。基础 URL 的值 import.meta.env.VITE_BASE_URL 是 12.11.2 节配置的环境变量，值为//127.0.0.1:9000/api。

通过 HttpClient.interceptors.request.use 方法设置了请求拦截器，它可以在发送请求之前对请求进行处理。在这个例子中，我们向请求头中添加了一个名为 authorization 的字段，用于传递身份验证信息。这里的身份验证信息是一个简单的示例，可以根据实际情况进行修改。

通过 HttpClient.interceptors.response.use 方法设置了响应拦截器，它可以在接收到响应之后对响应进行处理。在这里我们没有对响应做任何处理，只是简单地将其返回。

通过配置请求拦截器和响应拦截器，可以实现全局的请求配置和错误处理。这样可以减少代码重复，并提供一致的错误处理机制。

最后，导出了 HttpClient 实例，以便在其他文件中使用该实例进行网络请求。

12.12.3　接口类型

为了更好地组织和管理 API 相关的请求配置，在 src 文件夹下创建一个名为 apis 的文件夹，专门用于存放与 API 请求相关的配置文件。在 apis 文件夹中，进一步创建一个名为 model 的文件夹，用于存放请求接口以及接口返回的数据类型的定义。

在 model 文件夹中，创建一个名为 userModel.ts 的文件，用于定义与用户接口相关的数据类型。

```
//定义请求参数
export interface ListParams {
  id: number;                          //用户 id
}

export interface RowItem {
  id: number;                          //文件 id
  fileName: string;                    //文件名
}

//定义接口返回数据
export interface ListModel {
  code: number;
  data: RowItem[];
}
```

ListParams 接口定义了请求参数的数据类型。其中包括了一个 id 字段,表示用户的 ID。

RowItem 接口定义了每个文件的数据类型。它包括了一个 id 字段(表示文件的 ID)和一个 fileName 字段(表示文件的名称)。

ListModel 接口定义了接口返回的数据类型。它包括了一个 code 字段(表示返回的状态码)和一个 data 字段(表示返回的数据列表,其中每个数据项都符合 RowItem 接口的定义)。

通过这些定义,我们可以在代码中使用这些数据类型来明确指定请求参数和接口返回的数据结构,从而帮助我们在编码过程中进行类型检查,减少潜在的错误和调试的时间。

12.12.4 定义请求接口

在 apis 文件夹下新建 user.ts 文件,专门存放用于请求用户数据的接口。

```
import HttpClient from '../utils/axios';
import type { ListParams, ListModel } from './model/userModel';

export const getList = (params: ListParams) => {
  return HttpClient.get<ListModel>('/list', { params });
};
```

通过 import 语句引入了 HttpClient,封装了 axios 的实例,用于发送 HTTP 请求。

使用 import type 语句引入了 ListParams 和 ListModel 两个数据类型,它们分别表示了请求参数和接口返回的数据结构。

定义了 getList 函数,该函数接收一个名为 params 的参数,其类型为 ListParams,表示请求的参数。在函数体内,使用 HttpClient 的 get 方法来发送一个 GET 请求。该请求的路径为'/list',加上创建 axios 实例时配置的 baseURL,因此实际请求路径为//127.0.0.1:9000/api/list,其中的 127.0.0.1:9000 是服务器的地址。接着,将请求参数通过对象字面量{ params }的方式传递给 API 接口。该请求返回的数据类型为 ListModel。

12.12.5 使用接口

修改 Login.vue 文件,添加 script 区域的代码,内容如下所示。

```
<script setup lang="ts">
import { getList } from '@/apis/user';

getList({ id: 2 });
</script>
```

添加完成后,访问 http://127.0.0.1:5173/login 页面,在 Chrome 的控制面板 Network 中选择 Fetch/XHR 选项,可以看到请求了接口 http://127.0.0.1:9000/api/list?id=2,如图 12-6 所示。

这里接口飘红报错很正常,因为缺少相应的接口服务。在项目中,接口服务通常由后台提供。

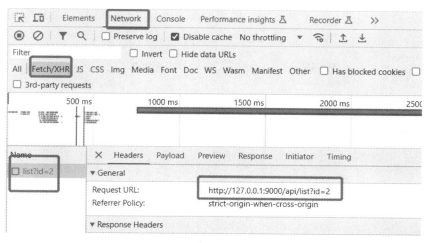

图 12-6　请求接口

12.13　打包配置

通过调整 Vite 的打包配置，可以优化打包后的文件大小、性能和部署效果。

12.13.1　分包

通过 () => import() 形式加载的路由会自动分包，如运行 npm run build 对项目进行打包。打包后的提示信息如图 12-7 所示。

```
dist/index.html                    0.45 kB │ gzip:  0.30 kB
dist/assets/Login-32e19ef3.css    23.92 kB │ gzip:  3.78 kB
dist/assets/index-f96ac21d.css   322.83 kB │ gzip: 43.79 kB
dist/assets/Home-e26722c2.js       0.80 kB │ gzip:  0.50 kB
dist/assets/Login-5fb67976.js     53.04 kB │ gzip: 20.17 kB
dist/assets/index-77466ff7.js     86.88 kB │ gzip: 34.63 kB
✓ built in 9.68s
```

图 12-7　打包后的提示信息

根据提示信息，我们可以观察到打包后的文件都存放在项目根目录的 dist 文件夹中。其中，我们的路由页面 Home.vue 和 Login.vue 也被打包成了两个 JavaScript 包。这些 JavaScript 包的命名规则是由文件名加上根据内容生成的哈希值组成。

如果我们在组件中定义了 name 属性，那么生成的包名将会根据该属性的值来命名，而不是使用文件名作为包名。这样可以更灵活地控制打包后的包名。

提示：在打包过程中，可以在终端中看到打印信息"mode undefined"。这是通过之前定义的 console.log('mode', loadEnv(mode, process.cwd()).VITE_BASE_URL)；进行打印的内容。之所以会出现 undefined 的值，是因为我们之前只在 .env.development 文件中定义了变量 VITE_BASE_URL = '//127.0.0.1:9000/api'，而在 .env.production 文件中没有定义该变量。由于打包的代码是针对生产环境，因此打印出来的值会是 undefined。

对于第三方插件，我们需手动分包。修改 vite.config.ts 文件，增加打包配置。

```
export default ({ mode }) => {
  return defineConfig({
    //... 其他已添加的内容
    //新增打包相关的配置
    build: {
      rollupOptions: {
        output: {
          manualChunks: {
            vue: ['vue', 'pinia', 'vue-router'],
          },
        },
      },
    },
  });
};
```

manualChunks 选项用于手动指定需要单独打包的模块。我们在配置中使用 manualChunks 将 vue、pinia 和 vue-router 这三个模块指定为一个单独的 Chunk，也就是单独生成一个 JavaScript 文件。通过将这些模块单独打包，可以让浏览器在加载页面时首先加载这些常用模块，而不必每次都加载主应用程序的所有代码。这样能够减少页面加载时间，提升用户体验。

再次运行 npm run build 对项目进行打包，可以看到 index-哈希值.js 文件的体积变小了，新增了一个 vue-哈希值.js 文件。

12.13.2 生成 gz 文件

gz 文件是一种压缩文件格式，它使用 GNU 的 gzip 压缩算法对文件进行压缩。压缩后的文件较小，可以减少存储空间和网络传输的带宽消耗。

1. 安装相关插件

```
yarn add vite-plugin-compression -D
```

vite-plugin-compression 是一个 Vite 插件，用于在打包时对静态资源进行压缩，以减少文件大小和优化加载速度。

2. 修改 vite.config.ts

默认情况下，插件均会在开发（serve）模式和生产（build）模式下被调用。为了指定它只在 build 或 serve 模式下被调用，可以使用 apply 属性进行设置。

在这里，由于只需在打包时使用 gz 插件，所以可以将该插件的应用范围限制在打包过程中。这样可以确保只有在构建过程中才会生成 gz 文件，减少了开发过程中的额外处理和资源消耗。

```
import viteCompression from 'vite-plugin-compression'

  plugins: [
```

```
    //在插件选项中,新增一个对象,用来配置 vite-plugin-compression
  {
    ...viteCompression(),
    apply: 'build',
  },
],
```

运行 yarn run build 进行打包,从 dist 文件夹下的 assets 文件夹中可以看到除了普通的 js 文件,还生成了一份对应的 gz 压缩文件。

12.13.3　js 和 css 文件夹分离

打包目录 dist 文件夹中,js 文件与 css 文件都在 assets 文件夹下,为了更高的区分与管理,我们通过配置,使其打包生成时放到不同目录中。在 vite.config.ts 中进行修改,在 build 的 output 下添加如下 3 行配置。

```
chunkFileNames: "static/js/[name]-[hash].js",
entryFileNames: "static/js/[name]-[hash].js",
assetFileNames: "static/[ext]/[name]-[hash].[ext]",
```

其中,[ext]表示文件的扩展名,[name]表示文件名,[hash]表示根据内容生成的哈希值。chunkFileNames 表示生成的 JavaScript chunk 文件的命名规则,用于异步加载的模块或动态引入的模块。entryFileNames 表示入口文件的命名规则,用于应用程序的入口文件。assetFileNames 表示静态资源文件的命名规则,如图片、字体等。

配置完之后再进行打包,可以看到 dist 文件夹下 static 文件中,分为了 js 文件夹与 css 文件夹,分别用来存放 js 文件与 css 文件。

最终 vite.config.ts 的结构如下所示。

```
import { defineConfig, loadEnv } from 'vite';
import vue from '@vitejs/plugin-vue';
import path from 'path'; //这个 path 用到了上面安装的@types/node
import AutoImport from 'unplugin-auto-import/vite';
import Components from 'unplugin-vue-components/vite';
import { ElementPlusResolver } from 'unplugin-vue-components/resolvers';
import viteCompression from 'vite-plugin-compression';

export default ({ mode }) => {
  console.log('mode', loadEnv(mode, process.cwd()).VITE_BASE_URL);
  return defineConfig({
    plugins: [
      vue(),
      AutoImport({
        resolvers: [ElementPlusResolver()],
      }),
      Components({
        resolvers: [ElementPlusResolver()],
      }),
      {
```

```
      ...viteCompression(),
      apply: 'build',
    },
  ],
  //配置别名
  resolve: {
    alias: {
      '@': path.resolve('./src'), //@代替 src
      '#': path.resolve('./types'), //#代替 types
    },
  },
  //增加 scss 相关配置
  css: {
    preprocessorOptions: {
      scss: {
        additionalData: '@import "@/assets/styles/index.scss";',
      },
    },
  },
  build: {
    rollupOptions: {
      output: {
        chunkFileNames: 'static/js/[name]-[hash].js',
        entryFileNames: 'static/js/[name]-[hash].js',
        assetFileNames: 'static/[ext]/[name]-[hash].[ext]',
        manualChunks: {
          vue: ['vue', 'pinia', 'vue-router'],
        },
      },
    },
  },
});
};
```

12.14　Vite 与 Webpack 使用区别

12.14.1　静态资源处理

在 Webpack 中，可以使用 require 函数来处理模块的导入。require 是 Node.js 中的模块加载函数，用于在运行时动态加载模块。

在 Vite 中，由于采用了 ES 模块的原生导入方式，可以使用 new URL(url, import.meta.url).href 来处理模块的导入。import.meta.url 包含了当前 ES 模块的绝对路径，而 new URL(url, import.meta.url).href 则根据给定的相对路径和基准路径构造出一个新的绝对路径。通过这种方式，可以在 Vite 中准确地确定模块的绝对路径，并进行动态加载和导入操作。

例如，在 script 区域动态引入图片：

```
new URL('../assets/images/home.png', import.meta.url).href
```

12.14.2　组件自动化注册

组件自动化注册是一种在项目中自动注册组件的技术，可以减少手动注册组件的工作量，提高开发效率。它通过扫描指定目录下的组件文件，自动将其注册为全局或局部组件，使组件可以在应用程序中直接使用，而无须手动导入和注册。

1. Webpack

```html
<script>
const path = require('path');
//读取@/components/BaseEchartsModel 路径下所有.vue 文件
const files = require.context('@/components, false, /\.vue$/);   ①
const modules = {};                                             ②
files.keys().forEach((key) => {                                 ③
  const name = path.basename(key, '.vue');
  modules[name] = files(key).default || files(key);
});
export default {
  components: modules,
};
</script>
```

代码第①行使用 require.context 函数创建了一个上下文，用于读取指定目录 @/components 下的所有.vue 文件。require.context 函数的第二个参数表示是否递归子目录，这里设置为 false，表示只读取当前目录下的文件；第三个参数是一个正则表达式，用于过滤文件的扩展名。

代码第②行创建一个空对象 modules，用于存储组件的模块。

代码第③行通过 files.keys 方法获取所有文件的路径列表，并使用 forEach 方法遍历每个文件。循环体中使用 path.basename 函数获取文件的基础名称，即去除文件路径和扩展名后的部分，将剩下部分作为组件的名称。将每个组件文件的默认导出或整个模块对象赋值给 modules 对象的对应属性，属性名为组件的名称。最后，通过 export default 导出一个对象，包含了组件的名称和自动注册的组件模块。

通过上述代码，可以实现自动将 components 目录下的所有.vue 文件注册为局部组件，并在当前组件中使用它们。这样，无须手动导入和注册每个组件，即可使用和管理组件。

提示：这段配置了解即可，这里主要讲如何使用 Vite。

2. Vite

```html
<script setup lang="ts">
//读取@/components/BaseEchartsModel 下所有.vue 文件
import.meta.glob('@/components/*.vue');
</script>
```

相比于 Webpack，在 Vite 中使用组件自动化注册方便了许多。import.meta.glob 是 Vite 特有的功能，它返回一个 Promise 对象，该 Promise 对象在运行时解析指定的 glob 表达式，并返回匹配的模块。上述代码导入的是 components 目录下的所有.vue 文件。

第 13 章　Web 端管理系统：权限管理

Vue 权限管理是现代前端开发中非常重要的一部分，它涵盖了多个方面，包括路由权限、接口权限、菜单栏权限和按钮权限等。在复杂的前端应用程序中，权限管理可以帮助开发者控制用户对不同功能和资源的访问权限，从而实现安全可靠的用户体验。

（1）路由权限是指根据用户的角色和权限动态生成路由表，只有具有相应权限的用户才能访问特定的路由页面。这可以有效地保护敏感信息和功能，防止未授权用户访问受限资源。

（2）接口权限是针对网络请求的权限控制，确保用户只能访问其被授权的接口。通过接口权限管理，可以避免用户越权操作和未经授权的数据泄露。

（3）菜单栏权限用于控制用户在侧边栏或导航菜单中看到哪些功能项。不同角色的用户可以有不同的菜单栏展示，从而简化用户界面并提高用户体验。

（4）按钮权限是控制用户在页面中哪些按钮或操作可以使用。这对于复杂的交互式页面非常重要，可以确保用户只能执行其具有权限的操作。

13.1　后端设计（使用 Koa 框架）

Koa 是一个现代的 Node.js 后端框架，它是由 Express 团队开发的下一代 Web 框架。Koa 采用了异步的中间件机制，提供了更加简洁、灵活和易于扩展的编程方式。它旨在帮助开发者构建高效、可靠、功能丰富的 Web 应用程序和 API。

以下是 Koa 的一些特点：

（1）中间件。Koa 使用异步的中间件机制，使处理请求的代码可以以更加优雅和简洁的方式编写。开发者可以通过 async/await 或 Promise 语法来处理异步操作，提高代码的可读性和可维护性。

（2）轻量级。Koa 的核心代码库非常小巧，只提供了最基本的功能。它没有捆绑过多的功能，因此更加轻量级，同时也允许开发者自由地选择并添加所需的中间件和插件。

（3）洋葱模型。Koa 的中间件机制遵循洋葱模型，即请求从最外层的中间件开始处理，然后逐层向内传递，最后返回响应。这种模型使得中间件的顺序非常重要，方便开发者在中间件链中灵活地处理请求和响应。

（4）强大的扩展性。Koa 提供了丰富的中间件和插件生态系统,开发者可以根据自己的需求选择合适的中间件来增加功能。同时,开发者也可以编写自己的中间件来实现特定的功能。

（5）高性能。Koa 采用了异步的非阻塞 I/O 操作,以及优化的事件驱动机制,因此具有较高的性能和并发处理能力。

13.1.1　搭建后端服务

1. 初始化项目

新建文件夹 koa,并使用 VS Code 打开该文件夹。然后新建终端,并在终端中运行以下命令。

```
npm init - y
```

npm init 会在当前目录下生成一个新的 package.json 文件,其中包含了一些默认的配置信息,如项目名称、版本号和入口文件等。

通过使用-y 参数,Npm 会自动采用默认值,并且不会询问任何关于项目的配置问题,这样可以快速地创建一个新的 Npm 项目。

2. 安装 Koa

在终端中运行以下命令,安装 Koa。

```
yarn add koa
```

上述命令会自动从 Yarn 的软件仓库中下载 Koa 包及其依赖,并将它们保存在项目的 node_modules 目录下。完成安装后,就可以在项目中使用 Koa 框架开发 Web 应用。

3. 创建入口文件

在项目根目录下创建文件 app.js,作为服务的入口文件。

4. 引入 Koa

在入口文件 app.js 中引入 Koa,并创建一个新的 Koa 实例。app.js 内容如下所示。

```
const Koa = require('koa');
const app = new Koa();
```

5. 定义中间件

在 Koa 中,中间件(middleware)是一个函数或一组函数,它们按照特定的顺序依次被执行,用于处理请求和响应。中间件可以在请求到达服务器和发送给客户端之间进行处理,它可以对请求进行预处理、修改响应、执行一些操作,并将请求传递给下一个中间件或最终的处理程序。

可以将中间件简单理解为食物加工厂的工序,如冲洗、削皮、切丝等,通过一个个工序(每个工序都是相对独立的,可以根据实际需求进行组合和调整),最终将食物加工成我们想要的样子。某些中间件可能是针对特定功能或特定环节的,如认证中间件用于验证用户身份、日志记录中间件用于记录请求日志等。通过合理的组合和使用，可以将请求处理过程拆分成多个可复用的部分，使代码更加清晰、易于维护。

使用 app.use 方法定义中间件。在 app.js 中添加如下内容。

```
app.use(async (ctx, next) => {
  //处理请求
  ctx.body = "这是一个应用中间件";
  //调用下一个中间件
  await next();
});
```

ctx 是 Koa 的上下文(context)对象，它包含了请求和响应的相关信息。可以通过 ctx 对象获取请求的参数、请求头、请求体，设置响应内容、响应头等。

next 是一个函数，用于将请求传递给下一个中间件。当中间件执行完成后，必须调用 await next()继续执行下一个中间件。如果不调用 next()，则后续的中间件将不会被执行，导致请求处理过程中止。

上述中间件函数的作用是处理请求，并将响应内容设置为"这是一个应用中间件"，然后通过调用 await next()，将请求传递给下一个中间件或最终的处理程序。

6. 启动服务

使用 app.listen 方法启动服务，并监听指定的端口。在 app.js 中添加如下内容。

```
app.listen(4000,() => {
    console.log('server is listening on port 4000')
})
```

最终 app.js 文件内容为：

```
const Koa = require("koa");
const app = new Koa();

app.use(async (ctx, next) => {
  //处理请求
  ctx.body = "这是一个应用中间件";
  //调用下一个中间件
  await next();
});

app.listen(4000, () => {
  console.log("server is listening on port 4000");
});
```

7. 安装 nodemon

nodemon 是一个用于监视 Node.js 应用程序文件变化并自动重启应用的工具。它在开发过程中非常有用，可以让开发者在修改代码后无须手动重启应用，而是由 nodemon 自动完成重启。

在终端中运行以下命令，全局安装 nodemon。

```
yarn add nodemon -g
```

修改 package.json：在 package.json 文件中添加一个启动脚本，用于使用 nodemon 来运行应用程序。在 scripts 字段中添加以下代码：

```
"scripts": {
  "start": "nodemon app.js",
}
```

8. 运行服务

在终端中运行以下命令，启动服务。

```
yarn start
```

现在，你已经成功使用 Koa 搭建了一个简单的服务，nodemon 会监视项目中的文件变化，并在文件发生更改时自动重启应用。当访问 http://localhost:4000 时，将会得到响应"这是一个应用中间件"，如图 13-1 所示。

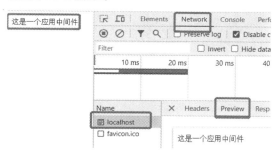

图 13-1　访问 http://localhost:4000

13.1.2　使用路由中间件

路由中间件是处理 HTTP 请求的中间件，用于将请求路由到不同的处理程序或控制器函数，以根据请求的 URL 和 HTTP 方法执行相应的操作。

例如，当收到 GET 请求并访问"/users"路径时，路由中间件可以将请求路由到处理"获取用户列表"的处理程序函数。而当收到 POST 请求并访问"/users"路径时，路由中间件可以将请求路由到处理"创建新用户"的处理程序函数。

1. 安装 koa-router

koa-router 是 Koa 框架的一个中间件，用于实现路由功能，帮助开发者更方便地处理不同 URL 路径的请求，并将它们映射到相应的处理程序。在终端中运行以下命令，安装 koa-router。

```
yarn add koa-router
```

2. 新建 routes/index.js

新建 routes 文件夹，专门存放路由相关配置。在 routes 文件夹下新建 index.js 文件，内容如下所示。

```javascript
const router = require("koa-router")();
let accessToken = "init_s_token";          //定义 token
let role = "";                              //定义用户等级
let menus = [];                             //定义菜单列表

/* 5s 刷新一次 token */
setInterval(() => {
  accessToken = "s_tk" + Math.random();
}, 5000);

/* 登录接口获取 token */
router.get("/login", async (ctx) => {
  const { name } = ctx.query;
  switch (name) {
    case "admin":
      role = "admin";
      menus = ["home", "about", "manage"];  //管理员能看到首页、说明页和管理页
      break;
    default:
      role = "visitor";
      menus = ["home", "about"];            //游客只能看到首页和说明页
      break;
  }
  ctx.body = {
    accessToken,
    role,
    menus,
  };
});

/* 获取应用数据 */
router.get("/getData", async (ctx) => {
  const { authorization } = ctx.headers;
  if (authorization !== accessToken) {
    ctx.body = {
      returncode: 104,
      info: "token 过期,重新登录",
    };
  } else {
    ctx.body = {
      code: 200,
      returncode: 0,
      data: { id: Math.random() },
    };
  }
});

module.exports = router;
```

上述代码中，首先，通过 require("koa-router")() 创建了一个新的路由实例，即 router。然后定义了 3 个变量：①accessToken，用于存储 token，初始值为 init_s_token；②role，用于存储用户等级，初始值为空字符串；③menus，用于存储菜单列表，初始值为空数组。

接下来，通过 setInterval 函数定时刷新 accessToken，每隔 5s 重新生成一个随机的 token。

然后，定义了一个登录接口 /login，当接收到请求时，根据传入的 name 参数判断用户类型：如果是 "admin"，则设置 role 为 "admin"，此时 menus 为管理员能看到的菜单列表；否则设置 role 为 "visitor"，此时 menus 为游客能看到的菜单列表。随后将 accessToken、role 和 menus 作为响应返回。

再定义了一个获取应用数据的接口 /getData，当接收到请求时，通过头部 authorization 获取传入的 token，并与 accessToken 进行对比，如果相符，则返回应用数据，否则返回一个过期的提示信息。

最后一行代码通过 module.exports 将 router 导出，以便在其他文件中使用。

3. 修改 app.js

将原先的应用中间件代码删掉，替换为路由中间件。

```
//删除
app.use(async(ctx,next) =>{
    ctx.body = "这是一个应用中间件";
    await next()
})
//新增
const router = require("./routes/index");
app.use(router.routes(), router.allowedMethods());
```

通过 app.use 方法将 router.routes() 和 router.allowedMethods() 中间件添加到应用程序中。router.routes() 用于注册路由处理函数，而 router.allowedMethods() 用于处理不同 HTTP 方法的请求，并在必要时返回相应的错误状态码和头部信息。

注册完路由中间件之后，在浏览器中访问 http://localhost:4000/login，将会得到响应 accessToken、role 和 menus 三个字段的返回值。在浏览器中访问 http://localhost:4000/getData，因为请求头部没有添加 authorization 字段，因此将会得到响应 returncode 和 info 两个字段的返回值。

13.1.3　处理跨域

了解跨域前，首先得先了解什么是同源策略。

1. 同源策略

同源策略要求网页的协议（http 或 https）、域名和端口必须完全相同，否则就会触发跨域限制。

示例 1：同源示例。

假设有两个 URL：

```
URL1: http://www.example.com/index.html
URL2: http://www.example.com/about.html
```

由于这两个 URL 的协议、域名和端口号完全相同，它们是同源的。

示例 2：跨域示例。

假设有两个 URL：

```
URL1: http://www.example.com/index.html
URL2: http://api.example.com/data
```

这两个 URL 的协议、域名相同，但端口号不同，URL1 使用默认的 80 端口 www，而 URL2 使用了非默认的端口 api。由于端口号不同，它们被视为不同源，属于跨域请求。

示例 3：跨协议示例。

假设有两个 URL：

```
URL1: https://www.example.com/index.html
URL2: http://www.example.com/about.html
```

这两个 URL 的协议不同，一个是 https，一个是 http，因此它们属于不同源，是跨域请求。

示例 4：跨域示例。

假设有两个 URL：

```
URL1: http://www.example.com/index.html
URL2: https://api.example.com/data
```

这两个 URL 的协议和域名不同，因此它们是跨域请求。

2. 跨域资源共享 koa2-cors

跨域请求不能发送普通的 XMLHttpRequest 或 Fetch 请求，但可以通过跨域资源共享 (CORS)设置服务器允许的跨域请求。CORS 是一种安全机制，它允许服务器指定哪些源可以访问其资源。koa2-cors 是一个 Koa 框架的中间件，用于处理跨域资源共享问题。

（1）使用 yarn 安装 koa2-cors。

```
yarn add koa2 - cors
```

（2）修改 app.js。

```
//新增
const cors = require('koa2 - cors');
app.use(cors());
```

最终 app.js 文件内容为：

```
const Koa = require("koa");
const app = new Koa();
```

```
const router = require("./routes/index");
const cors = require('koa2-cors');

app.use(cors());
app.use(router.routes(), router.allowedMethods());

app.listen(4000, () => {
  console.log("server is listening on port 4000");
});
```

13.2 前端设计

13.2.1 定义使用到的常量

（1）在 src 目录下新建 config 文件夹，并在 config 文件夹下新建 constant.ts 文件，定义一些常用的变量，内容如下所示。

```
//localStorage 存储字段

export const ACCESS_TOKEN = 'tk';          //存 token

export const ROLE = 'role';                //存用户等级

export const MENUS = 'menus';              //存菜单列表

//HTTP 请求头字段

export const AUTH = 'authorization';
```

（2）在 config 文件夹下新建 returnCodeMap.ts 文件，定义约定的接口状态码，内容如下所示。

```
//接口状态码

export const CODE_LOGGED_OTHER = 106;      //在其他客户端被登录

export const CODE_RELOGIN = 104;           //重新登录
```

（3）在 config 文件夹下新建 menus.ts 文件，定义菜单栏，内容如下所示。

```
const menus = [
  {
    path: '/home',
    key: 'home',
    name: '首页',
  },
  {
    path: '/about',
    key: 'about',
```

```
      name: '说明页',
    },
    {
      path: '/manage',
      key: 'manage',
      name: '管理页',
    },
  ];

  export default menus;
```

13.2.2 配置 axios

在第 12 章搭建企业级应用框架中，我们已经安装了 axios，现在做一些调整。

1. 配置基础路径

在 utils/axios.ts 文件中，axios 的基础路径为 import.meta.env.VITE_BASE_URL，即读取的是环境变量 VITE_BASE_URL 的值。修改 .env.development 文件内 VITE_BASE_URL 的值，改为：

```
VITE_BASE_URL = '//127.0.0.1:4000'
```

其中，127.0.0.1 是本地回环地址（loopback address），也称为 localhost。它是一个特殊的 IP 地址，指向本机的网络接口。在计算机网络中，该地址用于访问本机上运行的网络服务。4000 为端口号（因为 Koa 本地 Web 服务的端口号为 4000）。

2. 配置网络请求

在 apis 文件夹下新建 login.ts 文件，内容如下所示。

```
//定义接口
import HttpClient from '../utils/axios';

/* 登录接口 */
export const getLogin = (params: { name: string }) => {
  return HttpClient.get('/login', { params: params });
};

/* 获取应用数据接口 */
export const getData = () => {
  return HttpClient.get('/getData');
};
```

getLogin 函数用于发送登录接口的 GET 请求。它接收一个参数 params，这个参数是一个对象，包含一个 name 字段，用于指定登录用户名。然后，使用 HttpClient 调用 get 方法发送 GET 请求，请求的 URL 是 '/login'，加上配置的基础路径，实际请求的 URL 是 '//127.0.0.1:4000/login'，并将 params 对象作为请求参数传递。

getData 函数用于发送获取应用数据接口的 GET 请求。同样使用 HttpClient 调用 get

方法发送 GET 请求,请求的 URL 是'/getData',加上配置的基础路径,实际请求的 URL 是
'//127.0.0.1:4000/getData'.

13.2.3　调整目录结构

一个管理系统需要登录页,登录之后使用嵌套路由,layout 用来布局,展示左侧菜单栏
和头部用户信息,右侧用来展示页面内容,这样在路由切换时,菜单栏和头部可以保持不变。

在 src 目录下新建 Layout.vue 文件,在 pages 目录下新建 Manage.vue 和 About.vue
文件。其中,Manage.vue 是只有管理员才能看到的页面,About.vue 是普通页面。

Layout.vue 内容如下所示。

```
<template>
  <router - view />
</template>
```

Manage.vue 内容如下所示。

```
<template>管理员才能看到的页面</template>
```

About.vue 内容如下所示。

```
<template>相关页</template>
```

13.2.4　调整路由

1. 修改路由配置文件

修改 router 文件夹下的 routes.ts 文件,内容如下所示。

```
//配置路由
const Login = () => import('../pages/Login.vue');
const Home = () => import('../pages/Home.vue');
const About = () => import('../pages/About.vue');
const Layout = () => import('../Layout.vue');

const routes = [
  {
    path: '/',
    redirect: '/home',
  },
  {
    path: '/login',
    component: Login,
  },
  {
    path: '/layout',
    name: 'Layout',
    component: Layout,
    children: [
      {
```

```
            path: '/home',
            name: 'Home',
            component: Home,
            //存放按钮权限信息
            meta: {
              btnPermissions: ['admin', 'visitor'],
            },
          },
          {
            path: '/about',
            name: 'About',
            component: About,
            meta: {
              btnPermissions: ['admin'],
            },
          },
        ],
      },
    ];

    export default routes;
```

通过路由懒加载（）=> import 的方式引入了 4 个 vue 文件。其中，Login 组件用于登录页面；Home 组件用于首页页面；About 组件用于关于页面；Layout 组件用于包裹其他页面组件。

第一个路由对象：

path：'/'：表示根路径，即默认打开网站时的路径。

redirect：'/home'：表示访问根路径时，会重定向到'/home'路径，即默认打开网站时会跳转到首页页面。

第二个路由对象：

path：'/login'：表示访问'/login'路径时，会渲染 Login 组件，即登录页面。

第三个路由对象：

path：'/layout'：表示访问'/layout'路径时，会渲染 Layout 组件，即布局组件。

name：'Layout'：给这个路由对象命名为'Layout'。

component：Layout：指定渲染的组件为 Layout 组件。

children：表示这个路由对象包含子路由。

子路由包含两个对象：

path：'/home'：表示访问'/home'路径时，会渲染 Home 组件，即首页页面。

path：'/about'：表示访问'/about'路径时，会渲染 About 组件，即关于页面。

meta：用于存放元数据，这里用于存放按钮权限信息，例如，btnPermissions：['admin', 'visitor']表示在首页页面的按钮，管理员与游客都可以访问；btnPermissions：['admin']表示在关于页面的按钮，只有管理员才可以访问。

2. 新增动态路由

在 router 文件夹下新建 dynamicRoute.ts 文件,内容如下所示。

```
//动态路由
const manage = {
  path: '/manage',
  name: 'manage',
  component: () => import('../pages/Manage.vue'),
};

export default manage;
```

这里单独定义管理页面的路由对象,如果判断为管理员,则手动将该路由对象挂载到全局路由上。

13.2.5　路由权限设置

情景: 当用户没有登录,直接访问页面时,重定向到登录页登录。

思路: 在路由全局前置钩子中,增加鉴权功能。

修改 src/router/index.ts 文件,内容如下。

```
//新增
import { ACCESS_TOKEN, ROLE, MENUS } from '../config/constant';

//在 router 下新增
router.beforeEach((to) => {
  if (to.path === '/login') {
    //在登录页清除存储信息
    localStorage.removeItem(ACCESS_TOKEN);
    localStorage.removeItem(ROLE);
    localStorage.removeItem(MENUS);
  }
  const token = localStorage.getItem(ACCESS_TOKEN);
  const menus = localStorage.getItem(MENUS);
  //没有 token 或 menus,则重定向到登录页
  if ((!token || !menus) && to.path !== '/login') {
    return '/login';
  }
});
```

在 Vue Router 中使用 beforeEach 导航守卫,实现了登录验证的逻辑。在用户访问非登录页时,会检查本地存储中是否有 ACCESS_TOKEN 和 MENUS,如果没有,则跳转到登录页,确保用户在没有登录的情况下无法访问受限页面。同时,在访问登录页时,会清除之前登录用户的本地存储信息,以便用户退出登录后清除登录信息。

13.2.6　接口权限设置

情景: 当 token 过期时,需用户重新登录。

思路: 在请求拦截器中,将 token 添加到请求头中; 在响应拦截器中,判断状态码决定

是否跳转到登录页。

1. 修改 src/utils/axios.ts

```typescript
import axios from 'axios';
//新增
import { CODE_LOGGED_OTHER, CODE_RELOGIN } from '../config/returnCodeMap';
import { ACCESS_TOKEN, AUTH } from '../config/constant';
import router from '../router';

/*
 * 创建实例
 * 与后端服务通信
 */
const HttpClient = axios.create({
  baseURL: import.meta.env.VITE_BASE_URL,
});

/**
 * 请求拦截器
 * 功能：配置请求头
 */
//修改
HttpClient.interceptors.request.use(
  (config) => {
    const { headers } = config;                              ①
    const tk = localStorage.getItem(ACCESS_TOKEN);          ②
    tk &&                                                   ③
      Object.assign(headers, {
        [AUTH]: tk,
      });
    return config;                                          ④
  },
  (error) => {
    return Promise.reject(error);
  },
);

/**
 * 响应拦截器
 * 功能：处理异常
 */
//修改
HttpClient.interceptors.response.use(
  (res) => {
    const { data } = res;
    if (data.returncode === CODE_RELOGIN || data.returncode === CODE_LOGGED_OTHER) {  ⑤
      router.push('/login');
      //清除动态路由缓存
      location.reload();
```

```
      }
      return res;
    },
    (error) => {
      return Promise.reject(error);
    },
  );

export default HttpClient;
```

（1）请求拦截器。

代码第①行：从 config 对象中解构出请求头 headers。

第②行：从本地存储中获取常量 ACCESS_TOKEN，即 tk，用户的身份凭证。

第③行：如果 tk 存在，表明用户已登录，则将用户的身份凭证 tk 添加到请求头中，字段名为常量 AUTH，即为 authorization。这样，在发送请求时，后端服务器可以通过 authorization 字段来识别用户身份。在 Koa 项目中，我们在/getData 中定义了相关取值，即 const { authorization } = ctx.headers;。

第④行：返回经过处理后的请求配置对象 config，使其继续发送请求。

（2）响应拦截器。

第⑤行：当接口自定义返回的状态码为 104 时，表示重新登录；状态码为 106 时，表示账号在其他客户端被登录，此时页面跳转到登录页，并清除动态路由缓存。

2. 修改 Login.vue

```
<template>
  <div>
    <div style="height: 170px; margin-top: 60px; text-align: center">XXXX 管理系统</div>
    <div style="text-align: center">
      姓名：<input v-model="user.name" />
      <br />
      密码：<input v-model="user.password" />
      <br />
      <button @click="sumbit">提交</button>
    </div>
  </div>
</template>

<script setup lang="ts">
import { reactive } from 'vue';
import { useRouter } from 'vue-router';
import { getLogin } from '../apis/login';
import { ACCESS_TOKEN, ROLE, MENUS } from '../config/constant';

const router = useRouter();
const user = reactive({ name: '', password: '' });
const sumbit = () => {
  getLogin(user).then((res) => {
```

```
    localStorage.setItem(ACCESS_TOKEN, res.data.accessToken);
    localStorage.setItem(ROLE, res.data.role);
    localStorage.setItem(MENUS, JSON.stringify(res.data.menus));
    router.push('/home');
  });
};
</script>
```

上述代码中，在 submit 方法中调用了 getLogin 方法发送登录请求，将用户输入的用户名和密码作为参数传递给后端。在登录成功后，将后端返回的登录信息（accessToken、role、menus）存储在本地的 localStorage 中，用于后续的身份验证和权限控制。最后，使用 router. push('/home')跳转到首页页面。

例如，输入用户名 admin，密码为 123，然后单击提交按钮，从浏览器控制台 Network 选项中查看提交的网络请求地址，如图 13-2 所示。

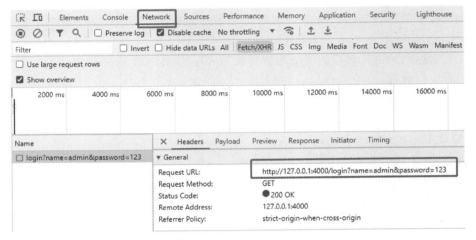

图 13-2　网络请求地址

从图 13-2 中可以看出，请求的地址为 http://127.0.0.1:4000/login?name=admin&password=123。网络请求返回结果可以从 Preview 选项中查看，如图 13-3 所示。

图 13-3　网络请求返回结果

在登录成功后，将后端返回的登录信息（accessToken、role、menus）存储在本地的 localStorage 中，可从 Application 选项中查看，如图 13-4 所示。其中，tk 代表 token 值，role 代表身份权限，menu 代表该身份下可查看的菜单。

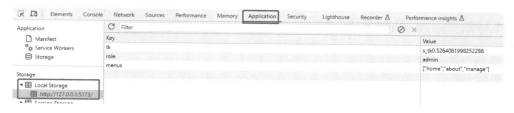

图 13-4　本地的 localStorage

3. 修改 Home.vue

```
<template>
  <div class = "home">
    Home 页面
    {{ id }}
    <button @click = "sumbit">提交</button>
  </div>
</template>

<script setup lang = "ts">
import { ref } from 'vue';

import { getData } from '../apis/login';

const id = ref(0);

const sumbit = () = > {
  getData().then((res) = > {
    id.value = res.data.data.id;
  });
};
</script>
```

在用户登录成功后，如果在首页停留超过 5s（服务端将 token 设置为 5s 的过期时间），并在之后单击了提交按钮，后端会检查 token 是否过期。若 token 过期，则返回相应的过期状态码，此时，Axios 响应拦截器会根据状态码自动跳转到登录页。

如果在 5s 内单击了提交按钮，则会成功获取接口返回的 id，并将其显示在页面上。

提示：在此例中，服务端仅模拟了 token 的生成和过期时间的处理。在实际开发中，为了更安全和可扩展的身份验证机制，可以结合 JSON Web Token(JWT)生成和管理 token。

JWT 是一种开放标准（RFC 7519），定义了一种紧凑且自包含的方式，用于在各方之间安全地传输信息。它由头部、载荷和签名三部分组成。其中，载荷部分包含用户的身份信息和其他相关数据；签名部分用于验证 token 的真实性和完整性。

使用 JWT 可以有效地将用户的身份信息加密在 token 中，并由服务端进行签名和验证，从而避免了服务端存储用户信息的需求，提高了安全性。另外，JWT 还可以设置过期时间和其他自定义的标识信息，方便进行 token 的管理和控制。

13.2.7　菜单栏权限设置

情景：不同级别用户看到不同菜单栏。

思路：前端通过返回的菜单栏列表，去封装一个新的菜单栏数组。

修改 Layout.vue 文件，内容如下所示。

```html
<template>
  <div id = "home">
    <header>
      <button style = "float: right" @click = "exit">退出</button>
    </header>
    <main>
      <aside>
        <ul style = "list - style: none">
          <li v - for = "(item, index) in newMenus" :key = "index">
            <router - link :to = "item.path">{{ item.name }}</router - link>
          </li>
        </ul>
      </aside>
      <article>
        <router - view />
      </article>
    </main>
  </div>
</template>

<script setup lang = "ts">
import { reactive } from 'vue';
import { useRouter } from 'vue - router';
import menus from './config/menus';
import { MENUS } from './config/constant';
const router = useRouter();

const newMenus = reactive<typeof menus>([ ]);
const menuKeys = JSON.parse(localStorage.getItem(MENUS) as string);
menus.forEach((item) => {
  if (item.key && menuKeys.includes(item.key)) newMenus.push(item);
});

const exit = () => {
  router.push('/login');
  //清除动态路由缓存
  location.reload();
};
</script>

<style>
# home {
```

```
    height: 100vh;
  }
  header {
    background: #f4f4f5;
    height: 70px;
  }
  main {
    display: flex;
    height: 100%;
  }
  aside {
    width: 150px;
    background: gray;
    height: 100%;
  }
  article {
    flex: 1;
  }
</style>
```

上述示例通过 localStorage 获取用户权限信息，并根据用户的权限过滤出符合权限的菜单项，然后将这些菜单项添加到 newMenus 数组中。例如，在图 13-3 中，当用户名为 admin 的账户登录时，该账户能够看到 3 个菜单项，分别是 home、about 和 manage；而其他用户只能看到 2 个菜单项。

13.2.8　动态路由设置

情景：管理员能访问管理页面路由，非管理员不能访问该路由。

思路：通过 router.addRoute 添加动态路由。

修改 App.vue 文件，新增 script 区域的内容，代码如下所示。

```
<script setup lang = "ts">
import { watch } from 'vue';
import { useRoute, useRouter } from 'vue-router';
import { ROLE } from './config/constant';
import manage from './router/dynamicRoute';

const router = useRouter();
const route = useRoute();

watch(route, async (newVal) => {
  const role = localStorage.getItem(ROLE);
  if (role && role === 'admin') {
    router.addRoute('Layout', manage);
    /* 在动态路由页面刷新时，matched 数组为空 */
    if (!newVal.matched.length && newVal.fullPath === '/manage') {
      await router.replace('/manage');
    }
```

```
  }
});
</script>
```

在 watch 函数中，监听 route 对象的变化。route 对象是 Vue Router 提供的一个响应式对象，用于获取当前路由的信息。在回调函数中，首先从 localStorage 中获取用户的角色信息，如果登录用户的角色为 admin，则动态添加路由 manageRoute 到路由器 Layout 下，实现根据用户角色动态加载路由的功能。接下来，检查 newVal.matched 数组是否为空，如果为空且当前路径为/manage，则执行异步操作 await router.replace('/manage')。在动态路由页面刷新时，由于 matched 数组为空，会出现 404 页面，而通过 router.replace('/manage')能重新跳转到/manage 页面，确保页面正确加载。

13.2.9　按钮权限设置

情景：根据不同的用户，一些页面功能进行显示或者隐藏。

思路：在路由元信息上定义权限信息，通过自定义指令删除一些 DOM 节点。

1．定义路由元信息

路由元信息已经在 routes.ts 文件中，通过 meta 属性定义好了。例如：

```
{
  path: '/about',
  name: 'About',
  component: About,
  meta: {
    btnPermissions: ['admin'],
  },
},
```

2．增加判断方法

在 utils 文件夹下新建 auth.ts 文件，内容如下所示。

```
import { ROLE } from '../config/constant';

//权限检查方法
export function has(value: string[]) {
  let isExist = false;
  //获取用户按钮权限
  const role = localStorage.getItem(ROLE);

  if (role == undefined || role == null) {
    return false;
  }

  if (value.includes(role)) {
    isExist = true;
  }
```

```
        return isExist;
    }
```

在函数内部，首先通过 localStorage. getItem（ROLE）获取用户权限的字符串表示，并将其赋值给变量 role。然后进行如下判断：如果 role 为 undefined 或 null，则说明用户没有按钮权限，直接返回 false 表示没有该权限；如果 role 不为空，则通过 value. includes（role）判断 role 是否在 value 数组中，如果 role 在 value 数组中，则将 isExist 设置为 true 表示拥有该权限。最后，返回 isExist，表示用户是否具有该权限。

3. 新建全局自定义指令

修改 main. ts 文件，新增全局自定义指令，内容如下所示。

```
//新增
import { has } from './utils/auth';

//在createApp下，app.use之前新增
app.directive('has', {
  mounted(el) {
    //获取页面按钮权限
    if (router.currentRoute.value.meta?.btnPermissions) {
      const btnPermissionsArr = router.currentRoute.value.meta.btnPermissions as string[];
      if (!has(btnPermissionsArr)) {
        if (el.parentNode) {
          el.parentNode.removeChild(el);
        }
      }
    }
  },
});
```

在自定义指令的定义中，使用 mounted 钩子函数来处理指令的逻辑。mounted 钩子函数会在指令绑定的元素被插入 DOM 时调用。

在 mounted 钩子函数内部，首先通过 router. currentRoute. value. meta. btnPermissions 获取当前路由页面的按钮权限信息，其中 router. currentRoute. value. meta 表示当前路由的元数据对象，btnPermissions 是我们之前定义的路由元数据中存放按钮权限的属性。然后通过调用 has 函数判断用户是否具有当前页面的按钮权限。如果用户没有该权限，则移除当前绑定了 has 指令的 DOM 元素。

4. 在 about 页面使用 v-has 指令

修改 About. vue 文件，内容如下所示。

```
<template>
  <div class = "about">
    <h1 > This is an about page </h1 >

    <button v - has>管理员才能看到的按钮</button>
  </div >
</template>
```

这样，用户名为 admin 的账号能看到这个按钮，其他用户名不能看到这个按钮，实现了根据权限控制页面元素的显示和隐藏。

本章小结

本章介绍了如何实现 Vue 3 的权限管理，并通过 5 方面的设置实现全面的权限控制。

（1）路由权限设置：通过路由前置守卫，在用户访问路由页面前进行权限判断，如果用户没有访问权限，则跳转到登录页或其他指定页面。

（2）接口权限设置：通过响应拦截器，在接口请求返回后进行权限判断，如果用户没有接口访问权限，则处理接口返回的错误信息或跳转到错误页面。

（3）菜单栏权限设置：在接口动态返回菜单栏数据时，根据用户的权限过滤出符合权限的菜单项，并显示在菜单栏中，隐藏没有权限的菜单项。

（4）动态路由设置：使用 router.addRoute 手动添加动态路由，根据用户的角色动态加载路由，实现不同角色用户的不同页面访问权限。

（5）按钮权限设置：通过全局指令 v-has，在模板中根据用户的按钮权限控制元素的显示和隐藏，实现页面级别的按钮权限控制。

通过以上 5 方面的设置，我们实现了全面的权限管理，可以灵活地根据用户的角色和权限来控制页面访问、接口访问和按钮操作。这样能够提高系统的安全性，保护敏感信息，同时也能够提升用户体验，让用户只能看到和操作他们有权限的内容，提高系统的可用性和易用性。在实际开发中，这样的权限管理机制非常重要，特别是在涉及敏感数据和功能的系统中，能有效地保护用户数据和系统的安全。

参 考 文 献

［1］ Vue.js 官方网站. https://cn.vuejs.org/.

［2］ Element Plus 官方网站. https://element-plus.org/zh-CN/.